L'Art du Cuisinier

(Volume 1)

A. B. Beauvilliers

Alpha Editions

This edition published in 2022

ISBN : 9789357097178

Design and Setting By
Alpha Editions
www.alphaedis.com
Email - info@alphaedis.com

Contents

DISCOURS PRÉLIMINAIRE.

LA cuisine, simple dans son origine, raffinée de siècle en siècle, est devenue un art difficile, une science compliquée sur laquelle beaucoup d'auteurs ont écrit, sans avoir pu l'embrasser dans son ensemble. Nos plaisirs sont si rares, les idées qui peuvent servir à les renouveler sont si fugitives et si variables, qu'il est bien permis de vouloir les fixer; et c'est sans doute une ambition bien naturelle à l'homme que celle d'étendre le domaine de ses jouissances, en mettant à profit les présens de la nature. Nous suivons tous, bon gré mal gré, ce point de vue; et le bonheur consiste dans le secret d'en approcher plus ou moins. Les personnes les plus austères, celles qui ne se font aucun scrupule de blâmer les fantaisies d'un superflu souvent nécessaire, sont elles-mêmes bien aises d'en profiter; et ne manqueraient pas de ressentir une privation, si ces fantaisies étaient pour elles une habitude qui ne fût plus à leur portée. D'ailleurs, puisqu'il est impossible de nous réduire à la sauce des Lacédémoniens, il est sans doute bien plus raisonnable de jouir des raffinemens de notre sensualité que de s'en plaindre; il est bien plus conforme à nos [p. viij] goûts de l'augmenter que de la diminuer. Nos aimables épicuriens goûteront ma théorie, et peut-être, bien loin de la censurer, ils aimeraient mieux la mettre plus souvent en pratique.

La délicatesse de notre table fut portée, dans le siècle dernier, à un tel degré de perfection, qu'il sera bien difficile de la surpasser. Les Français se glorifiaient de voir le goût de leur cuisine régner, avec le même empire que leur langue et leurs modes, sur les états opulens de l'Europe, du nord au midi. J'ignore si nous avions atteint la recherche des grands de l'Asie, ou des Lucullus de l'ancienne Rome; toujours est-il vrai que nous étions reconnus à cet égard pour les arbitres de l'élégance; et que notre supériorité n'était plus mise en question. Les délicats, occupés d'idées moins dangereuses et plus réelles que celles auxquelles se livraient nos philosophes métaphysiciens, avaient fait la suite d'observations que leur fortune avait pu leur permettre; la doctrine des hommes distingués dans l'art était fixée; ils n'espéraient plus lui voir faire des progrès, toujours prêts d'ailleurs à encourager la découverte d'un nouveau plaisir. J'ai eu l'occasion de faire l'épreuve des méthodes les plus accréditées, souvent même de les améliorer, après des [p. ix] expériences successives; et c'est le tableau de ces améliorations, de mes procédés particuliers que je présente, avec toutes les circonstances nécessaires, même pour l'élève qui ne serait pas au fait des premiers élémens.

Il ne s'agit point ici d'entrer dans de longs détails sur l'art du cuisinier, mais de réunir, suivant l'ordre des saisons, les mets en vogue aux mets exquis anciens, et d'en former un ensemble qui puisse donner aux amateurs une idée précise d'un repas excellent et bien servi. Si je puis me féliciter d'avoir étendu les limites de nos connaissances dans cette matière, je puis encore me flatter de leur donner un nouvel attrait, à la faveur d'un aperçu clair et rapide qui se concilie très-bien avec les considérations de l'économie.

Sans doute la curiosité peut déterminer à faire de nouvelles expériences; le besoin de varier peut amener des changemens qui, sans altérer le principe d'un mets, le modifient au moyen d'une simple décoration; et c'est alors qu'on peut lui donner tel nom qu'on voudra. Un chef de cuisine ingénieux, tel qu'un Laguippière, un Dalègre, un Lenoir, etc., ajoute ou supprime quelque chose à un mets connu, dans la manière de le composer ou de le décorer; il lui donne un nom de fantaisie, par exemple celui du patron auquel il est attaché. [p. x] Cette variété d'expressions, pour exprimer la même idée, peut égarer l'élève qui cherche à se perfectionner, et produire une certaine confusion dans la manière de préparer le mets; mais cette qualification nouvelle donne à ce mets connu les grâces de la nouveauté; il perd son nom primitif, et c'est sous le nom moderne qu'il est mis en œuvre dans toutes les cuisines. Ainsi, par exemple, ont été nommées *Côtelettes à la Soubise*, celles *à la Purée d'Oignons*, etc.

Bien loin de me piquer de copier servilement ce que d'autres érudits dans cet art ont écrit ou fait sous ce rapport, j'ai fait différentes innovations reconnues utiles; et je me fais un devoir particulier d'exposer avec précision ma méthode; je la crois perfectionnée d'après les premiers officiers de bouche, contrôleurs des maisons royales, d'après les cuisiniers qui jouissaient de la plus grande réputation dans leur état, et à l'école desquels je l'ai apprise et exercée. Je donne une instruction circonstanciée, et des idées nouvelles, par exemple, sur les meilleurs moyens de distiller les liqueurs, de choisir les vins, de les transvaser, de les conserver et de les réparer au besoin. J'offre un système complet pour tout ce qui concerne l'Office en général, comme glaces, conserves, etc. J'indique [p. xj] les mets les plus exquis et les plus vantés de la cuisine anglaise, que j'ai eu l'avantage de transplanter le premier en France. Une mère de famille pourrait trouver dans ce livre la manière de faire tous les mets connus, ainsi que ceux qui sont de mon invention, et présider elle-même à leur composition.

Je donne mes procédés dans tous leurs détails; je présente mes services de table dans les divers genres, tels qu'ils doivent être, et particulièrement tels qu'ils furent à l'époque où les étrangers mêmes rendaient justice à la finesse de notre goût et au raffinement de notre luxe. J'ai fait des réformes, des améliorations pour aller du bien au mieux. J'ai cru devoir ajouter dans la table des matières, à l'article des mets énoncés, un numéro qui renvoie à l'art de leur composition. Cette indication m'a paru nécessaire pour la commodité et pour la clarté.

Je puis me flatter d'avoir fourni dans cet Ouvrage, soit aux maîtres-d'hôtel et chefs de cuisine, soit aux chefs d'office, soit aux amateurs, avec l'aide du cuisinier le plus ordinaire, les moyens les plus simples et les moins dispendieux de faire un grand et beau service. Une expérience de quarante-quatre ans me garantit le succès de ma doctrine. Je la [p. xij] crois une des meilleures; et si je me permets cette assertion, c'est plutôt d'après l'opinion générale que d'après la mienne. Les hommes qui connaissent le mieux la délicatesse de la table n'ont jamais cessé de m'honorer de leur confiance. Fier de leurs suffrages, je m'estimerais heureux de contribuer encore à leurs plaisirs, et d'ajouter ainsi à leur bonheur. Je présente, dans ce tableau des progrès de l'art, mes observations, mûries par une longue expérience: ce sont là mes derniers adieux.

SERVICES DE TABLE.

PRINTEMPS.

PREMIER SERVICE.

Note de transcription: Voir les planches en fin de l'ouvrage. Les petits numéros ci-dessous indiquent l'emplacement suggéré des différents plats.

MENU DE QUARANTE COUVERTS, EN GRAS (un dormant).
[Voir Planche N° 1.]

Quatre Potages.

1 printanier.

1 aux choux nouveaux.

1 au blé vert.

1 de pâte d'Italie.

Quatre Relevés.

1 d'une tête de veau en tortue.

1 d'une pièce de bœuf à l'écarlate.

1 de rosbif d'agneau piqué.

1 d'un turbot.

Seize Entrées.

1 d'une poularde à la ravigote.[3]

1 d'un pâté chaud de légumes.[2]

1 de deux carrés de mouton à la servante.[6]

1 de filets de maquereaux à la maître-d'hôtel.[4]

1 d'une fricassée de poulets aux petits pois.[3]

1 d'une noix de veau à la dauphine.[3]

1 de pigeons à l'hérisson.[8]

1 d'une cuisse d'oie à la purée de pois.[9]

1 de quenelles de volaille au velouté.[9]

1 de soufflé de gibier.[5]

1 de pieds d'agneau farcis à la Villeroi.[4]

1 de petits pâtés au salpicon.[7]

1 d'un ragoût mêlé.[7]

1 de filets de caneton à la provençale.[6]

1 d'hâtereaux à la bourguignote.[8]

1 de palais de bœuf au gratin.[6]

Quatre gros Entremets.

1 d'un pâté de perdreaux rouges.[1]

1 d'un biscuit de Savoie.[1]

1 d'un jambon glacé.[1]

1 d'un buisson d'écrevisses.[1]

Huit Plats de Rôt.

1 de poulets à la reine.[4]

1 de levreaux.[3]

1 d'une accolade de lapereaux.[3]

1 de pigeons ramiers.[5]

1 d'une langue de bœuf fumée.[5]

1 de cailles.[4]

1 de soles frites.[1]

1 de brochettes d'éperlans.[2]

Seize Entremets.

1 de concombres farcis.[5]

1 de féves de marais à la sarriette.[6]

1 de petits pois à la française.[6]

1 d'œufs pochés au jus.[12]

1 de laitues à l'espagnole.[11]

1 de gelée d'oranges dans l'écorce.[10]

1 de haricots verts à l'anglaise.[9]

1 de blanc-manger en petits pots.[10]

1 de choufleurs au beurre.[5]

1 de jalousies.[12]

1 de tartelettes bandées.[7]

1 d'épinards en croustade.[9]

1 de beignets de cerises.[8]

1 d'asperges au beurre.[11]

1 de fondus en caisse.[7]

1 de beignets de riz.[8]

Quatre Salades.

2 d'herbes.

1 d'olives.

1 de citrons.

MENU DE VINGT-CINQ A TRENTE COUVERTS, AVEC DORMANT.
[Voir Planche N° 2]

Quatre Potages.

1 de garbure.[1]

1 aux laitues.[2]

1 de riz, à la purée de pois.[1]

1 à la bisque d'écrevisses.[2]

Quatre Relevés.

1 d'une matelote à la marinière.

1 d'un cabiau en dauphin à la Ste-Menéhould.

1 d'un quartier de chevreuil.

1 d'une rouchie de mouton aux haricots verts à la bretonne.

Douze Entrées.

1 d'ailes de poularde à la maréchale.[5]

1 de maquereaux à l'anglaise.[3]

1 de cuisses de poulardes en petit cygne.

1 d'une dalle de saumon à la génoise.[3]

1 de côtelettes de mouton aux laitues.[6]

1 d'aspic de filets de lapereaux.[8]

1 d'un caneton de Rouen au citron.[7]

1 de morue au gratin à la béchamelle.

1 de tendons de veau à la poulette.[4]

1 de pâté chaud de cailles.[8]

1 de popiettes de veau.[6]

1 d'ailerons de dinde en marinade.[7]

Quatre gros Entremets.

1 d'un gâteau de Compiègne.[1]

1 d'une hure de sanglier de Troyes.[2]

1 d'une terrine de neraque.[2]

1 de buisson de ramequin.[1]

Quatre Plats de Rôt.

1 d'un coq vierge.[7]

1 de soles frites.[8]

1 de deux faisans.[7]

1 de goujons frits.[8]

Huit Entremets.

1 d'une crême à l'anglaise.[5]

1 d'une tourte aux cerises.[6]

1 de nougat.[6]

1 d'œufs au café.[5]

Deux Salades.[9]

1 de petits pois.[3]

1 de féves de marais.[3]

1 d'artichauts à la barigoule.[4]

1 d'asperges à l'espagnole.[4]

Huilier.[10]

Quatre Salades.

2 d'herbes. 1 de citrons. 1 d'olives.

MENU DE SEIZE A VINGT COUVERTS.

Deux Potages.

1 aux petits oignons.

1 au sagout et à la purée de navets.

Deux Relevés.

1 d'un rosbif de mouton des Ardennes.

1 d'un dindon en daube.

Huit ou dix Entrées.

1 de côtelettes à la Soubise.

1 de noix de veau en bedeau.

1 d'émincée de poularde aux concombres.

1 de deux poulets en lézards.

1 de ris de veau piqué sur la purée d'oseille.

1 d'une timbale de lazagnes.

1 de gibelotte de lapereau et d'anguille.

1 de filets de soles à la Horly.

1 de filets de bœuf en serpenteau.

1 d'une casserole au ris et tendons de veau.

Deux gros Entremets.

1 d'un gâteau de mille-feuilles.

1 d'un carpeau au bleu.

Quatre Plats de Rôt.

1 de cailles.

1 de pigeons.

1 d'un quartier de derrière d'agneau piqué.

1 d'un chapon pané à l'anglaise.

Deux Salades.

Huit ou dix Entremets.

1 d'un biscuit de Nioffe.

1 de petits pois à la française.

1 d'un gâteau de vermicelle.

1 de laitues à l'espagnole.

1 de crême aux pistaches renversées.

1 de choufleurs au beurre.

1 de beignets d'abricots.

1 d'artichauts à l'italienne.

MENU DE HUIT A DOUZE COUVERTS.

1 potage en tortue.

1 relevé de truites à la génoise.

Six Entrées.

1 d'un suprême de poularde à la Chingara.

1 de côtelettes de pigeons.

1 d'un sauté de lapereaux aux concombres.

1 de côtelettes d'agneau à la purée de champignons.

1 d'un pâté chaud à la financière.

1 d'une poularde à la Saint-Cloud.

Deux Plats de Rôt.

1 de deux poulets, un piqué.

1 de tourtereaux.

Six Entremets.

1 de beignets de blanc-manger.

1 d'un gâteau à l'italienne.

1 de gelée de citrons.

1 de petits pois.

1 d'asperges au beurre.

1 d'épinards au consommé.

Salade de petite chicorée verte.

MENU DE DOUZE A SEIZE COUVERTS, A L'ANGLAISE.

Potage.

1 potage en tortue (dite fausse tortue).

Deux Bouts de Table.

1 d'un dindon bouilli, sauce aux huîtres, ou au céleri.

1 rosbif aux pommes de terre.

Six Entrées.

1 d'une dalle de saumon bouillie, sauce aux câpres, purée de navets.

1 de deux lapereaux, sauce aux oignons, choufleurs sans sauce.

1 de quatre escalopes de veau.

1 de maquereaux bouillis, sauce aux fenouilles, épinards bouillis à l'anglaise.

1 de deux poulets, sauce au persil, purée de pommes de terre.

1 de perdreaux, bré de sauce.

SECOND SERVICE.

MILIEU.

1 quartier de derrière de daim à la broche, sauce, gelée de groseilles.

1 d'une poularde rôtie.

1 d'un levraut farci à l'anglaise.

Deux Salades.

1 d'herbes.

1 de citrons.

1 d'une tourte de confiture.

1 d'une gelée de vin de Madère.

1 de woiches rabettes.

1 d'un plombpoutingue, sauce au vin de Malaga.

1 d'un poutingue de riz.

1 d'une gelée de Rome.

Treize à quinze Assiettes de dessert.

4 compotes.

4 assiettes de fruits crus.

2 de différens biscuits.

2 de mendians et marrons.

2 de fromages.

1 assiette montée.

HIVER.

PREMIER SERVICE.

MENU DE QUARANTE COUVERTS (un dormant).

Quatre Potages.

1 à la bisque d'écrevisses.

1 à la reine.

1 aux choux à la paysanne.

1 au ris et au blond de veau.

Quatre Relevés.

1 turbot, sauce au beurre de Vembre.

1 aloyau à la Godard.

1 de présalé sur des haricots à la bretonne.

1 de casserole au riz, garnie d'un kari de poulets.

Douze Hors-d'œuvres de cuisine.

1 de sauté de filets de mauviettes au fumet et aux truffes.

1 sauté de volaille aux truffes.

1 sauté de saumon à la maître-d'hôtel.

1 de filets de soles à la mayonnaise.

1 de petits pâtés d'une bouchée au hachis à la reine.

1 de boudin à la Richelieu, sauce à l'italienne blanche.

1 de filets de canetons à l'orange.

1 de côtelettes de mouton à la minute.

1 d'hatelets de ris de veau.

1 de croquettes aux truffes en côtelettes.

1 d'oreilles de cochon au menu-de-roi.

1 de filets de merlans à la Horly.

Douze Entrées.

1 poularde à la maréchale.

1 de caisses de foies gras aux truffes.

1 de manchon à la Gérard.

1 de côtelettes de veau à la Chingara.

1 de filet de bœuf, sauce au vin de Madère.

1 de cailles au gratin.

1 de poulets à la reine, sauce tomate.

1 de laitances de carpes en matelote.

1 de perdreaux à la Périgueux.

1 de manchon de cabillaud à la crême.

1 d'ailerons de dindon en haricot vierge.

1 d'un aspic de filets de lapereaux.

Quatre gros Entremets.

1 de baba.

1 de jambon de Baïonne glacé.

1 d'une longe de veau de Pontoise.

1 de croque-en-bouche.

Huit Plats de Rôt.

1 dindonneau.

1 de sarcelles.

1 d'éperlans.

1 de carpeau du Rhin, au bleu.

1 de levrauts.

1 de petits pigeons en ortolans.

1 de soles frites.

1 d'une hure de saumon.

Seize Entremets.

1 de cardes à l'essence et à la moelle.

1 de salsifis au beurre.

1 de céleri à l'espagnole.

1 de truffes à l'italienne.

1 de choufleurs au Parmesan.

1 d'épinards en croustade.

1 de truffes sous la serviette et au vin de Champagne.

1 de petites omelettes à la Célestine.

1 de croûtes aux champignons.

1 de blanc-manger en petits pots.

1 de gelée au vin de Malaga.

1 de tartelettes bandées aux confitures.

1 de darioles au massepain.

1 de beignets de pommes en quartier.

1 de beignets de riz.

1 d'œufs pochés à l'essence.

Quatre Salades.

2 d'herbes. 1 d'olives. 1 de citrons.

MENU DE VINGT-CINQ A TRENTE COUVERTS (un dormant).

Douze Hors-d'œuvres d'office.

4 de beurre à l'Enfant-Jésus.

2 de cornichons.

2 de salades d'anchois.

2 de canapés.

2 de petits radis.

Quatre Potages.

1 à la Conti.

1 au vermicelle, au blond de veau.

1 au lait d'amandes.

1 à la brunoise.

Quatre grosses Pièces.

1 d'un oison à la Chipolata.

1 d'une carpe à la Chambord.

1 d'un cabillaud à la hollandaise.

1 d'une culotte de bœuf braisée aux oignons glacés.

Huit Hors-d'œuvres d'entrées.

1 de petits pâtés en croustade, avec un salpicon.

1 de suprême de volaille aux truffes.

1 de filets de perdreaux à la portugaise.

1 de filet mignon de mouton en escalopes.

1 de filets de levrauts en serpent.

1 d'ailerons de poulardes à la Bellevue.

1 d'hatelets de filets de merlans, sauce à l'italienne.

1 de quenelles de saumon à l'espagnole.

Huit Entrées.

1 d'un vol-au-vent de mauviettes.

1 d'une timbale de macaronis.

1 d'une poule de Caux, à la Périgueux.

1 de deux canetons à la garloquine.

1 de côtelettes à la Soubise.

1 de tendons de veau en queue de paon, à la jardinière.

1 de perdreaux, sauce à la bigarade.

1 d'un ris de veau à la dauphine.

Quatre gros Entremets.

1 de buisson d'écrevisses.

1 de hure de Troyes.

1 de buisson de ramequin.

1 d'un gâteau de mille-feuilles.

Six Plats de Rôt, dont deux gros.

1 de trois poulets (1 piqué).

1 d'accolades de lapereaux.

1 d'un quartier de chevreuil piqué.

1 de deux faisans (1 piqué).

1 de cailles de vignes.

1 d'un brochet à l'allemande.

Seize Entremets.

1 de biscuits de niauffes.

1 de gimblettes glacées.

1 d'une crême aux pistaches renversées.

1 d'une crême de chocolat.

1 de beignets de blanc-manger.

1 de céleri frit et glacé.

1 d'une charlotte de pommes aux confitures.

1 d'amourettes frites.

1 de choufleurs à l'espagnole.

1 de haricots verts à l'anglaise.

1 de truffes en croustades.

1 d'œufs brouillés aux cardes.

1 de navets en poires.

1 d'une macédoine.

1 de truffes à la piémontaise.

1 d'artichauts à l'italienne.

Quatre Salades.

2 d'herbes.

1 de citrons.

1 d'olives.

MENU DE QUINZE A VINGT COUVERTS (un dormant).

Deux Potages.

1 de ravioles.

1 de croûtes au pot.

Deux Relevés.

1 d'une tête de veau en tortue.

1 d'une dinde aux truffes.

Quatre Hors-d'œuvres d'entrée.

1 de petites noix d'épaule de veau, à la purée de champignons.

Quatre Entrées.

1 de deux gros poulets, sauce à l'ivoire.

1 de sauté de levrauts au sang.

1 d'escalopes de filet de bœuf aux pommes de terre.

1 d'oreilles de veau à la ravigote.

1 de deux carrés de mouton, un piqué de persil, et l'autre de lard.

1 de canard sauvage, sauce bigarade.

1 d'une chartreuse de tendons de veau en huîtres.

Deux Flancs.

1 d'un pâté chaud maigre de carpes et d'anguilles.

1 d'un filet de bœuf à la broche, sauce hachée.

Deux gros Entremets.

1 rocher.

1 petit cochon de lait en galantine.

Quatre Plats de Rôt.

1 de perdreaux rouges.

1 d'éperlans.

1 d'une poularde du Mans.

1 de soles frites.

Huit Entremets.

1 de pommes au riz.

1 de gelée de marasquin.

1 de beignets de chocolat.

1 de tartelettes à la Chantilly.

1 de cardes à la moelle.

1 de choufleurs au beurre.

1 de truffes à la serviette.

1 de salsifis frits.

Deux Salades.

1 d'herbes. 1 de citrons.

MENU DE HUIT A DOUZE COUVERTS.
[Voir Planche N° 3]

Un Potage à la Julienne.

1 relevé d'une pièce de bœuf de Hambourg, garni de choucroûte.

Six Entrées.

1 d'un coq vierge en petit deuil.[3]

1 d'un pâté chaud de lazagnes.[3]

1 de bécasses en salmi.[2]

1 de pigeons à la Gautier, au beurre d'écrevisses.[2]

1 de côtelettes de mouton sautées, avec chicorée dans le puits.[4]

1 de palais de bœuf au gratin.[4]

Relevé.

1 Brioche au fromage, ou 1 pâté de foies gras de Strasbourg.[1]

Deux Plats de Rôt.

1 de poulets. 1 de perdreaux.

Quatre Entremets.

1 de cardes à la moelle.[3]

1 d'œufs au café.[4]

1 de haricots verts.[3]

1 de truffes à la cendre.[4]

Une salade.[5]

SECOND SERVICE.

MENU DE QUARANTE COUVERTS (un dormant).

Quatre Potages.

1 à la purée de pois verts et aux croûtons.

1 de purée de lentilles à la reine.

1 de quenelles de merlans.

1 de brunoise au pain.

Quatre Relevés.

1 d'un cabillaud à la Sainte-Menéhould.

1 d'une truite à la génoise.

1 d'un turbot, sauce aux homards.

1 d'un manchon d'esturgeon à la broche.

Seize Entrées.

1 d'une dalle de saumon à l'espagnole.

1 d'une carpe farcie, sauce à l'espagnole.

1 de carlets sur le plat.

1 d'ailes de raietons frits, sauce poivrade.

1 de perches à la valesfiche.

1 de filets de merlans en turban.

1 de vives grillées, sauce aux câpres.

1 de caisses de laitances de harengs, à l'italienne rousse.

1 de matelotes de foies de lottes.

1 d'un pâté chaud d'anguilles.

1 de petits pâtés maigres.

1 de filets de carrelets, sauce tomate.

1 d'œufs à la polonaise.

1 d'une omelette aux truffes.

1 d'une casserole au riz et aux langues de carpes.

1 d'une morue au gratin.

Quatre gros Entremets.

1 gâteau de Compiègne.

1 buisson d'écrevisses.

1 hure de saumon au bleu.

1 brochet à l'allemande.

Huit Plats de Rôt.

1 de soles frites.

1 d'éperlans.

1 de pilets.

1 d'oiseaux de rivière.

1 d'une carpe frite.

1 de barbues.

1 de poules d'eau.

1 de goujons.

Seize Entremets.

1 de gelée d'ananas.

1 de darioles.

1 d'œufs au thé.

1 de pains à la duchesse.

1 de nouilles soufflées et méringuées.

1 d'épinards à la crême.

1 de navets en quadrille.

1 de salsifis frits.

1 de gelée d'épine-vinette.

1 de fondus.

1 de beignets de poires.

1 de côtelettes en surprise.

1 d'un flanc à la suisse.

1 de cardes à l'espagnole.

1 de choux-raves au beurre.

1 de truffes au vin de Champagne.

Quatre Salades.

2 d'herbes.	1 de citrons.	1 d'olives.

MENU DE VINGT-QUATRE A TRENTE COUVERTS (un dormant).

Quatre Potages, deux grands, deux moyens.

1 à la julienne.	1 à la Conti.
1 à la crecy.	1 au lait d'amandes.

Quatre Pièces, deux grosses et deux moyennes.

1 carpeau du Rhin à la Chambord.	1 murette.
1 turbot à la hollandaise.	1 églefin au soleil.

Douze Entrées.

1 de pâté chaud de légumes.	1 d'un manchon d'esturgeon à la broche.
1 de crêtes de morue à la maître-d'hôtel.	1 de mulet à la ravigote.
1 de filets de merlans à la Horly.	1 de maquereau-sansonnet à la maître-d'hôtel.
1 d'œufs à la tripe.	1 d'omelette à l'oseille.
1 de filets de soles au gratin.	1 de petits pâtés de filets de brochets à la béchamelle.
1 de grondins, sauce aux câpres.	1 de rissoles à la Choisy.

Deux gros et deux moyens Entremets.

1 d'un biscuit de Savoie.

1 de buisson de crabes.

1 de buisson de talmouses.

1 d'une barbue.

Quatre Plats de Rôt.

1 de merlans frits.

1 de carrelets frits.

1 de brochet au bleu.

1 de plongeons à la broche.

Huit Entremets.

1 de macaronis à l'italienne.

1 de gâteaux à la paysanne.

1 d'œufs pochés.

1 d'artichauts au beurre.

1 de gelée d'oranges.

1 de crême aux pistaches renversées.

1 de haricots blancs à la maître-d'hôtel.

1 de choufleurs au Parmesan.

Deux Salades.

1 d'herbes.

1 de citrons.

MENU DE SEIZE A VINGT COUVERTS (un dormant).

Deux Potages.

1 à la pâte d'Italie.

1 aux choux.

Deux Relevés.

1 d'une truite à l'italienne.

1 d'un floton à la flamande.

Dix Entrées.

1 de saumon en papillotes.

1 d'une matelote de carpes.

1 d'anguille à la broche.

1 de fricandeau de brochet à la purée de champignons.

1 d'hatelets d'esturgeon, sauce poivrade.

1 de pâté chaud de quenelles, de merlans au velouté.

1 d'une timbale de macaronis.

1 de salade de filets de turbot.

1 de grenouilles à la poulette.

1 d'œufs à l'aurore.

Deux gros Entremets.

1 nougat.

1 buisson de petites brioches nattées.

Quatre Plats de Rôt.

1 d'oiseaux de rivière.

1 de lottes frites.

1 de perches au bleu.

1 de soles frites.

Huit Entremets.

1 de choux grillés.

1 de jalousies.

1 d'œufs brouillés aux truffes.

1 de crême au chocolat.

1 de choufleurs au Parmesan.

1 de navets en sabots.

1 d'émincée de truffes au beurre.

1 d'épinards à l'anglaise.

MENU DE HUIT A DOUZE COUVERTS.

1 potage aux petits oignons à la minime.

1 relevé; un tronçon d'esturgeon à la broche.

Six Entrées.

1 d'un sauté de filets de soles à la maître-d'hôtel.

1 d'anguilles à la tartare.

1 d'œufs pochés aux concombres.

1 vol-au-vent de turbot à la béchamelle.

1 d'un Saint-Pierre, sauce aux câpres.

1 de filets de carrelets en anneaux.

Deux Plats de Rôt.

1 de goujons frits.

1 d'une carpe au court-bouillon.

Six Entremets.

1 d'œufs à la neige.

1 de betteraves blanches, sautées au beurre.

1 d'une gelée au vin de Madère.

1 de beignets de crême à la fleur d'orange.

1 de lentilles à la reine, à la maître-d'hôtel.

1 de culs d'artichauts à la ravigote.

1 salade. Céleri en remoulade.

POTAGES.

Grand Bouillon.

AYANT un grand service, il faut faire un grand bouillon pour mouiller vos sauces et votre empotage. Mettez dans une grande marmite une pièce de bœuf, soit culotte ou poitrine, et les débris ou parures de vos viandes de boucherie, *bœuf, veau, mouton*; joignez-y les carcasses, pattes et cous de volailles et gibier, dont vous aurez levé les chairs pour vos entrées; mettez sur un feu modéré cette marmite, non pleine d'eau tout-à-fait, écumez-la doucement, rafraîchissez-la chaque fois que vous en ôterez l'écume, jusqu'à ce que ce bouillon soit parfaitement limpide. De ce grand bouillon dépendra la beauté de vos sauces et de vos potages (puisque cuit, il est la mère qui doit alimenter tout ce qui en résulte); mettez-y sel, deux navets, six carottes, six oignons, dont un piqué de trois clous de girofle, un bouquet de poireaux; menez votre marmite doucement. La pièce de bœuf cuite ou près de l'être, si vous vous en servez pour votre table, mettez-la dans une casserole, mouillez-la avec le dessus de la marmite au moment de la servir; ensuite passez votre grand bouillon au travers d'une serviette d'office, que vous aurez mouillée et tordue; laissez-le reposer, servez-vous-en pour mouiller vos sauces et votre empotage, etc.

Empotage.

Ayez une marmite propre et bien étamée; chauffez-la légèrement; essayez-la de nouveau; mettez-y, selon les potages dont vous avez besoin, un trumeau de bœuf, un morceau de tranche, un jarret de veau, une poule, un vieux lapin de garenne ou deux vieilles perdrix; mouillez le tout avec une pinte et demie de grand bouillon; faites-le réduire sur un fourneau très-vif, jusqu'à consistance de glace; commence-t-elle à se faire sentir? mouillez votre marmite avec le grand bouillon, faites-la partir à grand feu; écumez-la comme ci-dessus; ensuite assaisonnez-la de trois navets, trois carottes, trois oignons, dont un piqué de deux ou trois clous de girofle, un bouquet de poireaux et céleri; mettez-la au bord d'un fourneau, et conduisez-la à l'instar d'un pot-au-feu de ménage; vos viandes cuites, retirez-les pour vous en servir en cas que vous ayez des tables de suite; dégraissez votre bouillon; qu'il soit d'un bon sel, et passez-le dans un tamis de soie ou une serviette, comme il est énoncé à l'article précédent.

Grand Consommé pour Potage et Sauces.

Mettez dans une marmite deux jarrets de veau, un morceau de tranche de bœuf, une poule ou un vieux coq, un lapin de garenne ou deux vieilles perdrix; mouillez le tout avec une cuillerée à pot de bouillon, et remuez-le: lorsque vous verrez que cela commence à tomber à glace, mouillez-le avec du bouillon, et faites surtout qu'il soit clair; faites bouillir ce consommé; écumez-le; rafraîchissez-le de temps en temps; mettez-y des légumes, tels que carottes, oignons, un pied de céleri, un bouquet de persil et ciboules, assaisonné d'une gousse d'ail et de deux clous de girofle; faites bouillir ce consommé à petit feu, quatre à cinq heures; passez-le au travers d'une serviette; vous vous en servirez pour travailler vos sauces, pour vos potages clairs et pour vos petites sauces.

Blond de Veau.

Beurrez le fond d'une casserole; mettez-y quelques lames de jambon, quatre à cinq livres de veau de bonne qualité, deux ou trois carottes tournées, autant d'oignons; mouillez le tout avec une cuillerée de grand bouillon; faites-le suer sur un feu doux, et réduire jusqu'à consistance de glace; quand elle sera d'une belle teinte jaune, retirez-la du feu; piquez les chairs avec la pointe d'un couteau, pour en faire sortir le reste du jus; couvrez votre blond de veau; laissez-le suer ainsi un quart d'heure, et mouillez-le avec du grand bouillon, selon la quantité de vos viandes; mettez-y un bouquet de persil et ciboules, assaisonné de la moitié d'une gousse d'ail et piqué d'un clou de girofle; faites bouillir ce blond de veau; écumez-le; mettez-le mijoter sur le bord d'un fourneau; vos viandes cuites, dégraissez-le, passez-le comme il est dit à l'article précédent, et servez-vous-en comme de l'empotage, pour le riz, le vermicelle et même vos sauces.

Mitonnage.

Ayez un pain à potage, râpez-le légèrement, enlevez-en les croûtes sans endommager la mie, qui peut vous servir, soit pour vos autres potages, soit pour des petits croûtons ou des gros pour des épinards. Si vous servez une charlotte ou une panade, coupez vos croûtes; arrondissez-les; mettez-les mitonner un quart d'heure avant de les servir; mettez dessus tels légumes qu'il vous plaira; mouillez-les avec votre empotage et servez bouillant.

Potage Croûtes au Pot.

Coupez du pain en tranches; mettez-le dans un plat creux et d'argent; mouillez-le avec d'excellent bouillon pour le faire mitonner; lorsque votre mitonnage est réduit, pour le laisser gratiner, couvrez votre fourneau avec de la cendre rouge; coupez un ou deux pains à potage en deux; ôtez-en toute la mie; mettez un gril sur une cendre chaude et faites sécher vos croûtes dessus; lorsqu'elles le seront bien, prenez la partie grasse du bouillon ou consommé; arrosez-en le dedans de vos croûtes et saupoudrez-les de sel fin, ce qu'il en faut pour qu'elles soient d'un bon goût; égouttez-les; mettez-les sur le gratin sans les couvrir, afin qu'elles ne mollissent pas; arrosez-les, de quart d'heure en quart d'heure, du derrière de la marmite, jusqu'à ce que le gratin soit parfaitement formé; dégraissez-les, servez-les, et joignez-y une jatte séparée de consommé ou de bon bouillon.

Potage Printanier.

Il se fait comme le potage à la Julienne, excepté qu'on y ajoute des pointes d'asperges, des petits pois, des petits radis tournés, de très-petits oignons blanchis; en faisant cuire ces légumes, mettez-y un petit morceau de sucre pour en ôter l'âcreté; faites mitonner votre potage, couvrez-le des légumes énoncés et servez-le.

Potage à la Crecy.

Selon la saison, ayez toutes sortes de légumes (épluchés et lavés avec soin) tels que carottes, navets, céleri, oignons (en petite quantité); faites-les blanchir dans un chaudron un quart d'heure; mettez-les dans une casserole avec un bon morceau de beurre et quelques lames de jambon; passez-les sur un petit feu, assez de temps pour que le tout soit cuit; alors égouttez le tout dans une passoire; pilez-le, mouillez-le avec son propre bouillon, et passez-le à l'étamine pour en faire une purée; faites partir cette purée sur le feu, qu'elle cuise deux heures; dégraissez-la bien, mitonnez votre potage comme il est déjà énoncé, mettez votre crecy dessus et servez.

Potage au Riz.

Ayez environ un quarteron de riz de bonne qualité, tel que celui de la Caroline; lavez-le à plusieurs eaux, faites-le blanchir; égouttez-le sur un tamis, mettez-le dans une casserole ou petite marmite, mouillez-le peu, faites-le partir, et mettez-le crever doucement sous le fourneau; est-il crevé? mouillez-le à un degré convenable avec votre blond de veau ou du consommé; faites qu'il soit d'un bon sel, et servez.

Autre façon.

Videz, flambez, épluchez, retroussez un chapon en poule; conservez-lui les ailes et bridez-les pour qu'il ait plus de grâce; mettez-le dans une marmite avec un bouquet de légumes bien assaisonné, deux oignons, dont l'un piqué de deux clous de girofle; mouillez le tout avec du grand bouillon; faites écumer comme ci-dessus. Durant la cuisson de votre chapon faites crever, comme il est indiqué ci-dessus, un quarteron de riz; prenez la partie grasse de votre marmite pour faire crever votre riz; à l'instant de le servir, mouillez-le avec du bouillon dans lequel a cuit votre chapon, après l'avoir passé au tamis de soie; mettez-y une cuillerée de jus de bœuf pour qu'il soit d'une belle couleur; servez-vous du chapon pour relever votre potage; débridez-le, dressez-le; mettez-lui quelques grains de sel sur l'estomac, et dessous une cuillerée de jus ou de son propre bouillon.

Chapon au Riz.

Habillez un chapon comme ci-dessus; lavez une livre de riz; *faites-le blanchir ainsi qu'il est dit plus haut*; mettez-le, et votre chapon dessus, dans une marmite assez grande pour qu'elle contienne le tout, sans être trop pleine; mouillez-le légèrement, afin qu'il ne soit pas trop clair. Votre chapon est-il à son degré de cuisson? ce dont vous vous assurez en lui pinçant l'aile; si la chair fléchit, c'est qu'il est cuit; débridez-le, mettez-le sur le plat; dégraissez le riz; ajoutez-y du jus, pour qu'il soit d'une belle couleur; masquez-en votre chapon, et servez-le pour potage, entrée ou relevé.

Potage au Vermicelle clair.

Mettez dans une casserole la quantité de blond de veau, bouillon ou consommé, qui est nécessaire pour faire un potage de six ou huit personnes; faites-le bouillir; prenez la valeur de six onces de vermicelle, mettez-le petit à petit dans le bouillon, etc., en le rompant légèrement dans vos doigts, pour qu'il ne se mette pas en pelote; laissez-le bouillir environ six minutes; retirez-le au bord du fourneau, dégraissez-le; laissez-le mijoter jusqu'à ce qu'il soit cuit, en prenant garde qu'il ne se dilate trop.

Potage à la Julienne.

Prenez carottes, oignons, céleri, panais, navets, laitues, oseille en égale quantité; vous couperez votre oseille en filets; vous la ferez blanchir dans un peu d'eau avec un peu de sel; vous la rafraîchirez, et, un quart d'heure avant de servir, vous la mêlerez à vos autres légumes; coupez les racines en tranches d'égale longueur, et réduisez-les en filets plus ou moins gros; coupez de même l'oseille, la laitue et le céleri. Lavez le tout à grande eau; égouttez-le dans une passoire; mettez un quarteron de beurre dans une casserole, avec vos racines et votre céleri; passez sur un fourneau ces légumes, jusqu'à ce qu'ils aient pris une légère couleur; mouillez-les avec une bonne cuillerée de bouillon; ces racines à moitié cuites, joignez-y votre oseille; laissez mijoter le tout, et dégraissez-le; quand vous serez près de vous en servir, faites le mitonnage tel qu'il est indiqué (article *Mitonnage*); versez votre julienne dessus, et mêlez le tout légèrement.

Potage à la Brunoise.

Coupez en petits dés, carottes, navets, panais et céleri; prenez du derrière de la marmite, ou du beurre clarifié; faites-le chauffer; jetez vos légumes; faites-leur prendre couleur; égouttez-les sur un tamis; mouillez-les avec du blond de veau, ou consommé, ou bouillon; conduisez-les comme ceux de la julienne; dégraissez-les, et couvrez-en votre mitonnage. Si vous en servez avec du riz, ayez attention qu'il soit clair, que les dés ne soient pas plus gros que le riz lorsqu'il est crevé, et mêlez bien le tout ensemble.

Potage à la purée de Pois.

Prenez une quantité de pois suffisante; lavez-les; mettez-les dans une marmite, avec oignons, carottes, un bouquet de poireaux et de céleri, un combien de jambon ou des tranches; sinon un morceau de petit lard. Sont-ce des pois secs? mettez-les tremper la veille; si ce sont des nouveaux, vous en servant de suite, sautez-les dans du beurre, avec une poignée de persil en branche et quelques ciboules; mouillez-les avec du bon bouillon; lorsqu'ils seront cuits, égouttez-les dans une passoire; pilez-les dans un mortier, et passez-les à l'étamine: le bouillon dans lequel ils ont cuit doit vous servir pour les passer; mettez-en la purée dans une marmite ou une casserole; laissez mijoter cette purée quatre ou cinq heures; remuez-la souvent, de peur qu'elle ne s'attache, et, avant de la remuer, dégraissez-la; lorsqu'elle sera réduite à son degré, servez-la sur du riz, du vermicelle ou des petits croûtons passés au beurre, que vous mettrez à l'instant de servir.

Potage à la purée de Lentilles à la Reine, ou autres Lentilles.

Procédez à cet égard comme il est énoncé pour la purée de pois, et servez-vous-en de même pour les potages; ayez soin pourtant, si ce sont des lentilles à la reine, de les laisser long-temps sur le feu, pour que la purée soit d'un beau rouge, autant que possible: ce qui fait la beauté et la bonté de ce potage.

Potage à la purée de Carottes.

Prenez quinze ou vingt carottes, ratissez et lavez-les: selon leur grosseur, coupez-les en lames; mettez-les dans une casserole avec trois quarterons de bon beurre; passez-les sur un fourneau assez vif; remuez-les jusqu'à ce qu'elles soient colorées; alors mouillez-les avec du bon bouillon; faites-les cuire, et, cuites, vous servant du même procédé que pour la purée de pois et de lentilles, passez-les à l'étamine, etc.; dégraissez cette purée, laissez-la long-temps cuire, et servez-vous-en comme on se sert de la purée de pois.

Potage à la purée de Navets.

Il se fait comme celui de la purée de carottes, excepté qu'on ne fait pas roussir les navets, qu'on les tient blancs le plus possible, et qu'ils demandent moins de cuisson.

Potage aux Laitues.

Ayez douze ou quinze laitues; épluchez-les; laissez-les entières; lavez-les à grande eau, en prenant bien garde qu'il ne reste de la paille après; faites-les blanchir; jetez-les dans un seau d'eau fraîche, retirez-les, et, les unes après les autres, pressez-les; ficelez-les trois ou quatre ensemble, foncez une casserole de bardes de lard; arrangez-y vos laitues; mettez-y deux ou trois lames de jambon, une carotte, un oignon, un bouquet de persil dans lequel vous aurez enveloppé un clou de girofle et une demi-feuille de laurier; mouillez vos laitues avec la partie grasse de votre bouillon ou de votre consommé; mettez sel et mignonnette, ce qu'il en faut pour qu'elles soient d'un bon goût: lorsque vous voudrez servir votre potage, égouttez-les; pressez-les légérement, afin d'en faire sortir ce qu'il y aurait de trop de graisse; et, selon leur grosseur, vous les laisserez entières ou les couperez en deux, et vous en garnirez votre potage.

Potage à la purée de Marrons.

Prenez, cuits, marrons de Lyon ou du Luc; levez-en la première peau (mais supprimez avec soin ceux qui sont gâtés); mettez-les dans une poêle avec un petit morceau de beurre; sautez-les jusqu'à ce que l'épiderme se lève facilement; ôtez-les, épluchez-les, marquez-les dans une marmite avec du consommé; faites-les cuire; ensuite égouttez-les dans une passoire; pilez-les dans un mortier; passez-les dans une étamine, en les mouillant à fur et à mesure avec le bouillon dans lequel ils ont cuit: votre purée passée, mettez-la dans une casserole avec deux cuillerées à pot pleines de consommé; délayez bien votre purée; faites-la cuire et réduire environ trois ou quatre heures; dégraissez-la; ajoutez-y un peu de sucre; goûtez si elle est d'un bon goût, et servez-la avec des petits croûtons passés dans le beurre ou un mitonnage. (Voyez *Mitonnage*.)

Potage en Tortue.

Ayez quatre ou cinq livres de mouton, soit épaule, soit gigot, ou six à sept livres des parures de carrés; ajoutez-y des débris de poisson, comme têtes et arêtes de merlans; débris de saumon, une carpe ou ses débris, ainsi du reste; mettez ce mouton dans une marmite avec vos débris; assaisonnez-le tel que le blond de veau; faites-le suer de même; mouillez-le avec de l'eau; écumez-le bien; que le bouquet de persil soit forcé en aromates; de plus joignez-y deux brins de basilic et du massif: laissez cuire ce mouton jusqu'à ce que les chairs quittent les os; passez-en le bouillon à travers une serviette; clarifiez-le avec deux ou trois blancs d'œufs battus légèrement, faites-lui jeter un bouillon; laissez-le reposer, afin qu'il soit clair; passez-le de nouveau dans une autre serviette, et faites-le réduire jusqu'à ce qu'il soit assez corsé pour pouvoir supporter, sans être réduit, du vin de Madère; de là prenez la moitié d'une tête de veau échaudée de la veille, désossez-la, et, pour qu'elle soit blanche, mettez-la dégorger dans l'eau, que vous aurez soin de changer une ou deux fois; faites-la blanchir et rafraîchir; essuyez-la, parez-la; faites-la cuire dans un blanc (tel que vous le trouverez à son article): dès qu'elle est cuite, égouttez-la au moment de vous en servir; coupez-la par morceaux carrés, gros comme le pouce, et que vous mettrez dans le bouillon énoncé, avec les trois quarts d'une bouteille d'excellent vin de Madère, du poivre de Cayenne environ une cuillerée à café non comblée; une semblable cuillerée à café de poivre kari. Dressez votre potage, composé de vos morceaux de veau; ayez la précaution de faire durcir auparavant quinze œufs frais, après en avoir ôté les blancs; mettez-en les jaunes, aussi entiers que possible, dans ce potage, à l'instant de le servir. Observez que si vous pouviez vous procurer des petits œufs en grappe, que vous feriez blanchir, ils vaudraient mieux que ces jaunes.

Potage aux Choux.

Prenez de choux ce qu'il vous en faut; épluchez-les, flairez-les: s'ils sentent le musc, prenez-en d'autres; coupez-les par quartiers; faites-les blanchir à grande eau, ensuite retirez-les; rafraîchissez-les; ôtez-en les trognons; ficelez-les et marquez-les comme les laitues énoncées article précédent, en y joignant un morceau de petit lard; nourrissez-les et assaisonnez-les davantage; servez-vous-en comme des laitues, et observez qu'ils demandent plus de cuisson.

Potage au Sagou et à la purée de Navets.

Sagou, nom d'une espèce de pâte végétale et alimentaire, qu'on prépare aux Indes avec la moelle de quelques palmiers, particulièrement avec celle du palmier sagou ou sagoutier. Cette substance nous est apportée des îles Moluques, en petits pois de couleur roussâtre, de la grosseur à-peu-près de ceux du gros millet; elle est inodore, stomachique, conséquemment de facile digestion; elle s'apprête comme le vermicelle: on lave ce sagou comme le riz, excepté qu'on ne le fait pas blanchir; mettez-le dans un bon bouillon corsé et bouillant, pour qu'il fasse deux ou trois bouillons; retirez-le sur le bord du fourneau, et lorsqu'il formera gelée, mettez-y votre purée de navets (voyez *Purée de Navets*); remuez le tout; goûtez si votre potage est d'un bon sel, et servez-le.

Potage à la Condé.

Prenez un litron et demi, ou plus, s'il le faut, de petits haricots rouges; lavez-les bien; mettez-les dans une marmite avec de l'eau ou du grand bouillon; ajoutez-y un morceau de petit lard, trois carottes, trois oignons, dont un piqué de deux clous de girofle, un bouquet de poireaux et céleri; laissez bien cuire le tout, et aussitôt retirez-en les légumes; jetez vos haricots dans une passoire; écrasez-les; passez-les à l'étamine en les mouillant avec le bouillon dans lequel ils ont cuit; mettez-en la purée sur le feu comme celle de pois. Si c'est un potage maigre qu'il vous faut, mettez dans vos haricots un morceau de beurre au lieu de lard; et pour finir votre potage, mettez de même un morceau de beurre. Votre purée cuite à son point, ayez de la mie de pain; coupez-la en dés, et passez-les au beurre: sont-ils d'une belle couleur, égouttez-les dans une passoire, et au moment de servir, mettez-les sur la purée.

Potage à la Bisque d'Écrevisse.

Ayez un demi-cent d'écrevisses, ou davantage, selon leur grosseur; lavez-les à plusieurs eaux, et rejetez-les mortes; égouttez-les; mettez-les cuire sur un bon feu dans une casserole avec du bouillon, sans qu'elles nagent dedans, sautez-les; lorsqu'elles seront cuites, retirez-les du feu, laissez-les couvertes un demi-quart d'heure; jetez-les dans une passoire, conservez-en le bouillon; lorsqu'elles sont à moitié froides ôtez-en les queues, épluchez-les, et mettez-en les épluchures avec les corps dans un mortier; pilez le tout jusqu'à consistance de pâte, qu'on aperçoive à peine les coquilles; mettez gros comme deux œufs de mie de pain mollet dans le bouillon où elles ont cuit; desséchez-le sur un feu doux; mettez-le dans un mortier avec vos écrevisses; délayez le tout avec d'excellent bouillon; passez-le à travers une étamine; mettez-le dans une casserole sur le feu et sans bouillir, remuez-le bien, qu'il ne soit ni trop clair, ni trop épais; ensuite mettez-le au bain-marie, goûtez s'il est d'un bon sel, et servez-vous-en, soit avec du riz, soit avec des croûtons passés au beurre.

Potage à la Reine.

1°. Ayez trois poulets; videz-les; flambez-les, enlevez-en les estomacs en entier; mettez-les sur un attelet, et couvrez-les d'une petite bande de lard, comme l'on fait pour les poulets d'entrée à la broche; enveloppez-les de papier pour qu'ils ne prennent point de couleur; mettez-les à la broche, ou dans une casserole que vous aurez foncée de quelques lames de veau, de jambon, d'un oignon, de deux ou trois carottes tournées et d'un bouquet de persil assaisonné; mettez ces estomacs; couvrez-les de légères bandes de lard, de deux ou trois ronds de papier beurré, afin qu'ils ne prennent point de couleur, dirai-je encore; mouillez le tout de deux à trois cuillerées à ragoût de consommé; faites-le partir sur le fourneau; après mettez-le dessous, ou sur une paillasse; faites cuire ces estomacs vingt minutes; retirez-les, et faites-les refroidir; passez ce fond au travers d'un tamis de soie; faites avec ce fond une panade, telle que pour le potage à la bisque; hachez ces estomacs très-menus; mettez-les dans un mortier, avec vingt amandes douces et deux ou trois amères émondées, comme il est dit à l'article du lait d'amandes; pilez bien le tout; après joignez-y votre panade, et pilez de nouveau; retirez-le, mouillez-le avec le consommé de vos carcasses, au point de le passer à l'étamine.

2°. Pour faire un consommé de volaille, marquez dans une petite marmite, hors les têtes et les poumons, les débris de ces poulets lavés et ficelés; mouillez-les avec du consommé; faites-les écumer; assaisonnez-les de nouveau de légumes; faites que votre bouillon ne soit point trop ambré; laissez-le bouillir à petit feu une heure et demie; passez ce bouillon à travers une serviette; servez-vous-en pour délayer votre purée de volaille, et la faire passer au travers de votre étamine; que cette purée ne soit ni trop claire ni trop épaisse; mettez-la dans une casserole nouvellement étamée, afin que votre potage soit bien blanc; faites-le chauffer ensuite, sans bouillir, dans un bain-marie. Vous le servirez avec des petits croûtons passés au beurre, ou avec du riz bien crevé, avec peu de mouillement. Goûtez votre potage, s'il est d'un bon goût, et servez-le.

Potage au Macaroni.

Ayez dans une casserole un bon consommé; qu'il soit bouillant; mettez-y du macaroni; faites-le pocher comme le vermicelle; écumez-le, et lorsqu'il aura bouilli un quart d'heure, retirez-le sur le bord du fourneau, pour qu'il mijote; prenez du bon Parmesan râpé, et autant de fromage de Gruyères; mettez-le dans votre potage avant de le servir, ou servez-le séparément. Faites qu'il soit plus épais que clair.

Potage à la Génoise ou aux Raviolis.

Prenez l'estomac d'une poularde ou d'un fort poulet cuit à la broche; hachez-le bien; prenez autant de tetines de veau; ajoutez-y la même quantité d'épinards blanchis et bien pressés, et autant de fromage de Parmesan râpé; pilez le tout dans un mortier; joignez-y de moment en moment quatre ou cinq jaunes d'œufs crus, du sel, une pincée de gros poivre et le quart d'une muscade râpée; quand le tout sera bien pilé et d'un bon goût, prenez des rognures de feuilletage ou de pâte brisée; abaissez-les aussi minces que possible; cela fait, mouillez avec un doroir cette abaisse de pâte, et couchez de distance en distance cette farce ou mélange, gros comme la moitié d'une noisette; reployez votre pâte dessus; soudez-la bien en formant vos raviolis, et coupez-les avec un coupe-pâte; ayez soin que votre farce soit au milieu, et que vos raviolis aient la forme d'une petite rissole; faites-les blanchir dans du grand bouillon; égouttez-les dans une passoire; jetez-les dans un excellent consommé, et servez.

Potage aux pâtes d'Italie.

Mettez sur le feu, dans une petite marmite, d'excellent bouillon: lorsqu'il est en grande ébullition, jetez-y des pâtes d'Italie, soit graines de melon, étoiles ou autres; remuez-le pour qu'elles ne se pelotent pas; écumez-le, et dégraissez comme pour le potage au macaroni; laissez-le mijoter un quart d'heure, et servez.

Potage à la Semoule.

La semoule est aussi une pâte d'Italie (qui ressemble assez au gruau). Faites ce potage comme le précédent, en le remuant un peu davantage, de crainte que la semoule ne s'attache ou ne se pelote.

Bouillon de Poulet.

Ayez un bon poulet commun; videz-le; ôtez-en la peau, et flambez-en les pattes; liez-le avec une ficelle, mettez-le dans une marmite avec deux pintes et demie d'eau; ajoutez-y une once des quatre semences froides, après les avoir concassées à moitié: vous les mettrez dans un petit linge blanc pour en faire un petit paquet bien lié; faites cuire le tout à petit feu, jusqu'à ce qu'il soit réduit à deux pintes ou à-peu-près, et servez-vous-en comme bouillon rafraîchissant.

Bouillon de Poulet pectoral.

Prenez un poulet comme ci-dessus, une même quantité d'eau, deux onces d'orge mondé, autant de riz; mettez le tout ensemble dans une marmite; joignez-y deux onces de miel de Narbonne; écumez le tout; faites cuire trois heures ce bouillon, jusqu'à ce qu'il soit réduit aux deux tiers. Il est très-bon pour adoucir les irritations de la poitrine.

Bouillon de Veau rafraîchissant.

Coupez en dés une demi-livre de rouelle de veau, que vous mettrez bouillir avec trois pintes d'eau, deux ou trois laitues et une poignée de cerfeuil; faites bouillir le tout, et, si vous le jugez convenable, ajoutez-y un peu de chicorée sauvage; passez ce bouillon au tamis de soie, et servez-vous-en.

Bouillon de Mou de Veau.

Prenez la moitié d'un lobe de mou de veau; coupez-le en petits dés, après l'avoir fait dégorger; mettez-le dans une marmite de terre avec trois pintes d'eau, six ou huit navets émincés, deux ou trois pieds de cerfeuil cernés, et une douzaine de jujubes; faites partir ce bouillon; écumez-le, laissez-le réduire à deux pintes, et passez au tamis de soie. Ce bouillon est excellent pour la poitrine.

SAUCES.

Jus de Bœuf.

Beurrez le fond d'une casserole; mettez-y, comme au blond de veau, quelques lames de jambon et bardes de lard, oignons en tranches, et carottes; couvrez le tout de lames de bœuf, épaisses de deux doigts; mouillez-le d'une cuillerée à pot de grand bouillon; faites-le partir sur un feu vif; lorsqu'il commencera à s'attacher, piquez la viande avec la pointe d'un couteau; couvrez de cendre votre fourneau pour empêcher que votre jus n'aille trop vite; prenez bien garde qu'il ne brûle: quand il sera fort attaché, mouillez-le comme le blond de veau; écumez-le, assaisonnez-le avec un bon bouquet de persil et ciboules, en y ajoutant quelques queues de champignon; quand vous jugerez la viande cuite, dégraissez; passez votre jus dans une serviette, et servez-vous-en pour colorer vos potages et vos sauces, ou les entrées et entremets qui exigent du jus.

Grande Sauce.

Beurrez une casserole; foncez-la de lames de jambon; coupez votre veau par morceaux; mettez-en sur votre jambon, suffisamment pour la grandeur de votre casserole; mouillez-le avec une ou deux cuillerées de bouillon, de manière que votre veau soit presque couvert; mettez-y deux carottes tournées, un gros oignon que vous retirerez quand il sera cuit. Lorsque votre veau est tombé à glace, vous laissez très-peu de feu sous votre casserole, et vous l'entourez de cendres rouges pour faire descendre la glace; quand elle a pris sa couleur, vous la détachez avec une cuillerée à pot de bouillon froid: sitôt qu'elle est détachée, vous remplissez votre casserole de bouillon; quand votre veau est cuit, vous le retirez, et vous passez votre blond de veau dans une serviette; vous avez votre roux dans une casserole; vous le délayez assez pour que la sauce ne soit pas trop épaisse, et vous la faites partir; retirez-la sur le bord du fourneau, et remuez-la de temps en temps: que votre coulis soit d'une belle couleur; s'il en manquait, perfectionnez-le avec du jus de bœuf; il se formera, durant la cuisson, une peau dessus: ne l'ôtez pas, et ne le dégraissez qu'à parfaite cuisson et au moment de le passer, sans l'exprimer, à travers l'étamine. Votre sauce passée, mettez une cuiller dedans; ayez soin de la sasser et vanner, jusqu'à ce qu'elle soit refroidie, pour qu'il ne se forme point de peau dessus, et servez-vous-en pour des petites sauces brunes.

Espagnole.

Prenez une, deux ou trois noix de veau; foncez une casserole de lard et de jambon, de ce dernier surtout en plus grande quantité, et procédez à cet égard comme il est expliqué pour la grande sauce; mettez vos noix dessus, avec une bonne cuillerée de consommé bien corsé, cinq ou six carottes tournées, autant d'oignons; faites partir le tout comme le coulis général, et mettez-le sur un feu doux, afin que vos noix jettent leur jus. Lorsque la glace sera bien formée, ce que vous reconnaîtrez au fond de la casserole qui doit être d'un beau jaune; retirez-la du feu; piquez alors vos noix avec votre couteau, pour que le reste du jus s'en exprime; mouillez-les avec du consommé dans lequel vous aurez fait cuire une quantité suffisante de perdrix, de lapins ou de poulets; mettez un bouquet de persil et ciboules, assaisonné de deux clous de girofle par noix de veau, d'une demi-feuille de laurier, d'une gousse d'ail; d'un peu de basilic et de thym; faites bouillir le tout; retirez-le sur le bord du fourneau et dégraissez-le: au bout de deux heures, liez votre espagnole avec le roux comme le coulis général; lorsqu'elle sera liée de manière à être plus claire qu'épaisse, laissez-la bouillir une demi-heure ou trois quarts d'heure, pour que le roux s'incorpore; alors dégraissez et passez cette espagnole à l'étamine dans une autre casserole; remettez-la sur le feu pour la faire réduire d'un quart: elle pourra vous servir pour tous les ragoûts au brun. Vous y mettrez le vin que vous jugerez à propos, soit de Madère, de Champagne ou de Bourgogne, selon les petites sauces dont vous aurez besoin. Ma coutume n'est pas de mettre le vin dans l'espagnole générale, attendu qu'on ne met point tout au vin, et qu'avec le vin elle peut s'aigrir du jour au lendemain, si tout n'est pas employé dans la journée, ce qui ferait *une perte*; mon habitude encore est de ne point faire réduire les vins seuls, ce qui leur donne souvent un goût d'alambic, et fait évaporer toute la partie spiritueuse; conséquemment je les fais réduire avec la sauce à une demi-glace ou gros comme le pouce de glace, ou même davantage, quand c'est pour des petites sauces, et selon le besoin que j'ai qu'elles soient plus ou moins corsées.

Espagnole travaillée.

Lorsque vous voudrez vous servir de l'espagnole pour des sautés, ou comme simple sauce, prenez-en deux ou trois cuillerées à pot, ou davantage, avec environ le tiers de consommé, quelques parures de truffes bien lavées et quelques queues de champignons; faites réduire le tout sur un grand feu, et dégraissez-le avec soin. Si votre espagnole manque de couleur, donnez-lui-en avec votre blond de veau; faites-la réduire à consistance de sauce; passez-la à l'étamine; mettez-la dans un bain-marie, pour vous en servir au besoin.

Velouté, ou Coulis blanc.

Ayez noix ou sous-noix, ou une partie d'un cuissot de veau; mettez-le dans une casserole beurrée, avec quelques lames de jambon, une cuillerée de consommé bien corsé, trois ou quatre carottes, autant d'oignons; faites partir le tout sur un feu assez vif: quand vous verrez que votre mouillement est réduit et qu'il pourrait s'attacher, mouillez-le avec du consommé, en raison de la quantité de vos viandes et de la force de votre consommé: quand le tout sera bien bouillant, retirez-le sur le bord du fourneau; ajoutez-y quelques échalotes, quelques queues ou tournures de champignons, dans lesquels vous n'aurez point mis de citron, de crainte qu'il ne fasse aigrir votre sauce; mettez-y un bouquet bien assaisonné comme pour l'espagnole, et ayez soin de le retirer lorsqu'il sera cuit, en l'exprimant entre deux cuillers; retirez également vos viandes lorsqu'elles seront cuites; ayez soin, durant que votre sauce est sur le feu, de faire un roux blanc pour la lier. Voici la manière de vous y prendre. Faites fondre une livre d'excellent beurre; tirez-le au clair dans une casserole pour en supprimer le lait de beurre et les autres effondrilles qui s'y trouvent: quand cela est fait, vous prenez de la fleur de farine de froment, et vous en mettez une suffisante quantité dans votre beurre, que vous remuez au point qu'il soit parfaitement bu par la farine; ensuite vous mettez la casserole sur un feu doux; vous remuez constamment, pour que votre roux ne prenne point de couleur; vous le flairez, et lorsque vous sentez que la farine est cuite, vous délayez le tout ou une partie avec le mouillement de votre velouté: cela fait, ayez soin de tourner continuellement votre farce, pour que la farine ne tombe point au fond et qu'elle ne s'attache pas; dégraissez votre velouté; passez-le à l'étamine; remettez-le sur le feu; dégraissez-le de nouveau et faites réduire; retirez-le, mettez-le dans un vase; passez et vannez, de crainte qu'il ne forme une peau.

Velouté travaillé.

Il se travaille comme l'espagnole, excepté que l'on n'y met rien qui puisse le colorer, afin qu'il soit très-blanc.

Grand Aspic.

Mettez dans une marmite un ou deux jarrets de veau, une vieille perdrix, une poule, des pattes de volaille, si vous en avez; deux ou trois lames de jambon; ficelez vos viandes, joignez-y deux carottes, deux oignons, un bouquet bien assaisonné; mouillez le tout d'un peu de consommé; faites-le légérement suer: lorsque vous verrez que votre aspic, tombant en glace, prendra une teinte jaune, mouillez-le avec du bouillon, si vous en avez; sinon avec de l'eau, en observant de le laisser réduire davantage: faites-le partir, écumez-le, mettez-y le sel nécessaire; laissez-le cuire trois heures: alors dégraissez-le, passez-le au travers d'une serviette mouillée et tordue; laissez-le refroidir; cassez deux œufs avec blancs, jaunes et coquilles; fouettez-les, mouillez-les avec un peu de votre bouillon, mettez-y une cuillerée à bouche de vinaigre d'estragon, et versez le tout dans votre aspic: posez-le sur le feu, agitez-le avec un fouet de buis: quand il commencera à partir, retirez-le sur le bord du fourneau, afin qu'il ne fasse que frémir; couvrez-le, et sur son couvercle mettez du feu. Quand vous verrez que cet aspic est clair, passez-le au travers d'une serviette mouillée et tordue que vous attacherez aux quatre pieds d'un tabouret. Retournez, couvrez-le de nouveau, et sur son couvercle mettez un peu de feu. Quand il sera passé, servez-vous-en pour vos grands et petits aspics.

Sauce blanche ou au Beurre.

Mettez dans une casserole une demi-livre de bon beurre coupé en gros dés, une bonne pincée de farine passée au tamis, et versez de l'eau légèrement dessus; agitez votre casserole pour que la farine et l'eau se tiennent sans faire de grumeaux; assaisonnez-la de sel, et, si vous voulez, de muscade râpée; mettez-la sur le feu, tournez-la avec une cuiller de bois, jusqu'à ce qu'elle soit prête à bouillir; ôtez cette cuiller, prenez-en une à dégraisser, vannez votre sauce. Sa cuisson faite, tordez-la dans une étamine bien blanche et mettez-la dans votre bain-marie.

Sauce à l'Anglaise et au Beurre.

Elle se fait comme la précédente, excepté qu'on y met, à l'instant de la servir, du persil haché très-fin et blanchi, un peu de muscade, de gros poivre et le jus d'un citron.

Sauce hollandaise.

Elle se fait avec la grande sauce au beurre: mettez-en dans une casserole trois cuillerées à dégraisser, avec un citron coupé en dés, et duquel vous ôtez le blanc et les pepins; joignez-y trois jaunes d'œufs coupés de même, un peu de persil haché, une pincée de mignonnette et un filet de bon vinaigre blanc.

Sauce à l'Allemande.

Mettez dans une casserole des champignons hachés, et gros de beurre comme la moitié d'un œuf; faites bien cuire vos champignons, joignez-y trois cuillerées à dégraisser de velouté travaillé, et une cuillerée de consommé: faites réduire votre sauce; arrivée à son point, jetez-y gros de beurre comme la moitié d'un œuf, du persil bien vert haché et blanchi; passez et vannez le tout; mettez le jus de la moitié d'un citron, un peu de mignonnette, passez de nouveau votre sauce et servez-vous-en.

Remarque. Faute de velouté, singez vos champignons, délayez le tout avec d'excellent bouillon, mettez-y un bouquet bien assaisonné d'un clou de girofle, la moitié d'une gousse d'ail, thym et laurier. Votre sauce cuite, retirez le bouquet, exprimez-le et finissez cette sauce comme la précédente.

Sauce à la Béchamelle.

Mettez de votre velouté dans une casserole, en raison de vos besoins, et un demi-setier de consommé. Si vous employez une pinte de velouté, faites aller votre sauce sur un grand feu, tournez-la avec soin, qu'elle se réduise d'un tiers de son volume; en même temps faites réduire au tiers une pinte de crême double, incorporez-la peu à peu dans votre sauce que vous tournerez jusqu'à ce qu'elle soit réduite au point où elle était avant d'y avoir mis la crême. Cette sauce ayant la consistance d'une légère bouillie, tordez-la dans une étamine bien blanche, et mettez-la au bain-marie pour vous en servir au besoin.

Autre manière.

Coupez un morceau de noix de jambon en dés, deux fois autant de veau, quelques petites carottes tournées, cinq petits oignons et quelques queues d'échalotes; joignez à cela un ou deux clous de girofle, une feuille de laurier, environ une demi-livre de beurre; mettez le tout dans une casserole et sur le feu; remuez avec une cuiller de bois très-propre. Quand votre viande commencera à jeter son jus, singez-la avec de la farine bien blanche, retirez-la du feu, remuez-la pour que la farine soit bien incorporée, remettez-la sur le feu, remuez-la toujours, de crainte qu'elle ne s'attache. Quand elle sera suffisamment passée, délayez le tout avec du consommé ou du bon bouillon; faites aller cette sauce à grand feu, ayant toujours soin de la remuer, et finissez-la, comme la précédente, avec une pinte de crême réduite ou une pinte de bon lait. (Remarquez que la pinte de crême, chez le crêmier, n'est qu'une chopine.) Enfin votre sauce ayant, comme la précédente, la consistance d'une bouillie, tordez-la dans une étamine, et mettez-la dans votre bain-marie, etc.

Sainte-Menéhould.

Mettez dans une casserole un morceau de beurre coupé; singez-le de farine; délayez votre sauce avec du lait ou de la crême; assaisonnez-la d'un bouquet de persil et ciboules, la moitié d'une feuille de laurier, une poignée de champignons et quelques échalotes; mettez-la sur le feu; tournez-la comme la béchamelle, et tordez-la à l'étamine; remettez-la sur le feu; mettez-y du persil haché, un peu de mignonnette, et vous vous en servirez pour ce qui vous sera indiqué ci-après.

Sauce à la bonne Morue.

Elle se fait comme la Sainte-Menéhould, excepté qu'elle est un peu moins liée, qu'il faut saupoudrer le mets que l'on sert, avec du persil haché et blanchi.

Sauce à la Poulette.

Mettez dans une casserole du velouté réduit; faites-le bouillir; ajoutez-y une liaison avec du persil haché et blanchi, un petit morceau d'excellent beurre et un jus de citron, et servez-vous-en. Si vous n'aviez pas de velouté, faites un petit roux blanc (voyez le *Roux*, à son article); mouillez-le avec du bouillon; mettez-y un bouquet de persil et de ciboules; faites cuire et réduire votre sauce; dégraissez-la; passez-la à l'étamine et servez-vous-en.

Sauce Italienne rousse.

Coupez douze dés de jambon; mettez-les dans une casserole avec une poignée de champignons bien hachés et un citron coupé en grosses tranches, duquel vous aurez ôté tout le blanc et les pepins; ajoutez une cuillerée à bouche d'échalotes hachées, lavées et passées dans le coin d'un torchon, comme pour vos champignons; plus une demi-feuille de laurier, deux clous de girofle et un quarteron d'huile; passez le tout sur le feu: quand vous vous apercevrez que le citron et les ingrédiens sont presque cuits, retirez le citron, et mettez une cuillerée de persil haché, une cuillerée d'espagnole, un demi-setier de bon vin blanc, sans l'avoir fait réduire, et un peu de mignonnette; faites ensuite réduire votre sauce et dégraissez-la; ôtez le jambon, et, lorsque votre sauce aura atteint son degré de réduction, retirez-la.

Sauce Italienne blanche.

Servez-vous du même procédé, pour faire cette sauce italienne, que celui dont on se sert pour la rousse énoncée ci-contre, excepté qu'il faut employer pour celle-ci du velouté, au lieu d'espagnole.

Sauce à la Maître-d'hôtel froide.

Mettez un morceau de beurre dans une casserole, avec persil haché, quelques feuilles d'estragon, une ou deux feuilles de baume, du sel fin en suffisante quantité, le jus d'un ou deux citrons, ou un filet de verjus; mariez le tout avec une cuiller de bois, jusqu'à ce qu'il soit bien incorporé. Cette sauce vous servira pour les choses indiquées ci-après.

Sauce à la Maître-d'hôtel liée.

Prenez du velouté, deux cuillerées à dégraisser; mettez-les dans une casserole; joignez-y gros de beurre comme un œuf, avec persil haché très-fin, deux ou trois feuilles d'estragon hachées de même; mettez cette sauce sur le feu; tournez-la pour bien incorporer votre beurre avec le velouté: à l'instant où vous voudrez la servir, passez et vannez votre sauce; ajoutez-y un jus de citron ou un filet de verjus, ce qui revient au même.

Sauce au Suprême.

Prenez du velouté réduit, deux ou trois cuillerées à dégraisser; mettez-les dans une casserole; ajoutez-y deux ou trois cuillerées de consommé de volaille; faites réduire le tout à la valeur de trois cuillerées de velouté; au moment de vous en servir, mettez-y gros de beurre comme un œuf; faites aller cette sauce sur un bon feu; tournez-la et passez-la; qu'elle soit bien liée, sans être trop épaisse: arrivée à son degré, retirez-la; mettez-y un jus de citron ou un filet de verjus; vannez-la, et servez.

Sauce à la Matelote.

Mettez dans une casserole une cuillerée à pot d'espagnole réduite: l'est-elle à-peu-près, mettez-y des petits oignons que vous aurez fait roussir et cuire dans le beurre, des champignons tournés, et des culs d'artichauts. A l'instant où vous servirez votre sauce, vous y mettrez gros de beurre comme une petite noix; remuez le tout de manière à bien mêler le beurre sans écraser vos garnitures, et servez.

Sauce Poivrade.

Coupez une lame de jambon en douze petits dés; mettez-les dans une casserole avec un petit morceau de beurre, cinq ou six branches de persil; deux ou trois ciboules coupées en deux, une gousse d'ail, une feuille de laurier, un peu de basilic, du thym, et deux clous de girofle; passez le tout sur un bon feu: lorsqu'il sera bien revenu, mettez-y une pincée de poivre fin, une cuillerée à dégraisser de vinaigre, quatre cuillerées d'espagnole sans être réduite; remuez votre sauce, faites-la partir; retirez-la sur le bord du fourneau, laissez-la cuire trois quarts d'heure, dégraissez-la, et passez-la dans une étamine.

Sauce hachée.

Mettez dans une casserole une cuillerée à bouche pleine d'échalotes hachées et blanchies, autant de champignons, un peu de persil haché: versez dessus deux ou trois cuillerées à dégraisser d'espagnole, autant de bouillon, deux cuillerées à dégraisser de bon vinaigre, et une pincée de mignonnette; faites bouillir et dégraissez; hachez plein une cuiller à bouche de câpres, et autant de cornichons: lorsque vous voudrez vous servir de cette sauce, ajoutez-y le beurre d'un ou deux anchois; passez et vannez bien le tout: ne faites bouillir ni les cornichons ni les câpres.

Sauce piquante.

Mettez dans une casserole deux ou trois cuillerées à dégraisser d'espagnole ou de coulis, une cuillerée de vinaigre blanc, une feuille de laurier, une gousse d'ail, un peu de thym, un clou de girofle, une ou deux cuillerées de bouillon, une pincée de poivre fin; faites bouillir votre sauce, et dégraissez-la: quand elle aura bouilli un quart d'heure, tordez-la dans une étamine, mettez-y le sel qu'il faut pour qu'elle soit d'un bon goût.

Sauce à la Nompareille ou à l'Arlequine.

Coupez des petits dés de jambon bien égaux, des truffes de même, en égale quantité; mettez le tout dans une casserole avec un morceau de beurre; posez votre casserole sur un feu doux; laissez cuire environ un quart d'heure, si vous voulez, votre sauce blanche; mettez trois cuillerées à dégraisser de votre velouté; et si vous voulez qu'elle soit rousse, employez de votre espagnole réduite; ajoutez-y un demi-verre d'excellent vin blanc et une cuillerée de consommé; faites réduire; mettez-y des blancs d'œufs durs et des champignons en même quantité, coupés comme le jambon et les truffes; ajoutez des queues d'écrevisses coupées de même, et, s'il s'en trouve, des œufs d'écrevisses; finissez votre sauce avec gros de beurre comme une noix et demie, et servez.

Sauce à la Pluche.

Prenez des feuilles de persil bien vertes; faites-les blanchir; rafraîchissez-les; jetez-les sur un tamis; mettez dans une casserole trois cuillerées à dégraisser de velouté réduit, et deux de consommé; faites réduire le tout à l'instant où vous voudrez servir; jetez vos feuilles de persil dans votre sauce: si elle se trouvait trop salée, ajoutez-y un petit morceau de beurre, passez, vannez et servez.

Sauce aux Truffes ou à la Périgueux.

Émincez des truffes en liards, ou coupez-les en petits dés; passez-les dans une casserole sur un feu doux, avec un morceau de beurre; laissez-les cuire ainsi, et mettez-y de l'espagnole réduite en raison de la quantité des truffes, et selon la pièce que vous avez à saucer; joignez à cette espagnole du consommé ou du bouillon, du vin blanc en égale proportion; laissez-la réduire, dégraissez-la, finissez-la avec un morceau de beurre, et servez-vous-en. Observez que vous ne devez mettre dans cette sauce aucun acide, tel que citron ou verjus, vu qu'autrement vous ôteriez le moelleux de la sauce, et que le vin que vous devez employer doit fournir assez d'acide.

Sauce à la purée de Champignons.

Prenez deux maniveaux de champignons, épluchez-les, lavez-les bien à plusieurs eaux, en les frottant légérement dans vos mains; cela fait, égouttez-les dans une passoire; ensuite émincez les têtes et les queues; mettez-les dans une casserole, avec gros de beurre comme un œuf; faites-les fondre à petit feu, et lorsqu'ils seront presque cuits, mouillez-les avec du velouté, la valeur de deux cuillerées à dégraisser, laissez-les cuire trois quarts d'heure, passez-les à l'étamine à force de bras, et finissez votre purée avec de la crême double comme celle d'oignons blancs, néanmoins avec la différence que celle-ci doit être un peu plus claire.

Sauce en Tortue.

Mettez dans une casserole la valeur d'une petite cuillerée à pot d'espagnole réduite, un bon verre de vin de Madère sec, une cuillerée à café de poivre kari, pleine, et la moitié de cette quantité de poivre de Cayenne; faites réduire le tout; dégraissez-le ensuite; ajoutez-y des crêtes de coqs, des rognons, des culs d'artichauts, des champignons, une gorge de ris de veau, ou des ris d'agneaux, si c'est la saison; faites bouillir le tout, afin que les ingrédiens prennent le goût de la sauce et sa couleur; mettez-y, au moment de servir, six ou huit jaunes d'œufs durs bien entiers; prenez garde de les écraser en remuant avec la cuiller, et servez-vous de cette sauce pour les mets en tortue.

Sauce Kari ou à l'Indienne.

Mettez dans une casserole trois cuillerées de velouté réduit, et autant de consommé, une cuiller à café pleine de poivre kari; prenez une pincée de safran, faites-le bouillir dans un petit vase: quand la teinture du safran sera formée, passez-la sur le coin d'un tamis dans votre sauce; exprimez bien le safran avec une cuiller; faites-en même passer une partie; faites ensuite bouillir, et dégraissez. Si cette sauce n'était pas assez poivrée, vous y mettriez, avec la pointe d'un couteau, un peu de poivre rouge, autrement dit poivre de Cayenne. Remarquez que dans cet ouvrage je donnerai, en ses lieu et place, la manière de faire ce poivre.

Sauce Tomate.

Ayez douze ou quinze tomates bien mûres et surtout bien rouges, ôtez-en les queues, ouvrez-les en deux avec votre couteau, et ôtez-en la graine; pressez-les dans votre main pour en faire sortir la partie aqueuse qui se trouve dans le cœur, et que vous jeterez, ainsi que la graine; mettez-les dans une casserole avec un morceau de beurre gros comme un œuf, une feuille de laurier et un peu de thym; posez votre casserole sur un feu modéré; remuez vos tomates jusqu'à ce qu'elles soient en purée. Durant leur cuisson, mettez-y une cuillerée d'espagnole ou de la partie grasse du bouillon, ce qui vaudrait mieux: lorsqu'elles seront au degré de purée, passez-les à force de bras à travers l'étamine, ratissez le dehors de cette étamine avec le dos de votre couteau; mettez tout le résidu dans une casserole, avec deux cuillerées d'espagnole, faites-le réduire à consistance d'une légère bouillie, mettez-y du sel convenablement, et, sur la pointe d'un couteau, un peu de poivre de Cayenne.

Sauce à l'Ivoire.

Prenez un poulet commun que vous fendrez pas le dos pour en extraire les poumons, ou des carcasses de poulets: après en avoir ôté les poumons, mettez-le dans une petite marmite qu'il faut avoir le soin de bien laver; ajoutez-y deux carottes, deux oignons, dont un piqué d'un clou de girofle, et un bouquet assaisonné; mouillez le tout avec deux cuillerées à pot de consommé, ou de bouillon qui n'aie point de couleur; faites écumer cette marmite, retirez-la sur le coin d'un fourneau afin qu'elle mijote. Après cinq quarts d'heure ou une heure et demie de cuisson, passez ce consommé à travers une serviette; prenez deux ou trois cuillerées de ce consommé, mettez-les dans une casserole, joignez-y deux cuillerées de velouté, faites réduire à consistance de sauce: lorsque vous serez sur le point de servir, mettez-y gros de beurre comme la moitié d'un œuf; passez et vannez bien cette sauce, versez-y une cuiller à bouche pleine de jus de citron, et servez.

Sauce Ravigote blanche.

Ayez cresson à la noix, cerfeuil, pimprenelle, estragon, civette, quelques feuilles de céleri et deux feuilles de baume; épluchez et lavez bien le tout; mettez-le dans un vase; jetez dessus un poisson d'eau bouillante; couvrez et laissez infuser trois quarts d'heure; ensuite passez cette infusion, mettez-la dans une casserole avec trois cuillerées à dégraisser de velouté; faites-la réduire à consistance de sauce; mettez-y la valeur d'une cuillerée à bouche pleine de vinaigre blanc, gros de beurre comme la moitié d'un œuf; passez et vannez bien cette sauce, et servez-la.

Sauce Ravigote froide et crue.

Prenez la même ravigote que celle énoncée ci-dessus, hachez-la bien fine; joignez-y une cuillerée de câpres, hachées de même, un ou deux anchois que vous aurez concassés, un peu de poivre fin et du sel convenablement; mettez le tout dans un mortier de marbre ou de pierre, pilez-le jusqu'à ce qu'on ne puisse plus distinguer aucun ingrédient; ajoutez-y un jaune d'œuf cru; broyez, arrosez avec un peu d'huile et de temps en temps un peu de vinaigre blanc pour l'empêcher de tourner, et cela jusqu'à ce que le tout soit à consistance de sauce (si vous voulez votre ravigote très-forte, ajoutez-y un peu de moutarde); alors retirez-la du mortier, et servez.

Sauce Ravigote cuite.

Ayez la même ravigote que celle énoncée ci-dessus; lavez-la; faites-la blanchir comme vous feriez blanchir des épinards; rafraîchissez-la quand elle sera cuite; mettez-la égoutter sur un tamis, pilez-la bien; quand elle le sera, passez-la, à force de bras, au travers d'un tamis ordinaire; cela fait, délayez-la avec de l'huile et du vinaigre; mettez-y sel et poivre, ainsi que vous feriez pour une rémoulade; qu'elle soit d'un bon goût, et servez.

Sauce verte.

Vous ferez cette sauce comme la sauce au suprême, en y ajoutant une ravigote comme celle énoncée dans l'article ci-dessus, et du vert d'épinards que vous ferez ainsi: lavez et pilez bien une poignée d'épinards; exprimez-en le jus, en les mettant dans un torchon blanc et les tordant à force de bras; cela fait, mettez ce jus dans une petite casserole sur le bord d'un fourneau; il se caillebotte comme du lait; lorsqu'il le sera, jetez-le dans un tamis de soie pour le laisser égoutter; à l'instant de servir vous délayerez, soit le tout, soit une partie, pour faire votre sauce verte; de suite vous y mettrez le jus d'un citron ou un filet de vinaigre; passez et servez aussitôt, de peur que votre sauce ne devienne jaune.

Sauce Robert.

Coupez en rouelles ou en dés six gros oignons ou davantage, si le cas le requiert; mettez-les dans une casserole avec du beurre à proportion; posez le tout sur un bon feu, singez-le avec un peu de farine, et faites qu'elle roussisse avec vos oignons; quand tout le sera, délayez avec du bouillon; laissez cuire; mettez sel et mignonnette, et lorsque votre sauce sera arrivée à son degré, joignez-y de la moutarde et servez.

Sauce au beurre d'Écrevisses.

Lavez à plusieurs eaux un demi-cent de petites écrevisses, mettez-les dans une casserole, couvrez-les; faites-les cuire dans du grand bouillon avec peu de mouillement; sitôt qu'elles commencent à bouillir, sautez-les, pour que celles qui sont dessous viennent dessus; quand elles seront d'un beau rouge retirez la casserole du feu; laissez dix minutes vos écrevisses couvertes; ensuite égouttez-les sur un tamis, laissez-les refroidir, séparez-en les chairs, comme les queues que vous conservez pour faire les garnitures; jetez le dedans du corps, après en avoir extrait les petites pattes; lavez bien toutes ces écailles, jetez-les sur le tamis; faites-les sécher dans un four tiède ou sur un couvercle posé sur une cendre chaude; quand elles le seront, pilez-les dans un mortier; lorsqu'elles seront presque entièrement pilées, joignez-y gros de beurre comme un œuf; pilez-les de nouveau, jusqu'à ce qu'on ne distingue presque plus les écailles de vos écrevisses (remarquez si ces écrevisses, en les pilant, ne donnaient point assez de rouge à votre beurre, ajoutez-y deux ou trois petites racines qu'on nomme orcanette); cela fait, mettez fondre sur un feu très-doux votre beurre d'écrevisses environ un quart d'heure; quand il sera très-chaud, mettez un tamis un peu serré sur un vase rempli d'eau fraîche; versez sur ce tamis votre beurre, lequel se figera dans l'eau; ensuite ramassez-le, mettez-le sur une assiette (afin de vous en servir pour vos sauces au beurre d'écrevisses); ensuite prenez trois cuillerées de velouté réduit et bien corsé; incorporez votre beurre d'écrevisses, et vannez bien le tout à l'instant de vous en servir.

Sauce aux Homards.

Prenez un homard de moyenne grosseur, ôtez-en les chairs et les œufs, s'il s'en trouve; coupez ces chairs en petits dés; épluchez les œufs de cet homard, de manière qu'il ne reste point de fibres; mettez dans une casserole les œufs et les chairs sans mouillement, couvrez votre casserole d'un papier ou d'un couvercle, de crainte que vos chairs ne se hâlent; lavez les coquilles de votre homard, détachez-en les petites pattes du plastron, que vous supprimerez; vos coquilles étant bien lavées, mettez-les sécher dans une étuve; une fois sèches, pilez-les et faites-en un beurre, comme il est indiqué au beurre d'écrevisses, et finissez-le de même; le beurre de votre homard refroidi, mettez-le dans une sauce blanche, vannez-la sur le feu sans la faire bouillir; ajoutez-y, si vous le voulez, un peu de poivre de Cayenne ou de gros poivre: versez votre sauce sur les chairs de votre homard; mêlez bien le tout, et servez-le dans une saucière, à côté d'un turbot ou de tout autre poisson.

Sauce à la purée d'Oseille.

Ayez deux poignées d'oseille ou davantage, si le cas le nécessite; ôtez-en les queues; lavez ensuite cette oseille, égouttez-la, hachez-la très-menue, mettez-la dans une casserole avec un morceau de beurre que vous ferez fondre; quand votre oseille sera cuite, passez-la à force de bras à travers une étamine; remettez-la dans une casserole, après avoir ramassé avec le dos d'un couteau ce qui a pu rester au dehors de cette étamine; versez-y une cuillerée ou deux d'espagnole, faites-la recuire environ trois quarts d'heure, ayant soin de la remuer toujours; dégraissez-la, et faites qu'elle soit d'un bon sel; arrivée à la consistance d'une bouillie épaisse, retirez-la du feu et servez-vous-en.

Sauce à la purée d'Oignons blancs.

Emincez douze oignons, mettez-les dans une casserole avec un morceau de beurre; posez votre casserole sur un feu doux, afin que votre oignon ne prenne point de couleur; faites-le cuire à petit feu, ayant soin de le remuer souvent avec une cuiller de bois; quand vous voyez qu'il s'écrase facilement sur la cuiller, joignez-y une ou deux cuillerées de velouté, et laissez cuire de nouveau; quand le tout sera bien cuit et réduit, passez-le dans une étamine comme pour la purée d'oseille; remettez-le dans une casserole et sur le feu; incorporez dans cette purée d'oignon une chopine de crême que vous aurez fait bouillir; mettez-y un peu de muscade râpée, pour que votre purée soit d'un bon goût; lorsqu'elle aura atteint le degré d'une bonne bouillie, retirez-la et servez.

Sauce à la purée d'Oignon rousse, dite Bretonne.

Prenez douze oignons comme ci-dessus; mettez-les dans une casserole sur un feu vif, et faites-les roussir: lorsqu'ils seront d'une belle couleur d'or, mouillez-les avec deux cuillerées d'espagnole; faites cuire cette purée comme la précédente; passez-la de même à l'étamine; remettez-la dans la casserole, et, au lieu de crême, employez de l'espagnole; ensuite faites-la réduire à consistance d'une bouillie; ayez soin qu'elle soit d'un bon goût, et servez.

Sauce à la purée de Pois.

Marquez cette purée de pois comme celle indiquée pour les potages (voyez Potages); faites-en autant que vous croirez nécessaire pour une ou deux entrées; mettez-la réduire avec une quantité suffisante de velouté: lorsqu'elle sera à son point, ajoutez-y un peu de vert d'épinards, pour lui donner la teinte qu'ont les pois verts; finissez-la avec un morceau de beurre, une pincée de sucre en poudre; qu'elle soit à consistance d'une bouillie épaisse, et servez.

Sauce Pois verts, pour Entrées et Entremets.

Prenez deux litres de gros pois verts, ou davantage; lavez-les, jetez-les dans une passoire, mettez-les dans une casserole avec un morceau de beurre, une poignée de persil en branche, quatre ou cinq ciboules coupées en deux; posez votre casserole sur le feu, sautez vos pois: lorsque vous les verrez se rider, mouillez-les avec deux cuillerées à pot de bouillon; mettez une ou deux lames de jambon; faites-les partir; retirez-les sur le bord du fourneau; faites-les cuire, après jetez-les dans une passoire; ôtez-en le jambon; écrasez-les avec une cuiller, ou pilez-les et passez-les à l'étamine à force de bras, en les humectant avec du bouillon dans lequel ils ont cuit. La purée étant passée, mettez-la dans une casserole avec un morceau de beurre, une cuillerée ou deux de velouté; faites-la réduire à la consistance d'une purée, et dégraissez-la: qu'elle soit d'un bon sel; mettez-y un petit morceau de sucre, et finissez-la avec un pain de beurre. Si elle n'était pas assez verte, mettez-y un peu de vert d'épinards, comme il est indiqué à l'article Purée des potages.

Purée de Pois secs.

Suivez le même mode, pour cette purée, que celui indiqué pour les potages (voyez *Potages*), et accommodez-la comme celle de pois verts.

Sauce à la purée de Lentilles à la Reine.

Elle se fait comme la précédente, excepté qu'il faut la servir avec de l'espagnole qu'on doit laisser cuire davantage que celle de pois, afin qu'elle soit d'une belle couleur marron: on la finit avec un morceau de beurre, et on lui donne la même consistance que la purée de pois.

Purée de Gibier.

Prenez un ou deux perdreaux rôtis à la broche, un lapereau ou bécasse, soit séparément, soit mêlés ensemble; levez-en toutes les chairs; supprimez-en les peaux et les nerfs; hachez le tout très-menu, mettez-le dans le mortier et pilez-le; lorsqu'il le sera bien, mettez-le dans une casserole avec de l'espagnole réduite et un peu de consommé; faites chauffer le tout sur un feu doux et sans bouillir; quand cette purée sera bien chaude, passez-la à force de bras à travers une étamine, et ramassez ce qui peut en rester au dehors; remettez-la dans une casserole, faites-la chauffer et placez-la au bain-marie: au moment de vous en servir, finissez-la avec un morceau de beurre; si vous ne la trouvez pas assez corsée, mettez-y un peu de glace, et servez-la, soit avec des œufs pochés dessus, soit avec des croûtons ou dans des croustades.

Sauce au pauvre Homme.

Prenez cinq ou six échalotes, ciselez et hachez-les; ajoutez une pincée de persil haché bien fin; mettez le tout dans une casserole, soit avec un verre de bouillon, soit avec du jus ou de l'eau en moindre quantité, et une cuillerée à dégraisser de bon vinaigre, du sel, une pincée de gros poivre; faites bouillir vos échalotes jusqu'à ce qu'elles soient cuites, et servez.

Glace ou Consommé réduit.

Prenez un ou deux jarrets de veau, ficelez-les, et, soit pour augmenter ou remplacer ces jarrets, employez des parures de carrés ou des débris de veau; mettez le tout dans une marmite fraîchement étamée, avec quatre ou cinq carottes, deux ou trois oignons et un bouquet de persil et ciboules; mouillez le tout avec d'excellent bouillon ou quelques bons fonds; faites écumer votre marmite, et rafraîchissez-la plusieurs fois avec de l'eau fraîche; mettez-la sur le bord d'un fourneau, et lorsque vos viandes quitteront les os, passez votre consommé à travers une serviette que vous aurez mouillée et tordue; laissez refroidir votre consommé; clarifiez-le, comme il est indiqué à l'article de la Culotte de bœuf à la gelée (voyez cet article); faites-le réduire à consistance de sauce, ayant soin de le remuer toujours, vu que rien n'est plus sujet à s'attacher et à brûler: à cet effet, ne la conduisez pas à trop grand feu, ce qui pourrait la noircir. Elle doit être d'un beau jaune et très-transparente; n'y mettez point de sel, elle en aura toujours assez. Cette réduction sert à donner du corps aux sauces et ragoûts qui pourraient en manquer, et à glacer vos viandes; vous ferez un petit pinceau avec des queues de vieilles poules; ôtez-en les bardes; ne laissez que le bout des plumes d'environ deux pouces de longueur; mettez-les bien égales, *qu'il n'y en ait pas une plus longue que l'autre*; liez-les fortement, ce qui formera votre pinceau; lavez-le dans l'eau tiède, pressez-le, servez-vous-en, et prenez garde de le laisser bouillir dans la glace, de crainte d'en faire en aller les bardes par parcelles dans votre glace.

Marinade cuite.

Mettez dans une casserole gros de beurre comme un œuf; une ou deux carottes en tranches, ainsi que des oignons, une feuille de laurier, la moitié d'une gousse d'ail, un peu de thym et de basilic, du persil en branche, deux ou trois ciboules coupées en deux; faites passer le tout sur un bon feu: quand vos légumes commenceront à roussir, mouillez-les avec un poisson de vinaigre blanc, un demi-setier d'eau; mettez-y sel et gros poivre; laissez bien cuire cette marinade; après passez-la au travers d'un tamis, et servez-vous-en au besoin.

Poêle.

Prenez quatre livre de rouelle de veau; coupez-les en dés, ainsi qu'une livre et demie de jambon, une livre et demie de lard râpé ou coupé de même, cinq ou six carottes coupées aussi en dés; huit moyens oignons entiers, un fort bouquet de persil et de ciboules, dans lequel vous envelopperez trois clous de girofle, deux feuilles de laurier, du thym, un peu de basilic et un peu de massif; joignez à cela trois citrons coupés en tranches, et dont vous aurez supprimé la pelure et les pepins; mettez le tout dans une marmite fraîchement étamée, avec une livre de beurre fin; passez-le sur un feu doux; mouillez-le avec du bouillon ou du consommé; faites partir, écumez, laissez cuire quatre ou cinq heures; après passez votre poêle au travers d'un tamis de crin, et servez-vous-en au besoin.

Sauce à la Mirepoix.

Cette sauce se fait comme la précédente; elle diffère en ce que dans le volume de son mouillement il entre un quart de vin, soit de Champagne, soit d'autre bon vin blanc.

Blanc.

Ayez une livre ou une livre et demie de graisse de bœuf; coupez-la en gros dés; mettez-les dans une marmite avec carottes coupées en tranches, oignon entier, piqué de deux clous de girofle, une ou deux feuilles de laurier, un bouquet de persil et ciboules, une gousse d'ail, deux citrons coupés en tranches, dont vous aurez supprimé la peau et les pepins; passez le tout sur le feu sans le faire roussir: lorsque votre graisse sera aux trois quarts cuite, singez-la d'une cuillerée à bouche de farine; mouillez le tout avec de l'eau, joignez-y de l'eau de sel ce qu'il en faut, laquelle se fait ainsi: mettez dans une casserole une ou deux poignées de sel avec de l'eau; faites-la bouillir, écumez-la, laissez-la reposer, tirez-la au clair, et servez-vous-en.

Petite Sauce à l'Aspic.

Mettez dans une casserole un bon verre de consommé; faites-y infuser une partie suffisante de fines herbes dont on se sert pour la ravigote; posez la casserole sur une cendre chaude environ un quart d'heure, et ne laissez pas bouillir; passez le tout au travers d'un linge blanc; ne l'exprimez pas trop fort: mettez-y une cuillerée à bouche de vinaigre d'estragon, un peu de gros poivre, et servez-vous-en.

Sauce au fumet de Gibier.

Mettez dans une casserole quatre cuillerées à dégraisser de consommé; prenez deux ou trois carcasses de perdreaux, que vous aurez concassées avec le dos de votre couteau, un bon verre de vin blanc, et faites cuire environ trois quarts d'heure; passez le tout au travers d'un tamis de soie; faites réduire et tomber à glace: cela fait, mettez deux ou trois cuillerées à dégraisser d'espagnole; faites bouillir, dégraissez, et servez-vous-en.

Sauce au Beurre d'ail.

Prenez deux grosses gousses d'ail; pilez-les avec gros de beurre comme un œuf: lorsque le tout sera bien pilé, mettez votre beurre sur le fond d'un tamis de crin double; passez-le à force de bras avec une cuiller de bois; ramassez-le, et servez-vous-en, soit avec du velouté, soit avec de l'espagnole réduite.

Sauce au Beurre d'anchois.

Prenez trois ou quatre anchois; lavez-les bien; ayez soin de les frotter sous votre pouce, afin qu'il n'y reste aucune écaille; levez-en les chairs; supprimez-en l'arête; pilez-les avec gros de beurre comme un petit œuf: quand le tout sera pilé, ramassez-le et mettez-le sur une assiette: vous aurez fait réduire quatre cuillerées à dégraisser ou à ragoût d'espagnole: à l'instant de saucer, vous incorporerez votre beurre d'anchois, soit en partie, soit en totalité, avec votre espagnole; faites chauffer votre sauce, sans la laisser bouillir; mettez-y le jus d'un ou deux citrons, pour la dessaler; passez et vannez-la: si elle se trouvait trop liée, ajoutez-y un peu de consommé, et servez-vous-en.

Sauce au Beurre de Provence.

Prenez cinq ou six gousses d'ail; pilez-les comme pour le beurre d'ail; passez-les, comme ci-dessus, à travers un tamis de crin double; ramassez avec la cuiller tout le résidu; mettez-le dans un vase de faïence; ayez de la bonne huile vierge d'Aix; versez-en un peu dessus; tournez votre huile et votre ail, comme pour faire une pommade, sans discontinuer de la remuer et de la mouiller petit à petit; mettez-y du sel convenablement. Elle doit venir comme un morceau de beurre, à force de la travailler: alors servez-vous-en.

Sauce à la Tartare.

Hachez deux ou trois échalotes bien fines, un peu de cerfeuil et d'estragon; mettez le tout dans le fond d'un vase de terre avec de la moutarde, un filet de vinaigre, sel et poivre, selon la quantité qu'il vous en faut; arrosez légérement d'huile votre sauce, et remuez-la toujours: si vous voyez qu'elle se lie trop, jetez-y un peu de vinaigre; goûtez si elle est d'un bon sel: si elle se trouvait trop salée, remettez-y un peu de moutarde et d'huile.

Sauce au Fenouil.

Ayez quelques branches de fenouil vert; épluchez-les comme du persil; hachez-les très-fin; faites-les blanchir; rafraîchissez-les; jetez-les sur un tamis; mettez dans une casserole deux cuillerées à dégraisser de velouté, autant de sauce au beurre; faites-les chauffer; ayez soin de les vanner à l'instant de servir; jetez votre fenouil dans votre sauce; passez-la bien, pour que votre fenouil soit bien mêlé; mettez-y le sel convenable et un peu de muscade râpée.

Si vous n'aviez pas de velouté, marquez du beurre dans une casserole avec de la farine, comme il est indiqué à l'article *Sauce blanche ou au Beurre*; mouillez avec du consommé ou du bouillon, et ayez soin de faire cuire davantage votre sauce.

Sauce à l'Anglaise, aux Groseilles à maquereau.

Prenez vos deux pleines mains de groseilles à maquereau à moitié mûres; ouvrez-les en deux; ôtez-en les pepins; faites-les blanchir dans l'eau avec un peu de sel, comme vous feriez blanchir des haricots verts; égouttez-les; jetez-les dans une sauce comme celle indiquée ci-dessus, avec fenouil ou sans fenouil. Cette sauce sert à manger, en place de celle de maître-d'hôtel, des maquereaux bouillis.

Sauce claire à l'Estragon.

Prenez de votre grand aspic: si vous n'en aviez pas, employez quelques bons fonds, que vous clarifierez comme je l'ai indiqué à l'article *Grand Aspic*. Après l'avoir clarifié, mettez-y un filet de vinaigre à l'estragon; coupez quelques feuilles d'estragon en losanges, faites-les bouillir, et au moment de servir jetez-les dans votre aspic.

Sauce à l'Estragon liée.

Mettez dans une casserole deux ou trois cuillerées à dégraisser de velouté réduit, si vous la voulez blanche, et d'espagnole réduite, si vous la voulez rousse; ajoutez-y un filet de vinaigre à l'estragon, de l'estragon préparé comme le précédent, et finissez de lier votre sauce avec un pain de beurre.

Sauce mayonnaise.

Mettez dans un vase de terre trois ou quatre cuillerées à bouche d'huile fine, et deux de vinaigre d'estragon; joignez-y estragon, échalotes, pimprenelles, hachés très-fin, sel, gros poivre, en suffisante quantité, deux ou trois cuillerées à bouche de gelée ou d'aspic; remuez bien le tout avec une cuiller: la sauce se liera et formera une espèce de pommade. Goûtez-la: si elle était trop salée ou trop vinaigrée, mêlez-y un peu d'huile; en cas que vous la vouliez claire, concassez la gelée avec votre couteau, et mêlez-la légèrement avec votre assaisonnement.

Roux.

Mettez dans une casserole une livre de beurre ou davantage; faites-le fondre sans le laisser roussir; passez au tamis de la farine de froment, la plus blanche et la meilleure; mettez-en autant que votre beurre en pourra boire (on le fait aussi considérable que le besoin l'exige). Il faut que ce roux ait la consistance d'une pâte un peu ferme; menez-le au commencement sur un feu assez vif, ayant soin de le remuer toujours: lorsqu'il sera bien chaud et qu'il commencera à blondir, mettez-le dessus de la cendre chaude, sous un fourneau allumé, en sorte que la cendre rouge de ce fourneau tombe sur le couvercle qui couvre votre roux; remuez-le de demi-quart d'heure en demi-quart d'heure, jusqu'à ce qu'il soit d'un beau roux: de cette manière, votre roux n'aura point l'âcreté que les roux ont ordinairement.

Roux blanc.

Faites fondre le beurre le plus fin que vous aurez; mettez-y de la farine en suffisante quantité; passez au tamis comme ci-dessus, de crainte qu'il ne se trouve dans votre farine des grumeaux ou de la malpropreté; menez-le sur un feu très-doux, afin qu'il ne prenne point couleur: ayez soin de le remuer environ une demi-heure, et servez-vous-en pour votre velouté.

Pâte à frire.

Passez une demi-livre de farine; mettez-la dans une terrine avec deux cuillerées à bouche d'huile, du sel et deux ou trois jaunes d'œufs; mouillez-la avec de la bière, en suffisante quantité pour qu'elle ne corde point; travaillez-la pour qu'elle soit à consistance d'une bouillie; fouettez un ou deux blancs d'œufs; incorporez-les dans votre pâte en la remuant légérement: faites-la deux ou trois heures avant de vous en servir. Du plus ou du moins de blancs d'œufs fouettés dépendra la légéreté de votre pâte. Vous pouvez faire de même cette pâte avec du beurre au lieu d'huile, et de l'eau chaude en place de bière, en y ajoutant un verre de vin blanc.

FRITURE.

L'expérience m'a appris que, de toutes les fritures, la meilleure est celle que l'on fait avec la partie grasse qu'on tire de la grande marmite. Lorsqu'on n'a pas assez de cette graisse, on y supplée avec de la graisse de rognons de bœuf hachée très-fin, ou que l'on coupe en dés, et qu'on fait fondre avec soin. Ces graisses valent infiniment mieux que le sain-doux, qui a le défaut de ramollir la pâte, et celui encore plus grand, lorsqu'on le fait chauffer, de s'enfler et d'écumer, ce qui le fait déborder souvent du vase où on l'a mis, et ce qui est dangereux encore, *dans le feu*. L'huile fait à-peu-près le même effet, et n'est pas moins dangereuse sous ce dernier rapport; mais elle ne ramollit pas. A l'égard du beurre fondu, cette friture revient fort chère et a presque les mêmes inconvéniens: ainsi je conclus que de toutes les fritures, tant pour la beauté que pour la bonté et l'économie, la meilleure est celle qui provient de la graisse qu'on a retirée de la marmite, ainsi que celle qu'on fait de la graisse des rognons de bœuf.

Manière d'opérer en cela.

Lorsque vous aurez de la graisse indiquée en suffisante quantité, mettez-la dans une marmite pour la faire cuire et clarifier; faites-la partir comme vous feriez à l'égard d'un bouillon; écumez-la; mettez-y quelques tranches d'oignons et quelques morceaux de pain; faites-la aller quatre ou cinq heures sur le bord d'un fourneau ou devant le feu, comme on fait aller, vulgairement dit, un pot-au-feu bourgeois; après ôtez-en le pain, les oignons, et tirez-la au clair; elle doit être extrêmement limpide; mettez-en la quantité dont vous avez besoin dans une poêle; faites-la chauffer; pour vous assurer si elle est chaude assez, trempez un de vos doigts dans l'eau et secouez-le sur la friture; si elle petille et rejette l'eau, c'est qu'elle est à son degré de chaleur.

Si c'est du poisson que vous faites frire, avant de l'abandonner tenez-le par la tête et trempez le bout de la queue dans votre friture; si, l'ayant laissé une seconde, vous voyez que ce bout est presque cassant, mettez-y votre poisson et ayez soin de le retourner.

Sauces aux Hatelets.

Hachez un peu de persil, ciboules et champignons; mettez ces fines herbes dans une casserole avec un morceau de beurre; passez-les, singez-les et mouillez les avec une cuillerée à pot de consommé; assaisonnez cette sauce d'un peu de sel, gros poivre, de la muscade râpée et d'une demi-feuille de laurier; faites-la aller sur un bon feu, ayant soin de la tourner jusqu'à ce qu'elle ait atteint son degré de cuisson, c'est-à-dire qu'elle soit réduite à consistance d'une bouillie claire; retirez-en le laurier; liez-la avec deux jaunes d'œufs délayés avec un peu de bouillon, et servez-vous-en.

Autre Sauce aux Hatelets.

Mettez dans une casserole une cuiller à pot de velouté avec une pincée de persil, autant d'échalotes ou de ciboules, et deux fois autant de champignons hachés très-fin; tournez cette sauce; faites-la réduire à consistance d'une bouillie claire; liez-la comme la précédente; ajoutez-y, si vous le voulez, un peu de muscade râpée, et servez-vous-en.

Brède-Sauce.

Prenez la mie d'un pain mollet d'une demi-livre, ou de la mie d'un pain blanc; faites-la dessécher avec du lait; laissez-la cuire environ trois quarts d'heure, et ne lui donnez que la consistance d'une bouillie épaisse; ajoutez-y vingt grains de poivre noir, du sel en suffisante quantité, et, en la finissant, gros comme une noix d'excellent beurre; servez-la dans une saucière, à côté de vos bécasses ou perdreaux.

Sauce aux Truffes à la Saint-Cloud, ou en Petit Deuil.

Coupez une truffe en très-petits dés; passez-les dans un petit morceau de beurre; mouillez-les avec quatre cuillerées à dégraisser, pleines de velouté, et deux de consommé; faites cuire et réduire votre sauce; dégraissez-la et finissez-la avec un pain de beurre.

Sauce à la Pluche verte.

Mettez dans une casserole quatre cuillerées pleines de velouté réduit; faites bouillir, et dégraissez au moment de servir; mettez dans cette sauce des feuilles de persil blanchi, du gros poivre, un pain de beurre et le jus d'un citron; observez que ce jus doit dominer un peu.

Court-Bouillon.

Mettez dans une casserole un morceau de beurre avec des oignons coupés en tranches et des carottes en lames, deux feuilles de laurier cassées, trois clous de girofle, deux gousses d'ail, du thym, du basilic et un peu de gingembre; passez le tout sur un feu un peu vif, pour donner à ces légumes un peu de couleur; faites que le fond de votre casserole soit un peu attaché; mouillez-les avec deux ou trois bouteilles de vin; si vous voulez que votre court-bouillon soit au gras, mettez quelques bons fonds de graisse; faites-le bouillir et servez-vous-en.

Ket-Chop.

Ayez douze maniveaux de champignons, épluchez-les, lavez-les, émincez-les le plus possible; ayez une terrine d'office neuve; faites un lit de champignons de l'épaisseur d'un travers de doigt; saupoudrez-le légérement de sel fin, ainsi de suite, lit par lit, jusqu'à ce que vos champignons soient employés; ajoutez-y une poignée de brou de noix. (A l'égard de brou de noix, voyez l'article du *Cochon*, le moyen de donner au cochon domestique l'apparence et le goût du sanglier.) Cela fait, couvrez votre terrine d'un linge blanc, fixez ce linge avec une ficelle, et recouvrez votre terrine avec un plat quelconque. Laissez quatre ou cinq jours vos champignons se fondre; tirez-en le jus au clair, et exprimez-en le marc à force de bras, au travers d'un torchon neuf (il faut être deux pour cela); mettez ce jus dans une casserole; faites-le réduire; ajoutez-y deux feuilles de laurier; vous aurez marqué une petite marmite comme pour faire un fond de glace (voyez *la Glace*). Sa cuisson faite, passez-la au travers d'un tamis; dégraissez-la; mettez ensemble et ce jus de champignons, et ce fond de glace (si vous l'aimez mieux, mettez de la glace); ajoutez-y quatre ou cinq anchois pilés; une cuiller à café de poivre de Cayenne (voyez *Poivre de Cayenne*); faites réduire le tout presque à demi glace; ôtez-en les feuilles de laurier, et laissez-le refroidir; ensuite mettez-le dans une bouteille neuve bien bouchée, et servez-le avec le poisson.

La Ducelle.

Hachez champignons, persil, ciboules ou échalotes, le tout par tiers; mettez du beurre dans une casserole avec autant de lard râpé; passez ces fines herbes sur le feu; assaisonnez-les de sel, gros poivre, fines épices, un peu de muscade râpée et une feuille de laurier; mouillez le tout de quelques cuillerées d'espagnole ou de velouté; laissez-le mijoter, ayant soin de le remuer; lorsque vous croirez votre ducelle suffisamment cuite, et l'humidité des fines herbes évaporée, finissez-la avec une liaison que vous ferez cuire sans la laisser bouillir; ajoutez-y, si vous le voulez, le jus d'un citron; déposez-la dans une terrine, et servez-vous-en pour tout ce que vous voudrez mettre en papillotes.

Sauce au Vert-Pré.

Mettez dans une casserole cinq cuillerées pleines de velouté et deux de consommé; faites-les réduire: au moment de servir, ajoutez-y un petit pain de beurre et gros comme une noix de vert d'épinards (voyez le *Vert d'Épinards*, article des *Garnitures*); passez, sans travailler votre sauce, et servez-vous-en.

Sauce à l'Orange.

Prenez trois oranges, coupez-les en deux, exprimez-en le jus dans un tamis que vous poserez sur un vase de terre ou de faïence; coupez en deux vos moitiés d'oranges dont vous aurez exprimé le jus, ôtez-en toutes les chairs, c'est-à-dire, laissez le moins de blanc possible au zeste; coupez ce zeste en petits filets, faites-le blanchir, égouttez-le, mettez-le dans un jus de bœuf bien corsé, avec une pincée de gros poivre; retirez sur le bord du fourneau votre casserole, mettez-y le jus de vos oranges, saucez-y vos filets, et que le zeste soit dessus.

Eau de sel.

Mettez de l'eau dans un petit chaudron et du sel proportionnément à la quantité de l'eau, avec quelques ciboules entières, du persil en branche, une ou deux gousses d'ail, deux ou trois oignons coupés en tranches, zeste de carottes, thym, laurier, basilic, deux clous de girofle; faites bouillir trois quarts d'heure, écumez votre eau, descendez-la du feu, couvrez-la d'un linge blanc, laissez-la reposer une demi-heure ou trois quarts d'heure, passez-la au travers d'un tamis de soie sans y verser le fond; servez-vous-en pour faire cuire votre poisson et tout ce qui nécessite de l'eau de sel.

Beurre lié.

Cassez deux œufs, supprimez-en les blancs, mettez les jaunes dans une casserole; faites fondre environ un quarteron de beurre sans le laisser roussir; broyez, rompez vos jaunes avec une cuiller de bois, versez votre beurre à fur et à mesure sur ces jaunes; posez votre casserole sur un feu doux, mettez-y du jus de citron, et servez-vous-en pour faire vos panures.

Verjus, et la manière de le faire pour qu'il se conserve.

Prenez du verjus avant qu'il ne commence à mûrir, séparez les grains de la grappe, ôtez-en les queues; mettez les grains dans un mortier avec un peu de sel, pilez-les, exprimez-en le jus, à travers un linge, à force de bras ou sous une presse; ayez une chausse de futaine ou deux, si la quantité de verjus que vous voulez faire l'exige; mouillez cette chausse, enduisez-la de farine du côté pelucheux de la futaine, suspendez-la, de manière qu'elle soit ouverte; versez votre verjus en plusieurs fois, jusqu'à ce qu'il devienne limpide comme de l'eau de roche; vous aurez auparavant rincé des bouteilles, ou vous en aurez de neuves, pour qu'elles n'aient aucun mauvais goût; vous les soufrerez en agissant ainsi: ayez un bouchon qui puisse aller à toutes les bouteilles, passez dedans un fil de fer, arrêtez-le sur le haut du bouchon, et faites-lui faire un crochet à l'autre extrémité; il faut que ce fil de fer ne passe pas la moitié de la bouteille; mettez au crochet un morceau de mèche soufrée comme celle qu'on emploie pour mécher les tonneaux, allumez-la, mettez-la dans les bouteilles l'une après l'autre; lorsque vous apercevrez que la bouteille est remplie de la vapeur, ôtez-en la mèche et bouchez-la, ainsi des autres; au bout d'un instant videz-y votre verjus, et bouchez-bien vos bouteilles que vous mettrez debout dans la cave, et quand vous voudrez vous en servir, supprimez la petite pellicule qui doit s'être formée dans le goulot; vous pourrez vous servir de ce verjus en place de citron; vous pourrez vous en servir aussi pour les liqueurs fraîches et le punch, en y ajoutant un peu d'esprit de citron ou du zeste de citron. Ce verjus est bon pour obvier aux inconvéniens des chutes: il suffit, à cet effet, d'en prendre un verre lorsque l'accident vient d'arriver.

GARNITURES.

Bords de Plats.

Prenez du pain de pâte ferme, rassis; levez-en la mie par tranches de l'épaisseur d'une lame de couteau; formez de cette mie de petits losanges, des *x*, des croissans, enfin de toutes les formes que vous voudrez. Cela fait, mettez chauffer de l'huile dans une casserole, et passez-y ces croûtons comme ceux des épinards; faites-en des roux et des blancs; les blancs, en leur laissant moins subir l'action du feu. Quand ces croûtons seront bien secs, égouttez-les, faites des caisses de papier blanc, et mettez-les séparément, selon leur forme et leur couleur, dans chacune de ces caisses. Lorsque vous voudrez vous servir de ces croûtons pour des bords de plats, percez un œuf par la pointe, faites-en tomber une partie du blanc sur un couvercle, battez un peu ce blanc avec la lame de votre couteau; incorporez-y une petite pincée de farine, faites chauffer légérement votre plat, trempez dans l'œuf un des côtés de vos croûtons, et posez-le sur ce plat, ainsi de suite, jusqu'à ce que votre bord soit formé. Gardez-vous de faire chauffer votre plat plus qu'il ne faut, de crainte que votre bord ne puisse tenir.

Crêtes de Coqs.

Parez ces crêtes et coupez-en les petites pointes; ôtez-en le moins que vous pourrez, pour ne pas leur ôter leur grâce. Parez aussi la partie qui est adhérente à la tête. Mettez-les dégorger trois quarts d'heure dans de l'eau un peu tiède, au bord d'un fourneau; ayez soin de les remuer souvent. Faites chauffer de l'eau dans une autre casserole, qu'elle soit un peu plus que tiède; mettez vos crêtes dans un torchon neuf, avec une pincée de gros sel; tenez les quatre coins de votre torchon dans votre main, plongez-le dans l'eau presque bouillante, et frottez-les avec la paume de la main, comme il a été dit pour la mie de pain; ouvrez votre torchon; voyez si l'épiderme de vos crêtes se détache; sinon retrempez-les en faisant chauffer un peu plus votre eau; prenez garde néanmoins qu'elle ne le soit trop, car vous manqueriez vos crêtes. Si l'épiderme s'en détache bien, passez-les toutes les unes après les autres dans vos doigts, pour les bien éplucher; mettez-les dégorger dans de l'eau fraîche, jusqu'à ce qu'elles soient blanches. Cela fait, marquez-les dans un blanc (voyez *Blanc*); faites-les cuire et mettez-les au rang de vos garnitures, pour vous en servir au besoin.

Garniture de Rognons de Coqs.

Prenez la quantité de ces rognons que vous jugerez nécessaire; appropriez-les, mettez-les dégorger comme les crêtes, sur le bord d'un fourneau: quand ils le seront suffisamment, faites-les blanchir, et marquez-les dans un blanc comme les crêtes (voyez *Blanc* ou *Mirepoix*), et rangez-les au nombre de vos garnitures.

Foies gras et demi-gras pour Garnitures.

Ayez la quantité de foies gras que vous croirez nécessaire pour votre service; supprimez les cœurs et les amers; parez-les bien où l'amer a posé; prenez garde de la crever. Faites dégorger vos foies comme les rognons, et blanchir légérement; mettez-les cuire dans des bardes de lard; mouillez-les avec une bonne Mirepoix: leur cuisson faite, mettez-les au rang de vos garnitures.

Truffes pour Garnitures.

Je ne parlerai point ici des truffes, vu que j'en donnerai l'*analyse* dans le corps de l'ouvrage. (Voyez article *Ragoût aux Truffes*.)

Carottes pour Garnitures.

Ayez des carottes en quantité proportionnée à vos besoins; choisissez-les pourtant d'une belle couleur rouge et tendre; tournez-les, soit en bâtonnets, en gousses d'ail, en forme de champignons ou de morilles. Si le temps vous presse, coupez-les avec un vide-pomme; tâchez de ne point employer le cœur de la carotte, qui différerait de couleur et qui est moins délicat; faites blanchir ces petites carottes, mettez-les cuire avec un peu de consommé ou de bouillon; joignez-y un petit morceau de sucre; faites-les tomber à glace; prenez garde qu'elles ne s'attachent: leur cuisson achevée, mettez-les au rang de vos garnitures.

Navets pour Garnitures.

Choisissez la quantité de navets dont vous avez besoin; soit que vous les preniez de Farneuse ou de toute autre espèce, choisissez-les d'une chair serrée et sucrée (les creux ne valent rien); tournez-les, comme il est indiqué à l'article des carottes, faites-les cuire de même, à moins que vous ne les veuilliez au roux: dans ce cas, ne les faites point blanchir, mais roussir dans du beurre ou du sain-doux, et de là mettez-les au rang de vos garnitures.

Champignons pour Garnitures.

A l'égard de ces champignons (voyez, à l'article des *Ragoûts*, le *Ragoût de Champignons*). De même, pour les *Morilles* et les *Mousserons* (voyez à l'article des *Ragoûts*).

Petits Oignons pour Garnitures.

Prenez la quantité de petits oignons dont vous croirez avoir besoin; coupez-leur les têtes et la queue; faites blanchir ces petits oignons, supprimez-en la première peau; rendez-les tous égaux, mettez-les cuire dans du consommé ou du bouillon; ajoutez-y un petit morceau de sucre; faites-les tomber presque à glace. Si vous les voulez roux, au lieu de les faire blanchir, faites les roussir dans du beurre; égouttez-les; mettez-les cuire comme il est dit plus haut. Leur cuisson achevée, placez-les au rang de vos garnitures.

Laitues pour Garnitures.

Prenez la quantité convenable de laitues, épluchez-les; ne coupez point la racine près des feuilles; lavez-les; plongez-les dans l'eau (en les tenant par la queue) les unes après les autres, de crainte qu'il n'y reste quelques petits vers rouges. Faites-les blanchir, rafraîchissez-les, passez-les, ficelez-les de trois en trois; foncez une casserole de bardes de lard, posez-les dedans, assaisonnez-les de sel et gros poivre, d'une feuille de laurier, d'une gousse d'ail, d'un oignon et d'une lame de jambon; mouillez-les, soit avec du consommé, du bouillon ou un bon fond de graisse; couvrez-les de bardes de lard, d'un rond de papier; faites les partir; mettez-les mijoter deux heures avec feu dessous et dessus. Étant cuites, laissez-les dans leur assaisonnement, et mettez-les au rang de vos garnitures.

Vert d'Épinards.

Prenez environ un demi-paquet d'épinards; épluchez-le, lavez-le, secouez-le; mettez ces épinards dans un mortier; pilez-les; exprimez-en le jus en les pressant à force de bras dans un torchon; mettez ce jus dans une sauteuse ou dans un couvercle de marmite; posez-le sur une cendre chaude, afin qu'il ne fasse que frémir; ce jus vert se caillebottera. Une fois caillé, égouttez-le sur un tamis de soie, et servez-vous-en pour donner une couleur verte à vos purées, à vos sauces, à vos gelées, et pour les petites omelettes qui servent à décorer.

Culs d'Artichauts tournés.

Prenez une douzaine d'artichauts tendres et non filandreux, ce qui vous sera facile de connaître en séparant la queue de l'artichaut; si elle se casse net, c'est une preuve qu'il n'est point filandreux; supprimez les feuilles de dessous l'artichaut, non en les cassant, mais en les tirant de côté, de façon à n'enlever que la grosse peau de la feuille sans en arracher la chair: lorsque votre artichaut sera dégagé de la majeure partie de ses feuilles, tournez-le, commencez par l'endroit où posait la queue, tournez-le sur la lame de votre couteau, de façon que l'artichaut tourne tandis que votre couteau restera en place, et faites que l'on ne puisse distinguer aucun coup de couteau: lorsque vous serez arrivé aux feuilles, coupez-les horizontalement; frottez votre cul d'artichaut avec la moitié d'un citron, jetez-le dans de l'eau fraîche, dans laquelle vous aurez exprimé le jus d'un ou de plusieurs citrons. Vos artichauts étant tournés, mettez de l'eau bouillir dans un chaudron ou une casserole; quand votre eau sera bouillante, mettez-y vos culs d'artichauts, couvrez-les d'un plat qui les tienne plongés dans l'eau; faites-les bouillir; retirez-en un, voyez si le foin quitte; dans ce cas, rafraîchissez vos artichauts, supprimez-en le foin, remettez-les dans une autre eau fraîche. Une fois rafraîchis, égouttez-les, mettez-les dans un blanc (voyez *Blanc*), achevez de les faire cuire. Leur cuisson faite, retirez-les de leur blanc, qu'il ne reste rien après; mettez-les dans une terrine, passez dessus à travers un tamis de ce même blanc, et servez de ces culs d'artichauts pour garnitures, soit en entier ou par quartier.

POIVRE DE CAYENNE.

Manière de le faire.

Ayez une demi-livre de gros piment ou poivre long; choisissez-le d'un beau rouge, épais de peau; faites-le sécher à l'ombre; lorsqu'il le sera bien, déchiquetez-le; supprimez-en les queues; mettez-les avec leur graine et une pincée de sel dans un mortier de fonte; servez-vous d'un pilon de fer pour le piler, et ayez bien soin de couvrir votre mortier d'une peau fermée bien hermétiquement.

Poivre Kari.

Ayez un quarteron de piment enragé, deux onces de safran en racine, ou crocus de l'Inde; deux onces de racine de rhubarbe en sorte; pilez d'abord dans un mortier de fonte votre piment; à cet effet, servez-vous d'un pilon de fer; couvrez le mortier d'une peau qui enveloppe le pilon, et liez-la autour du mortier; quand votre poivre sera réduit en poudre, passez-le au tambour dans le tamis de crin. Pilez le safran et passez-le de même, ainsi que la rhubarbe, que vous aurez choisie la plus nouvelle et la plus lourde. Le tout passé, mélangez-le, ajoutez-y une demi-once d'épices en poudre et un peu de sel fin; mélangez bien le tout, et servez-vous de ce poivre kari au besoin.

Oignons glacés.

(Voyez *Bœuf ou Bouilli ordinaire.*)

Concombres au Blanc.

Prenez trois concombres; coupez-en les petits bouts, goûtez-les; s'il s'en trouve d'amers, supprimez-les, et prenez-en d'autres que vous goûterez de même, etc.; ôtez-leur la pelure, coupez-les en quatre, et supprimez-en les pepins. Coupez ces concombres en écailles d'huîtres; parez-les et arrondissez-les; tâchez que les morceaux soient égaux; faites-les blanchir dans de l'eau avec un peu de sel; assurez-vous s'ils sont cuits; ils le seront, s'ils fléchissent sous vos doigts; alors égouttez-les, et servez-vous-en au besoin.

Concombres au Brun.

Préparez les concombres, comme il est indiqué précédemment, et mettez-les dans un vase de terre, avec un peu d'eau, un filet de vinaigre blanc et un peu de sel; laissez-les mariner une heure; égouttez-les; étendez-les dans un torchon; tordez-les à deux, à force de bras, pour en ôter toute l'eau; faites-les frire dans du lard râpé; qu'ils soient d'une belle couleur; égouttez-les, et servez-vous-en pour vos ragoûts au brun.

Pluche d'Oignons, blanche et rousse.

Prenez une douzaine de gros oignons; épluchez-les; coupez-les en deux et ôtez-en les cœurs; coupez-les en rouelles; mettez un morceau de beurre dans une casserole; égouttez-y vos oignons si votre pluche est pour être au blanc; faites-les cuire sur une cendre chaude; remuez-les souvent: quand ils seront au trois quarts cuits, singez-les; achevez de les faire cuire comme un roux au blanc; mouillez-les avec du consommé ou du bouillon; faites-les réduire à consistance d'une forte bouillie, ajoutez-y du sel, du poivre et un peu de muscade râpée, et servez-vous-en au besoin.

Pluche d'Oignons au roux.

Épluchez et coupez des oignons, comme à l'article précédent; mettez-les dans une casserole avec un morceau de beurre; faites-les roussir d'une belle couleur; singez-les; remuez-les sur le feu; faites roussir votre farine; mouillez-les avec quelques cuillerées de jus de bœuf; mettez-y sel et poivre, et faites cuire à consistance de sauce; goûtez si votre pluche est d'un bon goût, et servez-vous-en.

RAGOUTS.

Salpicons.

Les salpicons sont composés de toutes sortes de viandes et de légumes, comme truffes, champignons et culs d'artichauts; vous mettez de tout dans une égale proportion; il faut, pour les bien faire, que les viandes que vous employez soient cuites à part, ainsi que les légumes, afin que ces ingrédiens se trouvent d'égale cuisson, selon leur qualité.

Salpicon ordinaire.

Il se compose de gorge de ris de veau, de foies gras ou demi gras, de jambon, de champignons et de truffes, si c'est la saison; coupez de tout cela en petits dés et d'égale grosseur; au moment de servir ayez de l'espagnole bien réduite, la quantité qu'il vous faut, pour vos chairs; jetez-les dedans; mettez-les sur le feu; remuez-les sans les laisser bouillir, et servez.

On fait de même ce salpicon avec des quenelles ou du gaudiveau, des blancs de volailles cuites à la broche, des crêtes de coqs et des culs d'artichauts: cela dépend de ce que l'on a et de la saison où l'on se trouve.

Ragoût de Ris de Veau.

Faites dégorger un ou deux ris de veau; quand ils auront rendu tout leur sang, faites-les blanchir; marquez-les dans une casserole avec une ou deux carottes, deux oignons, quelques parures de veau, un bouquet de persil et ciboules assaisonné; mettez vos ris de veau dans la casserole; couvrez-les avec une petite barde de lard; mouillez-les avec une cuillerée ou deux de bouillon; qu'ils ne trempent pas entièrement; couvrez-les avec un rond de papier beurré; faites-les partir; après mettez-les sous le fourneau avec de la cendre chaude dessous et dessus. Veillez à ce qu'ils ne cuisent pas trop: quand ils le seront, retirez-les, ôtez-les de leur assaisonnement. Si vous n'aviez pas de sauce, passez leur cuisson dans une casserole, au travers d'un tamis. En cas que vous veuilliez les mettre au blanc, maniez un pain de beurre avec une pincée de farine, quelques champignons; mettez le tout dans cette cuisson; laissez cuire, dégraissez, joignez-y quelques culs d'artichauts, si vous voulez, et ayant coupé vos ris de veau en tranches, mettez-les dans cette sauce sans les laisser bouillir: lorsque vous serez pour les servir, faites une liaison de deux jaunes d'œufs, un peu de persil haché très-fin, un jus de citron ou un filet de verjus; voici la manière de les lier:

D'abord cassez deux œufs; ôtez-en les jaunes, sans les rompre; n'y laissez ni blanc ni germe, écrasez-les avec une cuiller; délayez-les avec un peu d'eau ou du bouillon; ensuite, quand votre ragoût sera bouillant, retirez-le au bord du fourneau, tenez la queue de votre casserole d'une main, et de l'autre versez doucement votre liaison dans votre ragoût, en le remuant; posez-le sur le feu; remuez-le toujours; ne le laissez point bouillir, et mettez-y sur-le-champ un petit morceau de beurre. Pour que votre sauce soit moelleuse, finissez-la avec un jus de citron ou un filet de verjus; qu'elle ne soit ni trop longue ni trop courte, et servez.

Ragoût de Crêtes et de Rognons de Coqs en Financière.

Quand vos crêtes auront été échaudées et cuites dans un blanc, égouttez-les (voyez *Crêtes de coqs*, article des *Garnitures*), ainsi que les rognons; mettez dans une casserole la quantité convenable de velouté réduit, si vous voulez votre ragoût au blanc; et si vous le voulez au roux, employez de l'espagnole réduite, en y ajoutant un peu de consommé: en cas que votre sauce se trouve trop liée, faites mijoter vos crêtes un quart d'heure; joignez-y, un instant avant de servir vos rognons, quelques champignons tournés et que vous aurez fait cuire, des culs d'artichauts et des truffes, selon votre volonté. Si votre ragoût est au blanc, liez-le comme il est indiqué à l'article *Ragoût de ris de Veau*; et s'il est au roux, suivez le même procédé que celui énoncé au même article.

Ragoût de Laitances de Carpes.

Ayez deux douzaines de laitances; détachez-les des boyaux; jetez-les dans de l'eau fraîche; laissez-les dégorger une demi-heure; changez-les d'eau, et mettez-les sur le bord d'un fourneau; laissez-les dégorger jusqu'à ce qu'elles soient blanches; prenez une autre casserole; faites-y bouillir de l'eau avec un peu de sel; égouttez vos laitances, et jetez-les dans cette eau; faites-leur jeter un bouillon; retirez-les du feu; ayez dans une casserole quatre cuillerées à dégraisser d'italienne blanche ou rousse; mettez-y vos laitances; faites-leur jeter un bouillon ou deux; dégraissez-les; finissez-les avec un jus de citron, et servez-les comme ragoût de laitances, soit dans une casserole d'argent, soit dans une caisse, ou dans un vol-au-vent.

Ragoût de Langues de Carpes.

Prenez un cent de langues de carpes; faites-les dégorger et blanchir, comme les laitances de carpes. La sauce de ces langues est la même que celle des laitances, et elles se finissent de même.

Des Truffes en général.

La truffe, comme on sait, est un légume de la famille des champignons, qui présente une substance toujours ferme et charnue, dont les semences ne sortent jamais sous la forme de poussière, et qui se multiplie par décomposition dans la terre. Parmi les espèces de ce genre, la plus importante à considérer, c'est la truffe *dite* comestible, dont la couleur est noire: elle n'a ni racine apparente, ni base radicale; sa forme est irrégulière, mais cependant toujours rapprochée de la globuleuse; sa grosseur varie depuis celle d'un pois jusqu'à celle des deux poings réunis. Elle répand une odeur pénétrante et agréable, qu'on ne peut comparer à aucune autre, et qui fait son principal mérite. Dans sa maturité; elle est souvent crevassée et toujours d'un brun veiné de blanc dans son intérieur. Elle présente plusieurs variétés; mais il ne faut pas regarder comme telles la truffe blanche et la truffe musquée: ce sont de véritables espèces, comme on le verra plus bas.

C'est principalement dans les forêts plantées de chênes et de châtaigniers, vulgairement appelées vieilles écorces; dans les terrains secs, légers et abondamment pourvus d'humus, qu'on rencontre le plus fréquemment la truffe comestible. Elle se trouve dans toute l'Europe, et principalement en France, où elle est fort recherchée comme assaisonnement et comme aliment. Celles d'Angoulême et celles des environs de Périgueux sont préférées; cependant celles du Dauphiné les rivalisent pour la finesse, l'odorat et la délicatesse de leur chair; elles ont l'avantage d'être mieux faites et d'avoir la peau extrêmement plus fine, ce qui me les a fait souvent préférer. Après les truffes noires sont les truffes blanches du Piémont, que les Piémontais appellent *bianchetto*. Cette truffe est presque ronde, unie, grise, de la grosseur d'une forte noix; sa chair est blanche ou livide, farineuse, et exhale une odeur d'ail.

Après ces truffes viennent celles de Bourgogne, qui leur sont inférieures, et généralement on en fait peu de cas: elles ressemblent assez, par leur grosseur, à celles du Périgord et du Dauphiné; elles diffèrent cependant par l'épaisseur de la peau, qui est infiniment plus graveleuse, leurs chairs moins fines, ainsi que l'odorat. Elles sont très-sujètes à sentir le musc, ce qui fait qu'on les recherche peu: aussi sont-elles infiniment moins chères. Dirai-je que les marchands de truffes et de comestibles les mêlent souvent avec celles du Périgord et du Dauphiné, ce qui est une fraude manifeste; et il n'y a guère que les connaisseurs qui peuvent en partie s'en garantir.

Ragoût aux Truffes.

Prenez une livre ou deux de truffes, selon vos besoins (*si c'est vous qui les achetez, prenez les plus rondes, autant que possible; qu'elles soient lourdes, peu chargées de terre, et que la peau en soit fine. Serrez-les dans votre main; il faut qu'elles résistent en les serrant moyennement, et qu'elles ne soient ni molles ni gluantes; flairez-les pour juger de leur parfum; si elles avaient un goût de fromage, rejetez-les*). Après vous être assuré de leur qualité, jetez-les dans l'eau fraîche: celles qui surnagent sont inférieures à celles qui restent au fond; ayez une petite brosse, brossez-les, pour en extraire absolument la terre, et rejetez-les dans un autre vase rempli d'eau claire, et non d'eau chaude, vu qu'elles en perdraient leur parfum: rebrossez-les, et avec la pointe du couteau ôtez-en la terre jusque dans les creux et les sinuosités: s'il s'en trouvait qui aient des brochettes, retirez-les. Je parle ainsi, parce qu'il arrive souvent que les marchands osent en faire de grosses de plusieurs petites, et cela en les joignant l'une à l'autre, à la faveur de ces brochettes. Bref, cela fait, lavez vos truffes encore à une troisième eau, et même plus, vu qu'il faut que l'eau reste limpide; retirez-les; épluchez-les: elles s'épluchent en levant leur peau le plus mince possible. On conserve ordinairement les plus belles pour servir sous la serviette ou en croustade; les autres se coupent par tranches ou en dés, pour faire la sauce aux truffes dont je vais parler.

Ragoût aux Truffes et à l'Espagnole.

Prenez une poignée de truffes ou davantage, si le cas le requiert; coupez-les en lames ou en dés, comme il est dit à l'article précédent; mettez-les dans une casserole sur un feu doux avec un morceau de beurre; faites-les suer; mouillez-les avec un demi-verre de vin blanc, deux cuillerées à dégraisser d'espagnole réduite; faites-les aller sur un feu doux, jusqu'à ce qu'elles soient cuites; dégraissez votre sauce, et finissez-la avec un petit morceau de beurre: ayez soin de bien l'incorporer avec vos truffes, soit en les passant, soit en les remuant; surtout n'y mettez point de citron, ce qui ôterait le velouté de votre sauce.

Ragoût aux Truffes à l'Italienne.

Émincez des truffes comme les précédentes, la quantité que vous jugerez nécessaire; faites-les suer dans du beurre, comme il est énoncé précédemment; mettez un peu d'échalotes et de persil haché, du sel et du poivre; mouillez avec un demi-verre de vin blanc et deux cuillerées à dégraisser d'espagnole; faites bouillir votre sauce; dégraissez, et finissez-la avec un filet d'excellente huile d'olive.

Ragoût aux Truffes à la Piémontaise.

Émincez vos truffes comme il est dit plus haut, et mettez-y, au lieu de beurre, de l'huile; joignez à cela un peu d'ail écrasé; posez votre casserole sur une cendre chaude, afin que vos truffes ne fassent que frémir; au bout d'un quart d'heure assaisonnez-les de sel fin et d'un peu de gros poivre; forcez-les un peu en jus de citron, et servez.

Ragoût à la Périgueux.

Coupez des truffes en petits dés; passez-les dans du beurre; mettez-y deux ou trois cuillerées à dégraisser d'italienne rousse ou d'espagnole, avec un peu de vin blanc, et finissez-les avec la moitié d'un pain de beurre de Vembre. Cette sauce se sert sur des perdreaux, des poulardes, des poulets et des dindes truffés.

Observations sur les Champignons.

On sait que les champignons désignés par les botanistes sous le nom d'*agaric succulent* sont les champignons qui s'emploient dans les ragoûts: ils viennent sur couches, et sont à-peu-près les seuls que l'on puisse manger sans danger, à moins qu'on en fasse excès. Je n'en excepte point les sceptres et les oronges, dont on fait une grande consommation à Bordeaux et lieux circonvoisins: ceux-là se trouvent dans les bois; et le plus sûr moyen que je connaisse pour les employer et les manger sans danger, est de les séparer avec une pièce de métal, comme, par exemple, une pièce de six liards; lorsque les ayant coupé et ayant supprimé les parties feuilletées, ainsi que les queues qui se trouvent au-dessous de la tête des champignons, ils conservent leur blancheur au moins une heure, et ne changent point de couleur; on peut les employer; (avant cela, il faut les peler, c'est-à-dire leur ôter la première épiderme), les faire macérer dans de l'huile ou du vinaigre, et leur faire des incisions multipliées; de plus il ne faut les employer qu'à leur parfaite maturité: s'ils sont trop vieux, ils sont dangereux; et s'ils ne sont pas assez mûrs, ils le sont encore.

Ragoût aux Champignons.

Ayez deux maniveaux de champignons, épluchez-les, coupez les queues près de la tête, lavez-les à plusieurs eaux, et tournez-les; en voici la manière: Prenez un petit couteau de la main dont vous avez le plus l'habitude de vous servir, et de l'autre la tête du champignon; posez-le sur le tranchant de la lame de votre couteau, en sorte que ce soit le champignon qui tourne sur cette lame, de manière à ne laisser aucune trace des coups de couteau; au fur et à mesure que vous les aurez tournés, jetez-les dans une casserole avec un peu d'eau où vous aurez mis le jus d'un citron, sautez-les, afin qu'ils ne rougissent pas: dirai-je que vous pourrez tourner les queues de même comme vous tourneriez des petites carottes? Cela fait, mettez dans vos champignons un grain de sel, un morceau de beurre; posez votre casserole sur un bon feu, et sautez-les; sont-ils passés? laissez-les cuire sur un feu doux; vous jugerez s'ils le sont en les pressant entre deux doigts, vu qu'ils rendront leur jus; si vous voulez en faire un ragoût au brun, joignez une lame de jambon et un bouquet de persil et ciboules; mouillez le tout avec trois cuillerées à dégraisser d'espagnole; retirez le jambon et le bouquet quand vous jugerez que votre ragoût est près d'être réduit; dégraissez-le et finissez-le avec un petit pain de beurre; si vous n'aviez point d'espagnole, vous feriez sur un feu doux un petit roux brun d'une belle couleur; mouillez-le avec une cuillerée à pot de bouillon, mettez-y un peu plus de jambon, quelques parures de veau, un bouquet bien assaisonné, une carotte et un oignon; faites cuire le tout; lorsque vous le croirez cuit, passez cette sauce à l'étamine et servez-vous-en au lieu d'espagnole.

Ragoût de Champignons au blanc.

Le procédé pour ce ragoût est le même que celui énoncé à l'article précédent, excepté qu'il faut employer du velouté au lieu d'espagnole, et que, pour le finir, on le lie avec deux jaunes d'œufs, délayés avec un peu de lait ou de crême, et un demi-pain de beurre; faute de velouté, il faut ôter le jus de vos champignons, les singer avec de la farine de froment passée au tamis, ensuite les délayer petit à petit avec leur jus, en y ajoutant une cuillerée à pot de bouillon sans couleur, une lame de jambon, un bouquet de persil et de ciboules; enfin, en faisant cuire ce ragoût, dégraissez-le; réduit à son degré, liez-le comme ci-dessus, et finissez-le de même.

Ragoût de Morilles.

La morille est une sorte de champignon et s'accommode de même; prenez des morilles proportionnément au ragoût que vous voulez faire, épluchez-en les queues pour en ôter la terre, fendez les grosses en deux ou trois, lavez-les, mettez-les dans un vase avec de l'eau tiède pour qu'elles dégorgent, et que le sable qu'elles sont sujètes à contenir tombe au fond du vase; retirez-les de cette eau, faites-les blanchir, égouttez-les, mettez-les dans une casserole avec un morceau de beurre; passez-les, mouillez-les avec la sauce rousse, si elles sont au roux; blanche, si elles sont au blanc, comme il est énoncé pour les ragoûts de champignons, et finissez de même.

Ragoût de Mousserons.

Le mousseron est encore de la famille des champignons, et vient sous la mousse; il s'accommode comme les morilles, soit qu'il soit sec ou frais: il faut le faire dégorger dans l'eau pour en extraire le sable et le faire blanchir de même que la morille.

Ragoût de Chicorée au brun.

Ayez douze chicorées, épluchez-les, ôtez-en tout le vert; lavez ces chicorées à plusieurs eaux, en les tenant par la racine et les plongeant à plusieurs reprises; prenez garde qu'il n'y reste des vers de terre, qui souvent s'y trouvent; égouttez-les; faites-les blanchir à grande eau où vous aurez mis une poignée de sel; elles le seront assez lorsque, en pressant leurs feuilles entre vos doigts, elles s'écraseront facilement; alors retirez-les avec une écumoire, mettez-les rafraîchir dans un seau d'eau fraîche; égouttez-les, pressez-les entre vos mains, de manière qu'il leur reste le moins d'eau possible; supprimez-en les racines et les plus gros côtons; hachez cette chicorée, mettez-la dans une casserole avec un morceau de beurre, passez-la sur un feu moyen environ un quart d'heure pour la bien dessécher; mouillez-la avec deux cuillerées d'espagnole et une de consommé; faites-la cuire une heure au moins, en la remuant continuellement avec une cuiller de bois, de crainte qu'elle ne s'attache et ne brûle; quand elle sera réduite à son point, mettez-y du sel et servez.

Ragoût de Chicorée au blanc.

Employez pour ce ragoût le même procédé que celui énoncé ci-dessus, excepté qu'il faut employer en moindre quantité du velouté, au lieu d'espagnole; ce ragoût de chicorée se finit avec une chopine de crême, ou du lait réduit, que vous y versez petit à petit, un peu de muscade râpée et du sel, la quantité convenable.

Autre manière.

Pour faire le ragoût de chicorée au blanc, n'ayant point de velouté, passez-la dans le beurre; quand elle est assez desséchée, singez-la légérement, délayez-la avec du bouillon, mettez-y le sel convenable, faites-la cuire et réduire; finissez-la, comme la précédente, avec de la crême ou du bon lait, et un peu de muscade râpée.

Manière de remplacer la Chicorée dans la saison où elle manque et lorsque l'on n'en a pas conservé.

Prenez le cœur d'un ou de deux choux, dont vous aurez ôté le vert, flairez-les; s'ils sentent le musc prenez-en d'autres; coupez-les par quartiers, ôtez-en les trognons et les plus grosses côtes; émincez-les avec votre couteau le plus fin possible, jetez-les dans l'eau, lavez-les bien, retirez-les dans une passoire; faites-les blanchir comme la chicorée, mais un peu plus de temps; rafraîchissez-les, pressez-les, hachez-les comme la chicorée, et pour leur accommodage c'est le même procédé.

Ragoût d'Épinards.

Ayez des épinards ce qu'il vous en faut; ôtez-en les queues et ceux qui ne sont pas bien verts ou qui sont tachés; lavez-les plusieurs fois à grande eau, faites-les blanchir, au grand bouillant, dans beaucoup d'eau où vous aurez mis une poignée de sel; ayez soin de les remuer et de les écumer; prenez garde que l'eau ne s'en aille pardessus les bords du chaudron, ce qui ferait voler de la cendre dans vos épinards, leur donnerait un mauvais goût et les ferait croquer: pour juger s'ils sont assez blanchis, pressez-en entre deux doigts; s'ils s'écrasent facilement, ils le sont assez; dès-lors retirez-les du feu, jetez-les dans une passoire, ensuite dans une assez grande quantité d'eau fraîche pour les rafraîchir sur-le-champ; laissez-les se rafraîchir un quart d'heure; jetez-les de nouveau dans une passoire, après mettez-les en pelote, sans pour cela les trop presser; hachez-en ce dont vous aurez besoin, mettez-les dans une casserole avec un morceau de beurre suffisant pour les nourrir; passez-les sur un feu vif, remuez-les avec une cuiller de bois; quand ils seront assez desséchés et d'un beau vert, mouillez-les avec de l'espagnole; s'ils sont pour entrée, faites-les réduire à consistance d'une forte bouillie, mettez-y un peu de muscade râpée, et, pour les finir, un pain de beurre; remuez-les bien, puis servez.

Ragoût de Haricots à la Bretonne.

Épluchez et lavez un litre de haricots de Soissons, secs ou verts; mettez-les dans une marmite, à l'eau froide, avec un morceau de beurre sans sel, et durant leur cuisson versez-y à plusieurs reprises un peu d'eau fraîche, ce qui les empêchera de bouillir et les rendra plus moelleux; quand ils seront cuits égouttez-les, mettez-les dans une casserole avec un morceau de beurre, une cuillerée ou deux de purée d'oignons au brun (comme elle est énoncée à son article) et d'espagnole, assaisonnez-les d'un peu de gros poivre et de sel; sautez-les souvent, et finissez-les avec un pain de beurre.

Ragoût de Haricots au jus.

Mettez dans une casserole vos haricots cuits, comme il est dit ci-dessus, avec un morceau de beurre, deux cuillerées d'espagnole, une cuillerée de jus de bœuf, du sel, du gros poivre, et finissez-les aussi avec un pain de beurre.

Garniture de Céleri ou Entremets.

Ayez une vingtaine de pieds de céleri; épluchez-les en ôtant toutes les feuilles vertes; tournez-en les racines; lavez ces pieds de céleri à plusieurs eaux; faites-les blanchir, rafraîchissez-les, égouttez-les; faites en cinq paquets, ficelez-les; foncez de bardes de lard une casserole, arrangez-y votre céleri; joignez-y un oignon piqué d'un clou de girofle, une carotte coupée en quatre, un bouquet de persil et ciboules, un peu de sel; mouillez votre céleri avec le derrière de la marmite; couvrez-le de bardes de lard et d'un rond de papier; faites-le partir et laissez-le mijoter avec feu dessous et dessus; sa cuisson faite, égouttez-le, dressez-le autour de ce que vous serez dans le cas de servir, comme noix de veau, poularde, poulet, gigot, etc., et saucez avec une espagnole et un jus clair.

Ragoût blanc aux Concombres.

Préparez vos concombres, comme il est indiqué à l'article des *Garnitures*; mettez dans une casserole trois ou quatre cuillerées à dégraisser de velouté; ajoutez-y vos concombres; faites cuire, réduire, et dégraissez-les; goûtez s'ils sont d'un bon sel; finissez de les lier avec un morceau de beurre; mettez-y un peu de muscade râpée, et servez-vous-en.

Ragoût brun aux Concombres.

Préparez vos concombres, comme il est indiqué à l'article des *Garnitures*; mettez dans une casserole quatre cuillerées à dégraisser pleines d'espagnole réduite, grasse ou maigre; ajoutez-y vos concombres; dégraissez et faites réduire; mettez-y gros comme le pouce de glace; finissez-les avec un petit morceau de beurre, et servez-vous-en.

Ragoût à la Chipolata.

Mettez dans une casserole deux cuillerées à pot d'espagnole réduite, une demi-bouteille de vin de Madère, des champignons tournés, des petits oignons cuits à blanc, des marrons préparés comme pour les terrines, des petites saucisses à la chipolata que vous aurez fait cuire dans du bouillon, des truffes coupées en quartiers et un peu de gros poivre; faites réduire votre ragoût; dégraissez-le, et servez-vous-en.

Ragoût de Pois au Lard.

Prenez lard ou jambon une demi-livre, ou plus, si le cas le requiert; coupez-le en gros dés; faites-le blanchir; mettez du beurre dans une casserole; faites-y revenir votre lard ou votre jambon; qu'il soit d'une belle couleur; ayez un litre de pois très-fin; mettez-les dans un vase avec gros de beurre comme une noix; maniez-les avec la main; versez de l'eau dessus; laissez-les dans l'eau un demi-quart d'heure, pour que leur peau s'attendrisse; égouttez-les dans une passoire; mettez-les dans une casserole, et faites-les suer: lorsqu'ils seront bien verts, mouillez-les avec une cuillerée à pot d'espagnole; ajoutez-y votre petit lard ou votre jambon, un bouquet de persil et ciboules; faites-les partir; retirez-les sur le bord du fourneau, laissez-les mijoter et réduire. Votre ragoût étant bien cuit, dégraissez-le; goûtez s'il est d'un bon sel; s'il se trouvait trop salé, mettez-y un peu de sucre, et servez.

Ragoût d'Olives.

Ayez une chopine d'olives nouvelles et bien vertes; ôtez-en les noyaux; vous y parviendrez en prenant l'olive d'une main, votre couteau de l'autre, et tournant votre olive comme vous tourneriez une pomme, à la différence près qu'il faut enlever avec la pointe de votre couteau toute la chair de votre olive de dessus le noyau sans la rompre, et la reformer dans son état primitif: cela fait, mettez vos olives dans de l'eau fraîche; au moment de servir faites-les blanchir; versez dans une autre casserole trois cuillerées à dégraisser d'espagnole réduite; faites-la bouillir et dégraissez-la; au moment de servir mettez vos olives dans votre sauce; ajoutez-y la moitié d'un pain de beurre, liez votre sauce, et servez-vous-en.

Ragoût de Navets en Haricots vierges.

(Voyez l'article *Ailerons de Poulardes en Haricots vierges*.)

Ragoût aux pointes d'Asperges.

(Voyez l'article *Tendons d'Agneaux*.)

Ragoût de petites Racines.

Préparez des petites racines, comme il est indiqué à l'article *Garnitures*, etc.[1]; faites-les tomber à glace; mouillez-les avec deux ou trois cuillerées d'espagnole et une de consommé; laissez-les cuire, dégraissez-les; faites-les réduire; finissez-les avec gros de beurre comme une noix et une pincée de sucre; sautez-les, goûtez si elles sont d'un bon goût, et servez-vous-en. Si vous n'avez pas d'espagnole, faites un petit roux; mouillez-le avec du bouillon ou du consommé, et un bouquet assaisonné; faites cuire; tordez votre sauce dans une étamine; ajoutez-y vos petites racines; laissez-les mijoter; dégraissez-les; faites-les réduire, et finissez comme ci-dessus.

1 Note de transcription: Nous n'avons pas trouvé ces indications dans le chapitre GARNITURES. L'auteur pense peut-être au *Potage à la Julienne*.

Ragoût aux petits Oignons.

Suivez pour ce ragoût la manière énoncée pour les petites racines, article précédent.

Ragoût à la Macédoine.

(Voyez *Macédoine blanche ou rousse*, à l'article de l'Entremets [Tome II].)

Ragoût à la Godiveau.

Mettez de l'espagnole dans une casserole, la quantité que vous croirez nécessaire pour votre ragoût; ajoutez-y la quantité convenable d'andouillettes de Godiveau; mettez-y des champignons préparés, comme il est dit aux *Garnitures*, et quelques culs d'artichauts coupés en quatre ou en huit morceaux; faites achever de cuire votre ragoût; dégraissez-le, faites-le réduire, mettez-y un jus de citron ou un filet de verjus, et servez-vous-en, soit pour garnir une tourte ou un pâté chaud, ou tout autre ragoût; vous pouvez l'augmenter de quelques gorges de ris de veau coupées en tranches, d'écrevisses, de foies de volailles et d'ailerons.

BŒUF.

Le bœuf est sans contredit la base fondamentale de la bonne cuisine; c'est la nourriture ordinaire dont on se passe le moins après le pain.

Les meilleurs bœufs nous viennent de la Normandie: ceux du Cotentin, lorsqu'ils ont toutes les qualités requises, sont les meilleurs; les bœufs de l'Auvergne et de la Bretagne les suivent pour la qualité. Ceux du Limousin sont encore fort bons. Les bœufs d'Allemagne, par la fatigue qu'ils éprouvent pour arriver en ce pays, acquièrent une qualité supérieure à celle qu'ils auraient si on les consommait sur les lieux, parce que leur graisse, par la longueur du voyage, s'incorpore avec leur chair et la rend plus succulente: d'ailleurs leur charpente est infiniment plus grande et plus grosse que celle de nos bœufs du Cotentin; ce qui fait que vous avez à la boucherie plus d'os que vous n'en auriez des autres bœufs.

La qualité du bœuf se distingue lorsque les chairs sont couvertes de graisse et que l'intérieur en est picoté comme le marbre granit, et d'une couleur rouge tirant un peu sur le brun.

Malgré que la totalité de l'animal (les cornes, cuir et sabots exceptés) soit bonne à manger, les parties les plus recherchées sont l'aloyau, la culotte, la noix, ou, comme l'appellent les bouchers, la tranche grasse, les entre-côtes, les côtes et la poitrine; l'épaule, que les bouchers nomment paleron, est inférieure aux parties énoncées. Le flanchet, le collier et la tête sont les parties les moins estimées. Comme le filet mignon est ce qu'il y a de plus délicat: je ne parlerai pas de la cervelle, parce qu'elle est rarement bonne dans le bœuf, attendu qu'en France on a l'habitude de les assommer.

On fait, de la langue et du palais, d'excellens mets sous diverses formes. Les rognons, selon moi, sont dans le bœuf ce qu'il y a de plus grossier, en ce qu'ils ont souvent des pierres, des obstructions; qu'ils servent, comme chez tous les animaux, de filtres aux urines, et qu'ils en ont le goût. Cependant j'indiquerai les moyens de les employer avec avantage.

Bœuf bouilli (ordinaire).

Ayez une culotte de bœuf, ou seulement une partie, ce qui dépend de la quantité de personnes que vous avez à traiter; désossez et ficelez-la; mettez-la dans une marmite, comme il est indiqué à l'article du *Grand Bouillon*; lorsqu'elle sera cuite, servez-la, soit avec du persil vert en branche, soit avec une sauce hachée ou une garniture d'oignons et de légumes; cela dépend de votre volonté. Si vous servez votre pièce (grosse ou petite) aux oignons glacés, prenez de ces derniers une quantité suffisante et de même grosseur; après les avoir épluchés avec soin, et prenant garde de couper les têtes et queues trop courtes, enlevez la première peau sans endommager celle de dessous: ceci fait, beurrez un peu épais le fond d'une casserole; saupoudrez-le d'un peu de sucre; arrangez vos oignons au fond, en les plaçant du côté de la tête, de façon qu'ils soient tout couverts; mouillez-les avec du bouillon, sans qu'ils trempent à plus de moitié; posez votre casserole sur un bon feu: une fois partie, mettez-la sur un feu plus doux, couvrez-la, et mettez du feu sur le couvercle; veillez vos oignons; quand vous verrez qu'ils sont presque cuits, remettez-les sur un fourneau plus ardent, découvrez-les, faites réduire leur bouillon, de manière à tirer vos oignons à glace, et qu'ils soient d'une belle couleur. Avant de les ranger autour de votre pièce, ayez soin de les rouler dans leur glace au moyen d'une fourchette avec laquelle vous les prendrez pour ne pas les déformer. Vous mettrez un peu de bouillon dans votre casserole pour en détacher le reste de la glace dont vous couvrirez votre pièce, après avoir levé la première peau et avoir rapporté, avec la lame du couteau, du gras de votre pièce sur les parties où il en manque, et servez.

Pièce de Bœuf garnie de Choux.

Prenez deux ou trois choux; coupez-les par quartiers; lavez-les; faites-les blanchir: lorsqu'ils le seront, rafraîchissez-les; ficelez-les; mettez-les dans une marmite; mouillez-les avec du bouillon: si vous avez une braise ou quelques bons fonds, servez-vous-en; ajoutez-y quelques carottes, deux ou trois oignons, dont un piqué de trois clous de girofle, une gousse d'ail, du laurier, du thym; de plus, pour que vos choux soient bien nourris, ajoutez-y le derrière de votre marmite; laissez-les mijoter trois ou quatre heures; égouttez-les sur un linge blanc; pressez-les pour en faire sortir la graisse en leur donnant la forme d'un rouleau à pâte; dressez-les autour de votre pièce; masquez-la, ainsi que vos choux, avec une espagnole réduite, et servez.

Pièce de Bœuf au Pain perdu.

Si vous n'avez pas une culotte de bœuf, prenez un aloyau, ou seulement une partie; levez-en le filet (mignon); il vous servira pour faire une entrée; désossez le reste de votre aloyau; roulez-le en manchon; ficelez-le; marquez-le comme une pièce de bœuf à l'ordinaire, et faites-le cuire; coupez des lames de pain mollet en queue de paon ou en cœur; cassez trois œufs; battez-les comme une omelette; assaisonnez-les d'un peu de sel et de crême; trempez-y vos lames de pain; faites-les frire dans du beurre; ayez soin de les retourner les unes après les autres: lorsqu'elles seront d'une belle couleur, égouttez-les sur un linge blanc: la cuisson de votre pièce de bœuf ou aloyau étant achevée, égouttez-la, et, après l'avoir déficelée, vous la poserez sur le plat, et rangerez autour vos lames de pain frites; saucez le tout, soit avec une espagnole, soit avec une sauce hachée, et servez.

Pièce de Bœuf à l'écarlate.

Prenez tout ou partie d'une culotte de bœuf: laissez-la se mortifier trois jours ou plus, suivant la saison: cela fait, désossez-la et lardez-la de gros lard; vous l'assaisonnerez de persil et ciboules hachés, de poivre et épices fines; frottez cet aliment de sel fin, très-sec et passé au tamis, dans lequel vous aurez mis une once ou deux de salpêtre purifié; mettez votre pièce dans une terrine de grès *dite* d'office, avec une bonne poignée de genièvre, thym, basilic, quelques ciboules, une ou deux gousses d'ail, trois ou quatre clous de girofle, et quelques tranches d'oignons; couvrez-la d'un vase, en mettant entre deux un linge, pour que l'air n'y puisse pénétrer; laissez-la ainsi huit jours, au bout desquels retournez-la et recouvrez-la avec le même soin, et laissez-la encore trois ou quatre jours; ensuite retirez-la et faites-la égoutter; mettez dans une marmite de l'eau assaisonnée de carottes, oignons, et d'un bon bouquet; faites-la partir; et lorsque votre eau sera au grand bouillon, mettez-y votre culotte, après l'avoir enveloppée d'un linge blanc, que vous ficelerez; faites-la cuire ainsi pendant quatre heures sans interruption; après, retirez-la pour la placer dans une terrine de sa forme; jetez dessus l'assaisonnement dans lequel elle a cuit, et laissez-la refroidir; servez-la sur une serviette comme un jambon, avec du persil vert autour.

Si vous la voulez servir chaude, mettez-la sur un plat comme une pièce de bœuf, avec un bon jus de bœuf corsé, et autour, du raifort ou cran râpé.

Culotte de Bœuf à la Gelée ou à la Royale.

Prenez une culotte ou une partie; choisissez-la de bonne qualité, et qu'elle soit bien couverte; désossez-la; lardez-la de gros lard, comme la culotte à l'écarlate, et assaisonnez ces lardons de même; enveloppez-la dans un linge blanc; ficelez-la; mettez-la dans une braisière, au fond de laquelle vous aurez mis les os de votre culotte, cinq ou six carottes, quatre oignons, deux gousses d'ail, un bouquet de persil et ciboules, deux feuilles de laurier, un jarret de veau, un demi-setier de vin blanc, du sel ce qu'il en faut pour qu'elle soit d'un bon goût, deux ou trois cuillerées à pot de bouillon; faites-la partir sur un bon feu; couvrez-la de trois épaisseurs de papier beurré; couvrez votre braisière avec son couvercle; faites-la aller doucement avec feu dessus et dessous environ quatre heures; lorsque votre culotte sera cuite, retirez-la; laissez-la refroidir dans le linge; passez son fond à travers une serviette, que vous aurez eu soin de mouiller, afin que la graisse ne passe pas avec; laissez-la refroidir; fouettez avec une fourchette deux blancs d'œufs avec un peu d'eau; jetez-les dans votre fond encore tiède; remuez-le; mettez-le sur le feu jusqu'à ce qu'il commence à bouillir; retirez-le; couvrez-le avec un couvercle sur lequel vous mettrez quelques charbons ardens; laissez dans cet état votre fond près d'un quart d'heure; levez ce couvercle, si votre fond est limpide; passez-le de nouveau à travers un linge mouillé et tordu; faites refroidir votre gelée, pour voir si elle est trop forte ou trop légère: dans le premier cas, mettez-y un peu de bouillon; dans le second, faites-la cuire de nouveau avec un jarret de veau, et clarifiez-la encore, ainsi qu'il est dit plus haut.

Si elle n'était pas assez ambrée, vous pourriez y mettre un peu de jus de bœuf: si vous voulez décorer votre pièce de différentes couleurs, telles que rouge et vert, vous pouvez, pour la première, employer un peu de cochenille, après l'avoir fait infuser sur un feu doux, et en mettre seulement quelques gouttes, jusqu'à ce que vous ayez atteint le rouge que vous désirez: le mieux est que la couleur ne domine pas. Si vous la désirez verte, prenez un peu de jus d'épinards à cru; mettez-en également fort peu, afin de conserver la limpidité de votre gelée. Si vous n'aviez pas de cochenille, et que ce fût en hiver, vous la remplaceriez aisément en substituant un peu de jus de betteraves rouges, pilées à cru, et en agissant comme pour la cochenille; vous coulez toutes ces gelées dans des vases disposés de manière à pouvoir couper vos gelées de l'épaisseur d'un pouce ou moins, et de diverses façons, pour en décorer à volonté la pièce à servir, comme si c'était des rubis ou émeraudes; ensuite déballez votre pièce; parez-la sur tous les sens; ôtez légèrement la peau de la première graisse qui la couvre; mettez-la sur un plat; qu'elle soit d'à-plomb; garnissez-la de gelée; faites une bordure de couleurs, en les plaçant alternativement, l'une rouge et l'autre verte, comme le sont les diamans d'une couronne, et servez.

Rosbif, Rond-bif ou Corne-bif.

Procurez-vous un morceau de cuisse de bœuf; qu'il soit le plus gras possible; faites-le couper de toute la circonférence de la cuisse, et au-dessous de ce que l'on appelle la culotte; que le gros os se trouve au milieu; et au lieu de casser cet os, sciez-le; faites sécher et piler trois ou quatre livres de sel; passez-le au tamis; mêlez-y un peu d'épices fines et d'aromates en poudre; frottez-en toutes les parties de votre bœuf: cela fait, mettez-le dans une grande terrine de grès avec le restant de votre assaisonnement; couvrez-le d'abord d'un linge blanc; fixez ce linge avec de la ficelle autour de la terrine, et couvrez-la avec un couvercle le plus hermétiquement que possible; mettez-la au frais trois ou quatre jours; après, retournez dans son assaisonnement votre pièce de bœuf; faites-en de même tous les deux jours, durant huit ou neuf jours: lorsque vous voudrez vous en servir, retirez-la; laissez-la égoutter et ficelez-la; mettez de l'eau dans une casserole ronde, dans le cas de contenir votre pièce sans qu'elle y soit gênée, avec navets, carottes, oignons, quatre clous de girofle, quatre feuilles de laurier; faites bouillir cet assaisonnement, et mettez-y votre pièce de bœuf: posez-la sur une feuille de turbotière, afin de pouvoir l'enlever, sa cuisson faite, sans la casser; faites-la bouillir durant trois heures; retirez-la; dressez-la sur votre plat: garnissez-la de légumes avec lesquels elle aura cuit, et servez-la avec deux saucières, une de sauce au beurre, et l'autre de jus de bœuf (voyez *Sauce au Beurre*, article SAUCES). Servez encore avec votre corne-bif des brocolis (voyez *Choux brocolis*, article

ENTREMETS [Tome II]). Cette pièce, après s'être servie chaude, peut être représentée froide avec de la moutarde anglaise et des cornichons.

Bœuf fumé ou de Hambourg.

Employez, pour la préparation de cette pièce, le même procédé que celui énoncé à l'article précédent, excepté que vous ne la larderez pas; ajoutez au sel fin dont vous la frotterez un peu de salpêtre, du genièvre et autres aromates: après douze jours de salaison, accrochez-la, laissez-la s'égoutter tout un jour; mettez-la fumer sept ou huit jours, comme vous en useriez pour un jambon, ayant soin de la retourner au bout de quatre jours, afin qu'elle soit fumée également: de là, faites-la cuire comme la précédente. Celle-ci se sert sur de la chou-croûte garnie de saucisses, cervelas et petit lard, ou simplement saucée avec un jus de bœuf.

On peut employer la poitrine, les tendons et la noix de bœuf, pour remplacer la culotte. Ce bœuf se mange froid comme le jambon, et avec de la moutarde.

Aloyau à la Broche.

Ayez un aloyau de première ou de seconde pièce, et plus gros, si le cas l'exige; ôtez-lui l'arête sans endommager les deux filets; mettez-le sur un plat, saupoudrez-le d'un peu de sel fin; arrosez-le d'un peu d'excellente huile d'olive, en y joignant quelques tranches d'oignons et de feuilles de laurier; laissez-le mortifier deux ou trois jours, si le temps le permet, et ayez soin de le retourner deux ou trois fois par jour; lorsque vous voudrez le faire cuire, embrochez-le ou couchez-le sur fer, de la manière suivante: passez votre broche dans le gros filet, en suivant l'arête ou les os de l'échine; gardez-vous, dirai-je encore, d'endommager le filet mignon; attachez du côté du gros filet un hatelet ou petite broche de fer, liez-le avec de la ficelle fortement des deux bouts, afin que votre aloyau ne tourne pas sur la broche; roulez le flanc en dessous, pour mieux présenter le filet mignon et la graisse de votre aloyau que vous dégraisserez légérement; assujettissez ce flanc avec de petits hatelets, en les passant d'outre en outre dans le gros filet; enveloppez de papier fort cet aloyau et mettez-le à un feu vif, afin qu'il concentre son jus; ayez soin qu'il ne soit ni trop cuit ni trop peu, pour qu'il soit dans son jus, et servez-le, accompagné d'une saucière dans laquelle vous mettrez une bonne sauce hachée. (Voyez *Sauce hachée*.)

Aloyau à la Godard.

Otez le dos de l'échine à votre aloyau sans le désosser tout-à-fait; lardez-le de gros lardons, assaisonnés comme il est dit à l'article *Culotte de Bœuf à l'écarlate*; ficelez-le de manière à lui donner une belle forme; mettez-le dans une braisière avec un bouquet garni de fines herbes, oignons et carottes en suffisante quantité; mouillez-le avec du bon bouillon, une demi-bouteille de vin de Champagne et une autre demi-bouteille de vin de Madère; mettez-y sel et gros poivre; faites-le cuire à petit feu, et de manière que son fond soit réduit presqu'en glace; retirez-le de sa braise, et servez-le avec le ragoût énoncé ci-après: mettez quatre cuillerées à dégraisser d'espagnole dans une casserole; ajoutez-y la cuisson de votre aloyau, que vous aurez passée et dégraissée; coupez quelques gorges de ris de veau en tranches, des champignons tournés, des culs d'artichauts en quartiers, des crêtes et des rognons de coqs, des petits œufs; dégraissez votre ragoût avant de servir; saucez votre aloyau avec ce ragoût; ajoutez-y, si vous voulez, des ris de veau piqués et glacés, des petits pigeons à la Gautier, des truffes entières, des quenelles, six ou huit belles écrevisses, quelques culs d'artichauts entiers, et servez.

Noix de Bœuf braisée.

Ayez une noix de bœuf couverte de sa panuffe; lardez-la de gros lardons, assaisonnez-la comme il est dit à l'article *Culotte à l'écarlate*; ficelez-la, mettez-la dans une casserole avec carottes tournées, un bouquet assaisonné de laurier, de thym, de basilic, une gousse d'ail et deux clous de girofle, un peu de sel, une cuillerée à pot de bouillon et un demi-setier de vin blanc; lorsque vous la jugerez à moitié cuite, mettez-y six ou huit oignons blancs, étouffez-la avec feu dessus et dessous; quand elle sera cuite, ôtez une partie du fond, faites-le réduire pour glacer votre noix et vos oignons; dressez-la sur un plat, arrangez vos oignons et vos carottes autour; glacez le tout comme il est dit plus haut; passez le surplus du fond dans ce qui reste de votre glace, saucez-en votre noix et servez.

Côtes de Bœuf couvertes aux Racines.

Prenez les côtes couvertes, lardez-les de gros lard comme la noix de bœuf, assaisonnez-les et braisez-les de même; tournez des carottes avec votre couteau ou emporte-pièce, une quantité suffisante pour masquer vos côtes; faites-les blanchir, mettez-les cuire dans une casserole avec une partie de l'assaisonnement de vos côtes, ou du bouillon; faites-le tomber à glace; cela fait, prenez la valeur d'une cuiller à bouche de farine, un peu de beurre; faites un petit roux, mouillez-le: quand il sera bien blond avec les restans de l'assaisonnement de vos côtes faites cuire votre sauce, dégraissez-la, tordez-la dans une étamine sur vos carottes; remettez le tout sur le feu, afin que votre sauce et vos carottes prennent du goût; mettez-y gros de sucre comme la moitié d'une noix, pour en ôter l'âcreté, et un pain de beurre; sautez bien le tout jusqu'à ce que le beurre soit parfaitement fondu et incorporé; masquez vos côtes et servez.

Entre-Côte de Bœuf.

L'entre-côte est la partie qui se trouve sous l'épaule ou paleron; la meilleure partie est celle qui est à deux côtes de celles couvertes; elle a besoin d'être attendrie et mortifiée; elle est plus délicate lorsqu'elle est bien marbrée.

Si vous voulez servir une entre-côte, supprimez-en les nerfs; coupez-la de l'épaisseur de deux travers de doigt, aplatissez-la; saupoudrez-la légérement de sel, mettez-la sur un gril avec un feu vif; retournez-la souvent: lorsque vous la jugerez cuite, servez-la avec une sauce hachée (voyez *Sauce hachée*, à son article), ou bien mettez un peu de beurre dans un plat, posez-la dessus, retournez-la dedans, ajoutez un jus de citron ou un filet de verjus.

Filet de Bœuf, piqué, à la Broche.

Ayez un bon filet de bœuf dont vous lèverez la peau nerveuse qui se trouve dessus le côté qui n'est point attaché aux petites côtes: pour cet effet, servez-vous d'un couteau mince, et faites-le glisser entre la peau et le filet, comme si vous leviez une barde de lard: s'il restait quelques petits nerfs, levez-les avec soin, sans endommager votre filet; parez-le en tous sens, coupez-en la pointe, et ne lui donnez que l'épaisseur de deux doigts; piquez-le d'un bout à l'autre.

La manière de s'y prendre pour le bien piquer consiste seulement à placer son filet sur un torchon blanc, le gros bout sur la paume de la main gauche, et l'on met de la droite sa lardoire: lorsque vous aurez pris de la chair, en raison de la longueur de votre lard, placez le lardon dans la lardoire, et tirez-le; s'il était plus passé d'un côté que de l'autre, il faudrait l'ajuster avec la pointe de votre lardoire, pour qu'il soit égal et que votre pièce ait bonne mine; continuez ainsi votre rangée: lorsqu'elle sera achevée, faites-en une autre, en ayant l'attention de croiser les bouts, et de ne pas prendre plus de chair dans un endroit que dans l'autre; continuez ainsi, jusqu'à ce que votre filet soit entièrement piqué. Cette opération faite, vous le mettez mariner dans de la bonne huile, avec sel, gros poivre, tranches d'oignons et quelques feuilles de laurier; après embrochez-le sur un hatelet. S'il ne vous plaît pas de le laisser dans toute sa longueur, donnez-lui la forme d'un serpent, en lui faisant faire divers contours, celle d'une gimblette ou d'un fer à cheval, comme vous le jugerez le plus convenable; faites-le cuire; le plus ou le moins dépend du feu, mais préférez un feu vif; servez-le avec une excellente sauce hachée ou poivrade. (Voyez *Sauce hachée* et *Poivrade*, à leurs articles.)

Filet de Bœuf au Vin de Madère.

Ayez un bon filet de bœuf bien marbré, c'est-à-dire d'excellente qualité; piquez-le comme il est dit à l'article *Filet de Bœuf à la broche*; foncez une casserole de quelques carottes, oignons et d'un bouquet; mettez autour de cette casserole des bardes de lard; posez votre filet sur les légumes, après y avoir mis environ un quarteron de lard râpé, et lui avoir donné la forme d'une gimblette; mouillez-le avec une demi-bouteille de vin de Madère, autant de consommé; mettez-y peu de sel, et faites-le partir sur un bon feu. Lorsqu'il le sera, couvrez-le de trois ou quatre feuilles de papier beurrées; mettez un couvercle sur votre casserole, avec feu ardent dessus, et ralentissez celui de dessous, pour qu'il mijote seulement. Lorsqu'il sera cuit ou près de l'être, passez la majeure partie de ce fond au travers d'un tamis de soie; rejetez ce qui n'aura pas passé, dans le puits que forme votre filet, afin de le nourrir; mettez la partie coulée dans une casserole, avec une cuiller à dégraisser pleine d'espagnole: faites réduire le tout à consistance de demi-glace, égouttez votre filet, glacez-le, posez-le sur un plat avec propreté. Finissez votre réduction avec un pain de beurre; passez-la, versez-la dans le puits de votre filet, et servez.

Filet d'Aloyau aux Concombres.

Après avoir paré votre filet, comme il est dit à l'article ci-dessus, piquez-le ou lardez-le de gros lard; marquez-le dans une casserole en en usant comme pour celui au vin de Madère, et au lieu de ce vin, mettez un verre de vin blanc et un peu plus de bouillon; faites cuire de même; prenez une partie de ce fond avec une cuillerée d'espagnole; faites-le réduire, dégraissez-le, mettez-y vos concombres. (Voyez *Ragoût de Concombres*, à son article.)

Filet de Bœuf à la Chicorée.

Il se prépare comme le précédent, excepté qu'on y met, dans le puits ou dessous, une bonne chicorée réduite au blanc ou au roux. (Voyez *Chicorée*, article des *Ragoûts*.)

Filet de Bœuf à la Sauce Tomate.

Ce filet se prépare comme le précédent, ou on le met à la broche. La seule différence, en fait de sauce, est d'en mettre une tomate dessous, telle qu'elle est indiquée à l'article *Sauce Tomate*.

Filets de Bœuf sautés dans leur Glace.

Préparez votre filet, supprimez-en le gros bout et la pointe; coupez-le en tranches d'un demi-pouce d'épaisseur; si ce filet est gros, séparez les tranches en quatre ou en moindres parties; s'il n'est pas très-fort, aplatissez-les, coupez-les, avec un coupe-pâte, de la grosseur du creux de la main; faites clarifier du beurre, trempez-les dedans, et arrangez-les dans une casserole très-plate; posez-les sur un feu vif, retournez-les souvent, afin qu'ils ne perdent pas leur jus. Quand ils seront près d'être cuits, égouttez-en le beurre, et mettez à la place un peu de consommé réduit, ou du bouillon que vous aurez fait réduire; retournez-les plusieurs fois et en les appuyant, afin qu'ils se glacent et prennent du goût: lorsqu'ils sont bien glacés, arrangez-les sur votre plat, en forme de miroton; remettez dans votre sauce une cuillerée de consommé; détachez bien votre glace, liez-la avec un petit morceau de beurre, versez-la sur vos filets et servez.

Vous pouvez mettre dans le puits, des pommes de terre que vous tournerez à cru en forme de petits oignons, que vous ferez cuire dans le beurre et auxquelles vous ferez prendre une belle couleur. Vous pouvez également y mettre une sauce tomate, de la chicorée ou des petits navets; mais il me paraît plus convenable d'employer des pommes de terre.

Bifteck.

Parez un morceau de filet de bœuf; de préférence choisissez le milieu, ayez soin d'en ôter toutes les fibres et de conserver le plus de graisse que vous pourrez; coupez ce filet par morceaux d'un pouce et demi d'épaisseur, aplatissez-les et réduisez-les à un demi-pouce; mettez-les sur un gril propre, avec un feu vif; retournez-les presque toujours, afin que le feu sèche leur surface, au point de leur faire conserver leur jus, qui, si vous les laissiez dormir sur le feu, reviendrait dessus, et se perdrait en les retournant. Il ne faut pas plus de trois minutes pour les faire cuire, si le feu est convenable. Ensuite mettez-les sur un plat dans lequel vous aurez mis gros de beurre comme une noix par chaque filet; chauffez légérement ce plat; retournez vos filets, lesquels feront fondre le beurre en les appuyant dessus; garnissez-les de pommes de terre cuites au beurre ou à l'eau, et servez.

Véritable Bifteck, comme il se fait en Angleterre.

Les Anglais prennent, pour faire leur bifteck, ce que nous appelons la sous-noix de bœuf, ou le morceau qui se trouve près de la queue, et qu'ils nomment Romesteck; mais le bœuf chez eux est infiniment plus tendre, parce qu'ils le tuent beaucoup plus jeune qu'en France. Ils prennent cette partie de bœuf, la coupent par lames épaisses d'un demi-pouce, l'aplatissent un peu, la font cuire sur une plaque de fonte faite exprès, et au lieu d'employer du charbon de bois, ils se servent de charbon de terre. Il faut convenir que cette partie du bœuf employée par les Anglais est infiniment meilleure que le filet mignon dont nous faisons usage; mais d'un autre côté elle est moins tendre.

Queue de Bœuf en Hoche-pot.

Prenez une queue de bœuf; coupez-la par tronçons, de joint en joint; faites-la dégorger et blanchir; foncez une casserole de viande de boucherie; placez dessus vos tronçons; ajoutez-y sel, oignons, carottes, un bouquet assaisonné d'une feuille de laurier, d'une gousse d'ail, de thym, de basilic, et piquée de deux clous de girofle; mouillez le tout avec du bouillon, de manière à ce que vos tronçons ne fassent que tremper; couvrez-les de bardes de lard; faites-les partir; mettez-y un rond de papier, et, les posant sur un feu modéré, couvrez-les avec un couvercle, avec feu dessus; laissez-les cuire quatre à cinq heures. Vous pourrez juger si votre queue est cuite, lorsque, l'ayant pressée contre vos doigts, la chair quittera presque les os; alors égouttez-la, et servez-la avec le ragoût de racines. (Voyez l'article *Côtes de Bœuf aux Racines.*)

Si vous n'aviez pas de sauce, faites un petit roux avec gros de beurre comme un œuf, de la farine autant que votre beurre en pourra boire; étant fondu, faites aller votre roux sur un feu doux; tournez-le, afin qu'il ne s'attache ni ne brûle, ensuite, ayant passé le fond de votre queue au travers d'un tamis de soie, délayez avec ce fond votre roux, que vous aurez retiré du feu: de là faites cuire votre sauce; dégraissez-la et tordez-la dans une étamine: observez qu'alors vous devez avoir eu soin de préparer et faire cuire des racines, ainsi qu'il est indiqué à l'article *Côtes de Bœuf aux Racines*; conséquemment jetez vos racines dans votre sauce; qu'elle soit d'un bon goût; faites-la bouillir, afin que ces racines prennent également du goût; mettez-y gros de sucre comme une noix, si vous n'en avez pas mis en les faisant cuire; finissez votre ragoût avec un pain de beurre; marquez vos tronçons de queue que vous aurez égouttés; dressez sur le plat le plus en pyramide possible, et servez.

Queue à la purée de Pois, Lentilles, etc.

Marquez cette queue comme il est dit à l'article précédent; faites votre purée comme celle des potages, et passez-la avec un morceau de beurre: si vous n'avez pas de sauce pour la corser, mettez une partie du fond de votre queue; faites-la réduire; dégraissez-la; mettez-y un peu de sucre; qu'elle soit d'un bon sel; finissez-la avec un morceau de beurre; égouttez, dressez votre queue, masquez-la avec votre purée, et servez ensuite.

Langue fumée.

Ayez autant de langues de bœufs que vous le jugerez à propos; supprimez-en le gosier, et faites-les tremper trois heures dans l'eau; grattez-les; mettez-les égoutter; frottez-les avec du sel fin et environ deux onces de salpêtre; ayez un pot de grès, mettez-y vos langues, et à mesure que vous les arrangerez, joignez-y quelques feuilles de laurier, du thym, du basilic, du genièvre, du persil, de la ciboule, quelques gousses d'ail, des échalotes et des clous de girofle; ayez soin que vos langues soient bien serrées les unes contre les autres, afin qu'il n'y ait nul vide entre elles: les ayant salées convenablement, couvrez votre pot de manière qu'elles ne prennent pas l'évent; laissez-les au sel huit jours, après retirez-les, attachez-les par le petit bout à un grand bâton, et mettez-les fumer dans la cheminée jusqu'à ce qu'elles soient sèches: quand vous voudrez les employer, lavez-les, ratissez-les, et faites-les cuire dans un bon assaisonnement.

Vous pouvez faire du petit salé avec la saumure assaisonnée de vos langues.

Langue de Bœuf fourrée.

Vous ferez dégorger des langues et nettoyer des boyaux de bœuf; ayant fait tremper quelques heures dans de l'eau et des herbes aromatiques ces boyaux, mettez vos langues dedans, et liez-en les extrémités; ayez une saumure assez considérable; mettez-y salpêtre en petite quantité, macis, clous de girofle, gingembre, poivre long, laurier, thym, basilic, genièvre et coriandre; faites bouillir cette saumure une demi-heure à petit feu; passez-la au tamis; laissez-la reposer; tirez-la au clair, mettez-y tremper ces langues douze jours; après retirez-les; faites-les sécher à la cheminée: pendant qu'elles sèchent, brûlez dessous, si vous le voulez, des herbes de senteur, et faites cuire ces langues dans une braise, telles que les langues fumées.

Langue de Bœuf à la braise.

Ayez une langue de bœuf; coupez-en le cornet; mettez-la dégorger deux ou trois heures et plus; retirez-la de l'eau; ratissez-la bien avec votre couteau, pour en ôter la malpropreté; faites-la blanchir dans un chaudron ou dans une grande marmite; retirez-la sur un linge blanc; ôtez-en la peau; lardez-la de gros lard, que vous aurez assaisonné avec sel, poivre fin, épices fines, persil et ciboules; mettez-la cuire dans une marmite avec oignons et carottes; mouillez-la avec du bon bouillon et un verre de vin blanc; joignez-y quelques parures, soit de viande de boucherie, de volaille ou de gibier, afin de lui donner du goût; faites-la partir; après mettez-la sur un feu modéré, couvrez-la d'un papier et d'un couvercle avec feu dessus; laissez-la mijoter quatre heures et demie; dressez-la sur le plat; arrangez autour les légumes avec lesquels vous l'avez fait cuire; passez son fond à travers un tamis de soie; saucez votre langue avec ce fond, dans lequel vous ajouterez une ou deux cuillerées d'espagnole, et servez.

Langue de Bœuf en papillote.

Faites cuire cette langue comme la précédente, sans la larder: quand elle sera cuite, laissez-la refroidir dans son assaisonnement; après, coupez-la par lames de l'épaisseur d'un demi-pouce; ayez soin de la couper en bec de sifflet, pour qu'elle représente à-peu-près la largeur d'une côtelette de veau; parez tous les morceaux avec propreté; faites qu'ils soient de même grandeur, et mettez-les en papillotes de la manière suivante: hachez autant de persil que de ciboules, et deux fois plus de champignons; en hachant ces derniers, exprimez dessus un jus de citron pour les maintenir blancs; mettez-les dans le coin d'un torchon, et pressez-les; supprimez le jus; ensuite jetez le tout dans une casserole avec un morceau de beurre; mettez-y sel, gros poivre et un peu de muscade râpée; faites cuire le tout à petit feu; selon la quantité de vos fines herbes, versez-y une cuillerée ou deux d'espagnole réduite ou de velouté; faites réduire le tout de nouveau, en sorte que l'humidité ne fasse pas crever vos papillotes: taillez votre papier en forme de cœur, en coupant un peu la pointe; étendez votre papier; huilez-le légérement avec le doigt à l'endroit où vous devez poser votre morceau de langue et vos fines herbes; ensuite mettez une petite barde de lard sur le papier, et sur ce lard la valeur d'une cuillerée à bouche des mêmes herbes; ensuite posez votre morceau de langue, et dessus faites la même opération que dessous: vous aurez soin de rogner votre papier avec des ciseaux, au cas où il serait trop grand pour la côtelette; ployez-le de manière à ce que les bords se trouvent égaux; videz la papillote tout autour, le plus serré que possible, en sorte que la partie coupée de ce papier se trouve rentrée en dedans du bord: pour y parvenir, vous pincerez votre papier avec le pouce et l'index, et le rentrerez en dedans, comme si vous vouliez faire une corde: à l'égard de la pointe du haut, vous la tordez comme une papillote; cela fait, huilez vos papillotes en dehors, soit avec la main, soit avec un doroir; mettez-les sur un gril, avec feu doux, environ dix minutes: avant de servir, retournez-les, cinq minutes après avoir été posées sur le feu; que le papier soit d'une belle couleur; lorsque vous les verrez gonfler, c'est une preuve qu'elles sont atteintes; servez-les de suite.

Langue de Bœuf à l'Italienne ou au Parmesan.

Faites cuire cette langue dans une braise comme la précédente; laissez-la refroidir de même; coupez-la par lames très-minces; mettez du Parmesan dans le fond d'un plat creux; couvrez votre Parmesan de vos tranches de langue, ainsi de suite; faites trois ou quatre lits de langue et de fromage; arrosez chaque lit d'un peu du fond dans lequel aura cuit la langue dont il s'agit, et finissez par un lit de fromage, que vous arroserez d'un peu de beurre fondu; mettez le plat au four ordinaire ou de campagne; donnez à votre Parmesan une belle couleur, et servez.

Palais de Bœufs au Gratin.

Ayez trois ou quatre palais de bœufs; mettez-les sur un gril du côté de la peau, et le gril sur une cendre rouge; faites-les griller, au point de pouvoir enlever facilement la peau avec le couteau; ensuite grattez la partie blanche qui se trouve sous cette peau, pour qu'il n'en reste aucun vestige; supprimez le bout du mufle et celui du côté de la gorge, et enfin la partie noire qui se trouve au milieu, sans cependant trop l'altérer; ensuite faites-les dégorger et blanchir; mettez-les cuire dans un blanc, comme il est dit à l'article *Tête de Veau en Tortue*, pendant trois ou quatre heures; puis égouttez-les; faites-les refroidir à moitié; séparez-les en deux avec votre couteau, comme si vous leviez une barde de lard; garnissez-les d'une farce cuite (voyez *Farce cuite*, à son article [Tome II]). A cet effet, étendez vos morceaux de palais; mettez dessus avec la lame du couteau de cette farce à-peu-près de leur épaisseur; roulez-les sur eux-mêmes, comme vous rouleriez un morceau de papier dans vos doigts; parez-les des deux bouts; égalisez-les; mettez de votre farce l'épaisseur d'un travers de doigt au fond de votre plat; rangez vos petits cannelons debout sur votre fond de farce, en laissant un puits dans le milieu;

garnissez de farce au dedans et au dehors, le plus proprement possible, les intervalles de vos cannelons: il faut que votre entrée ait la base d'une tour; garnissez ce puits en général de bardes de lard bien fines, et remplissez la capacité d'un morceau de mie de pain, de manière à maintenir les cannelons dans la position que vous leur aurez donnée; faites fondre du beurre, dorez-les avec un doroir; panez-les; mettez-les au four ou sous un four de campagne, avec feu dessus et dessous; faites-les cuire et prendre une belle couleur; ôtez votre bouchon de pain et les bardes de lard, égouttez le beurre, saucez dans le puits avec une italienne, et servez.

Palais de Bœufs à l'Italienne.

Préparez cinq ou six de ces palais, comme les précédens; faites-les cuire de même; égouttez-les, coupez-les en escalopes ou en petits carrés; coupez-les ensuite en rond, de la grandeur d'un petit écu; mettez dans une casserole cinq cuillerées à dégraisser d'italienne rousse, que vous ferez réduire aux deux tiers de son volume; jetez vos palais dedans, laissez-les mijoter un peu, sautez-les; mettez un jus de citron, et servez.

Palais de Bœufs à la Poulette.

Préparez, comme ci-dessus, la même quantité de palais de bœufs; coupez-les en rond ou en filets; mettez-les dans une casserole avec trois cuillerées à dégraisser de velouté, laissez-les mijoter; faites une liaison de deux jaunes d'œufs, déliez-la avec un peu de lait ou de crême; retirez vos palais du feu, liez-les avec vos œufs; remettez-les sur le feu, en les agitant toujours, afin de faire cuire votre liaison; mettez-y un demi-pain de beurre, un filet de verjus, ou un jus de citron, un peu de persil haché, et servez-les. Pour faire une bordure à votre plat, ajoutez, si vous le voulez, des croûtes de pain, tournées en bouchons, que vous aurez fait frire dans le beurre.

Palais de Bœufs à la Ravigote.

Préparez, comme il est dit aux articles précédens, vos palais de bœufs; coupez-les de même, sautez-les dans une sauce ravigote, froide ou chaude (voyez *Sauce Ravigote*, à son article), et servez.

Croquettes de Palais de Bœufs.

Faites cuire dans un blanc trois palais de bœufs, laissez-les refroidir, coupez-les en petits dés, et de même quelques champignons, ainsi que des truffes, si c'est la saison; faites réduire quatre cuillerées d'espagnole ou de velouté à demi-glace, c'est-à-dire à moitié, jetez dedans tous vos petits dés avec un peu de persil haché; retirez votre casserole du feu; liez votre salpicon avec deux jaunes d'œufs et du beurre gros comme une noix; versez le tout sur un plat, étendez-le avec la lame d'un couteau, en lui conservant une bonne épaisseur; lorsque ce salpicon sera refroidi, coupez-le par carrés égaux, et donnez-lui la forme que vous jugerez convenable, soit en côtelettes, soit en cannelons, soit en poires ou en petites boules. Cassez trois œufs que vous battrez comme une omelette; mettez-y un peu de sel fin; trempez tous vos morceaux, l'un après l'autre, dans cette omelette; mettez-les ensuite dans de la mie de pain, en maintenant la forme que vous leur avez donnée; au fur et à mesure que vous les aurez passés, mettez-les sur un plat; repassez votre mie de pain au travers d'une passoire; trempez une seconde fois vos croquettes dans cette omelette, passez-les de nouveau; saupoudrez votre plat de mie de pain, rangez-les dessus et couvrez-les avec le reste de la mie de pain pour qu'elles ne sèchent pas; au moment de servir, retirez-les de cette mie, posez-les sur un couvercle; mettez votre friture sur le feu, faites-la bien chauffer sans la brûler; glissez toutes vos croquettes à-la-fois, afin qu'elles aient toutes la même couleur; retirez-les; faites-les égoutter un moment; rangez-les sur votre plat, et servez avec un bouquet de persil frit, dont vous couronnerez vos croquettes.

Palais de Bœufs en Cracovie.

Ayez trois palais de bœufs, préparez-les comme les précédens; laissez-les refroidir; coupez-les en quatre; fendez chaque morceau en deux, comme si vous leviez une barde de lard; ce qui vous donnera vingt-quatre morceaux. Ayez une tetine de veau blanchie dans l'eau, ou cuite dans la marmite; coupez-la par petites bardes, comme le sont vos palais; ayez également un salpicon, comme celui des croquettes énoncées à l'article précédent; étendez-en gros comme le pouce sur chaque morceau de vos palais, roulez-les, enveloppez-les avec votre morceau de tetine; passez-les comme les croquettes, ou trempez-les dans une pâte à frire (voyez *Pâte à frire*, à son article); faites-les frire comme les croquettes, dressez-les de même, et servez.

Palais de Bœufs à la Lyonnaise.

Faites cuire quatre ou cinq de ces palais dans un blanc, ainsi que vous le verrez ci-dessus; coupez cinq ou six oignons en tranches, passez-les dans le beurre; qu'ils soient d'une belle couleur; lorsqu'ils seront cuits, mouillez-les avec une cuillerée ou deux d'espagnole: si vous n'en avez pas, singez-les et mouillez-les avec un peu de bouillon; faites cuire le tout; coupez vos palais en carré ou en filets, jetez-les dans votre sauce; mettez-y un peu de sel, de gros poivre, et finissez avec un peu de moutarde.

Gras-double.

Prenez la partie la plus épaisse du gras-double, mettez-la dans de l'eau tiède; ratissez-la bien; enlevez avec soin la partie spongieuse; remettez-la dans de l'eau beaucoup plus chaude; faites-lui jeter un bouillon, et nettoyez-la de nouveau; frottez-la avec du citron; faites qu'elle soit aussi blanche que possible; mettez cuire ce gras-double dans un blanc, sept à huit heures: sa cuisson faite, coupez-le en losanges ou en filets. Si vous le voulez servir à la poulette (voyez l'article *Palais de Bœufs à la Poulette*); si vous le voulez à l'Italienne (voyez aussi cet article.)

VEAU.

Choisissez-le bien blanc et d'une chair tirant plutôt sur le verdâtre que sur le rose; c'est la couleur que doit avoir le véritable veau de Pontoise, qui doit être nourri, pour avoir cette qualité, avec des œufs frais, de la mie de pain blanc ou des rognures de pain à chanter. Il nous en vient de divers endroits, tels que de Montargis, Caen et Rouen, et qui, en raison de leur blancheur, passent pour être de Pontoise. Il faut, outre la blancheur, que le veau de Pontoise soit très-gras, bien couvert sur les côtes et sur le filet des reins; que ses rognons soient très-gros de graisse. Dans le veau tout se mange, excepté les sabots et une partie de la peau, puisque celle de la tête et des pieds se mange: il n'y a pas jusqu'à son sang dont on ne puisse faire d'excellent boudin. Les charcutiers l'emploient avec le sang du porc, et le trouvent plus délicat. Le veau est préférable, lorsqu'il n'a encore que six semaines ou deux mois; sa chair est plus onctueuse et donne plus de sucs nourriciers que si l'animal était plus jeune ou plus vieux.

Tête de Veau au naturel, ou à la Bourgeoise.

Choisissez-la bien blanche, ôtez les deux côtés de la mâchoire inférieure; désossez aussi le bout du mufle jusqu'auprès des yeux, en relevant la peau sans l'endommager; coupez le museau sans blesser la langue; ensuite mettez dégorger cette tête à grande eau; faites-la blanchir, épluchez-la, flambez-la, et frottez-la avec un citron: cela fait, mettez-la dans un blanc (voyez *Blanc*, à son article); après l'avoir renfermée dans un torchon dont vous aurez attaché les quatre bouts, faites-la partir, laissez-la cuire deux ou trois heures; retirez-la, et après l'avoir développée, laissez-la égoutter; découvrez la cervelle en levant la calotte; parez-la, dressez-la, et servez ensuite avec une sauce au pauvre homme. (Voyez *Sauce au pauvre Homme*, à son article.)

Tête de Veau farcie.

Ayez une tête de veau échaudée, bien blanche; désossez-la, en laissant tenir les yeux à la peau, et prenant garde de la percer avec le couteau; mettez-la dégorger, ainsi que la langue dont vous aurez supprimé le gosier: faites une farce avec une livre de veau et une livre et demie de graisse de rognons de bœuf; hachez ces deux objets séparément; pilez le veau; cette opération faite, joignez-y votre graisse, et pilez le tout ensemble, de manière à ce qu'il ne puisse être distingué; joignez à cela la mie d'un pain à potage, que vous aurez trempée dans de la crême, et ensuite desséchée par des fines herbes hachées et passées dans le beurre, telles que champignons, persil et ciboules, que vous laisserez refroidir pour incorporer avec votre farce; assaisonnez-la de sel, épices fines et poivre; pilez le tout ensemble: mouillez cette farce avec peu d'eau à-la-fois; ajoutez trois ou quatre œufs, l'un après l'autre: si elle se trouvait trop ferme pour l'étendre sur la tête de veau, mettez-y un peu d'eau. Cette farce finie, égouttez cette tête, essuyez-la, flambez-la si elle en a besoin; ensuite mettez-la sur un linge; étendez sur ses chairs l'épaisseur de deux doigts de farce; cela fait, mettez sur cette farce un salpicon froid, dont vous aurez coupé les dés un peu plus gros que pour des croquettes; remettez la langue après l'avoir fait blanchir; ôtez la peau qui l'enveloppe, à la position où elle était quand la tête était entière; recouvrez votre salpicon avec de la farce, ayant soin de donner à cette tête sa première forme; cousez-la, et du côté du collet enveloppez-la de bardes de lard ou d'une toilette de veau (ce qui vaut mieux), afin que la farce n'en sorte pas; roulez-la dans une serviette ou étamine, ayant soin de lui coucher les oreilles; ficelez-la par-dessus la serviette, toujours en ménageant sa forme; foncez une marmite avec quelques débris de viande de boucherie; mettez-y sel, oignons, carottes, deux feuilles de laurier, deux gousses d'ail, deux clous de girofle, une bouteille et demie de vin blanc de bonne qualité, quelques fonds de braise ou du bon bouillon; laissez-la cuire deux ou trois heures, surtout qu'elle n'arrête pas. Quand elle sera cuite, égouttez-la sur un couvercle, et servez-la avec le ragoût ci-après:

Mettez dans une casserole deux cuillerées à pot d'espagnole, et un demi-setier de vin blanc; faites réduire le tout; ajoutez six ou huit grosses quenelles de la farce énoncée plus haut, et que vous aurez fait pocher dans du bouillon; joignez-y des champignons tournés, des culs d'artichauts, quelques tranches de gorges de ris de veau; faites mijoter le tout, dégraissez-le; déballez votre tête, dressez-la sur un plat: mettez ce ragoût autour, garnissez-le d'écrevisses, de ris de veau piqués et glacés, ainsi que de truffes, et servez.

Vous pouvez encore servir cette tête farcie avec le ragoût de celle en tortue. (Voyez *Sauce en Tortue*, à son article.)

Tête de Veau en Tortue.

Ayez une tête de veau échaudée, désossez-la comme la précédente; mettez-la dégorger; faites-la blanchir, ainsi que la langue; coupez-la en deux; flambez-la; frottez-la de citron; mettez-la cuire dans un blanc, comme celle à la bourgeoise: lorsqu'elle sera cuite, coupez-la proprement en douze morceaux; égouttez et dressez ces morceaux sur un plat; placez-y la langue que vous aurez panée à l'anglaise et fait griller d'une belle couleur; joignez-y la cervelle que vous aurez divisée en cinq ou six parties, fait cuire dans une marinade, mise dans une pâte et fait frire; saucez les morceaux de la tête de veau avec le ragoût en tortue; garnissez-les de six œufs frais pochés, d'une douzaine de belles truffes, d'autant d'écrevisses, de quelques ris de veau piqués, et servez.

Oreilles de Veaux farcies.

Ayez des oreilles; flambez-les; mettez les cuire dans un blanc (voyez *Blanc*, à son article): lorsque ces oreilles seront cuites, tirez-les de leur blanc; laissez-les refroidir; remplissez-les de farce cuite (voyez *Farce cuite*, à son article [Tome II]); unissez cette farce avec la lame de votre couteau; cassez quelques œufs comme pour une omelette; trempez-y vos oreilles; panez-les; retrempez-les une seconde fois dans les œufs, et panez-les de nouveau; mettez-les sur un couvercle; couvrez-les du reste de votre mie de pain; un peu avant de servir, retirez-les; faites les frire: observez que votre friture ne soit pas trop chaude, afin que ces oreilles ne prennent pas trop de couleur, et que votre farce ait le temps de cuire; retirez-les, dressez-les sur un plat, la pointe en haut; mettez dessus une pincée de persil frit, et servez.

Oreilles de Veaux en Marinade.

Faites cuire cinq oreilles de veaux dans un blanc, comme vous l'avez fait ci-dessus: lorsqu'elles le seront, coupez-les dans leur longueur en quatre morceaux; faites-les mariner avec vinaigre, sel et gros poivre; égouttez-les, et trempez-les dans une pâte à frire qui soit très-légère (voyez *Pâte à frire*, à son article); couchez les morceaux, les uns après les autres, dans la friture avec assez de vivacité pour qu'ils soient frits également; retournez-les avec une écumoire; menez-les à un feu vif: lorsque votre friture sera d'une belle couleur et sèche, retirez-la, égouttez-la sur un linge blanc, dressez-la sur le plat, et couronnez-la avec du persil frit.

Oreilles de Veaux à l'Italienne.

Ayez sept ou huit de ces oreilles échaudées; flambez-les; faites-les blanchir et rafraîchissez-les; faites-les cuire dans un blanc, ou autrement foncez une casserole de bardes de lard; mettez-y ces oreilles avec un bouquet de persil et ciboules assaisonné, quelques tranches de citrons; mouillez avec du consommé et un demi-verre de vin blanc; couvrez vos oreilles de bardes de lard; mettez dessus un rond de papier beurré; faites-les cuire une heure et demie, égouttez-les; essuyez-les; ciselez les bouts comme vous feriez d'une ciboule; dressez-les, et servez dessous une sauce à l'italienne. (Voyez *Sauce à l'Italienne*, à son article.)

Oreilles de Veaux à la Ravigote.

Préparez ces oreilles comme les précédentes; ayez attention qu'elles soient bien blanches; au moment de servir, coupez-en les pointes et ciselez-en les cartilages; égouttez-les; servez-les sur une ravigote chaude ou froide. (Voyez *Sauce Ravigote*, à son article.)

Langues de Veaux à la Sauce piquante.

Ces langues s'accommodent comme celles de bœufs. (Voyez article *Langues de Bœufs*.)

Pieds de Veau.

Les pieds de veau se font cuire comme la tête, et se mangent au naturel, en marinade, à la ravigote. Ils sont ennemis de toutes sauces fades.

Cervelles de Veaux à l'Allemande.

Ayez trois cervelles de veaux bien levées, c'est-à-dire sans être endommagées; mettez-les dans une casserole avec de l'eau en suffisante quantité; de suite ôtez-en toutes les fibres, ainsi qu'au cervelet: cela fait, changez-les d'eau; laissez-les dégorger; repassez-les pour en ôter les fibres s'il en est resté; faites-les blanchir environ un quart d'heure, de la manière suivante: faites bouillir de l'eau avec une pincée de sel blanc, un verre de vinaigre blanc; mettez-y vos cervelles; retirez-les après qu'elles sont blanchies; égouttez-les; mettez-les dans une casserole que vous aurez foncée de lard; mouillez-les avec un verre de vin blanc, deux fois autant de consommé, afin qu'elles trempent; joignez-y un bouquet de persil et ciboules bien assaisonné, quelques tranches de citron, desquelles vous aurez ôté les pepins et l'écorce; couvrez-les de bardes de lard et d'un rond de papier; faites-les partir sur un fourneau; mettez-les ensuite trois quarts d'heure sur une petite paillasse; leur cuisson faite, dressez-les sur le plat, et masquez-les avec la sauce à l'allemande. (Voyez *Sauce à l'Allemande*, à son article.)

Cervelles de Veaux en Matelote.

Prenez la même quantité de cervelles; faites-les cuire de même que celles ci-dessus: leur cuisson faite, dressez-les sur le plat; garnissez-les d'écrevisses, de croûtons coupés en queue de paon et passés dans le beurre; saucez-les avec la sauce à la matelote, indiquée à son article, et servez.

Cervelles en Marinade.

Préparez deux cervelles de veaux comme les précédentes, et faites-les cuire de la même manière: après les avoir égouttées, divisez-les en cinq morceaux; mettez-les dans une marinade passée au tamis (voyez *Marinade*, à son article); faites une pâte à frire assez légère (voyez *Pâte à frire*, à son article); trempez-y vos morceaux, égouttez-les pour qu'ils ne soient pas trop chargés de pâte, et mettez-les dans la friture; faites qu'ils aient une belle couleur; égouttez-les; dressez-les en les surmontant d'une pincée de persil frit, et servez.

Cervelles de Veaux à la purée de Pois.

Prenez le même nombre de cervelles, et apprêtez-les comme celles ci-dessus: lorsque vous serez prêt à servir, égouttez-les, et masquez-les avec une purée de pois, comme celle indiquée pour les entrées. (Voyez *Purée de Pois*, à son article.)

Cervelles de Veaux au Beurre noir.

Préparez et faites cuire ces cervelles comme celles dites à l'allemande: lorsque vous serez prêt à servir, égouttez-les, et, après les avoir dressées, saucez-les avec le beurre noir qui se prépare ainsi:

Mettez une demi-livre de beurre dans un diable (poêle à courte queue); posez-le sur le feu; faites-le roussir sans le brûler, ce qui s'évite en agitant la poêle: lorsqu'il est suffisamment noir, retirez-le, et tirez-le au clair; après l'avoir écumé, essuyez votre poêle; versez dedans une cuillerée à dégraisser de vinaigre, une pincée de sel; faites-le chauffer; versez-le dans votre beurre noir; agitez le tout; saucez-en vos cervelles; garnissez-les de persil frit, soit autour ou dessus, et servez de suite.

Cervelles de Veaux à la Ravigote.

Prenez également trois cervelles que vous préparerez de la même manière que celles ci-dessus: lorsqu'elles seront cuites, dressez-les et servez-les avec une des sauces à la ravigote indiquées à leur article; vous pouvez servir autour des petits oignons que vous aurez fait blanchir et cuire ensuite dans du consommé.

Foie de Veau à la Poêle.

Ayez un foie de veau bien blond, c'est-à-dire bien gras; émincez-le par petites lames de l'épaisseur d'un écu de six livres; mettez dans une poêle un morceau de beurre, en raison du volume de foie que vous préparez; posez cette poêle sur un bon feu, et remuez-la souvent: lorsque votre foie sera roide, singez-le d'une pincée de farine; remuez-le de nouveau, pour que la farine ait le temps de cuire; cela fait, saupoudrez-le d'un peu de persil et de ciboules ou échalotes hachées; assaisonnez-le de sel et gros poivre; mouillez-le avec une demi-bouteille de vin rouge; remuez le tout sur le feu, sans le laisser bouillir, de crainte de faire durcir votre foie. Si la sauce était trop courte, alongez-la avec un peu de bouillon, et finissez, si vous voulez, avec un filet de vinaigre ou de verjus, et servez.

Foie de Veau à la Bourgeoise ou à l'Étouffade.

Ayez un foie de veau, comme il est indiqué ci-dessus; lardez-le de gros lardons en travers, lesquels auront été assaisonnés de sel, poivre, épices fines, basilic et thym mis en poudre, persil et ciboules hachés. Votre foie étant bien lardé, mettez-le dans une casserole foncée de bardes de lard, avec oignons, carottes, deux clous de girofle, une feuille de laurier, une gousse d'ail, quelques débris de veau et une demi-bouteille de vin blanc; achevez de le mouiller avec du bouillon; faites-le partir; écumez-le; couvrez-le de bardes de lard et d'un rond de papier; mettez dessus un couvercle et lutez-le; cela fait, mettez-le environ cinq quarts d'heure sur une paillasse, avec feu dessous et dessus: lorsqu'il sera cuit, passez dans une casserole et tamis de soie une partie de son mouillement; mettez ce mouillement sur le feu avec un pain de beurre manié dans de la farine, pour lier votre sauce; faites réduire; ajoutez-y, si vous le voulez, un peu de beurre d'anchois; sassez, masquez-en votre foie, et servez.

Foie de Veau à l'Italienne.

Ayez un foie de veau bien blond; coupez-le par lames de l'épaisseur d'un travers de doigt; parez-les toutes de la même grandeur, en leur donnant la forme d'une queue de paon; farinez-les; mettez environ un quarteron de bonne huile d'Aix dans une casserole très-plate, appelée sauteuse; étendez-y vos lames de foie, les unes après les autres; saupoudrez de sel fin le dessus; posez votre sauteuse sur un bon feu; faites roidir votre foie, retournez-le avec la pointe du couteau: quand il sera revenu des deux côtés, et que vous le jugerez cuit, ce dont vous pourrez vous assurer en en coupant un peu de l'un des morceaux, égouttez-le; dressez-le en cordon sur le plat; saucez-le avec une bonne italienne rousse réduite, dans laquelle vous aurez mis le jus d'un citron, et servez. (Voyez *Italienne rousse*, à son article.)

Foie de Veau à la Broche.

Choisissez un beau foie blond; lardez-le en dessous de gros lard que vous aurez assaisonné comme ceux du foie à l'étouffade; piquez-le comme le filet de bœuf (voyez *Filet de Bœuf piqué*, à son article); mettez-le ensuite sur un plat de terre, avec quelques branches de persil et des ciboules coupées en trois ou en quatre, deux feuilles de laurier et un peu de thym; saupoudrez-le d'un peu de sel; arrosez-le avec de l'huile d'olive, et laissez-le mariner ainsi: lorsque vous voudrez le mettre à la broche, passez-y quatre ou cinq petits hatelets en travers et un grand dans sa longueur que vous fixerez sur la broche, en l'attachant assez fortement des deux bouts pour qu'il ne puisse tourner sur lui-même; enveloppez-le de papier beurré que vous attacherez de même sur la broche; arrosez-le; faites-le cuire environ cinq quarts d'heure: sa cuisson dépend de sa grosseur et du plus ou du moins de feu que vous ferez; déballez-le, et, après l'avoir glacé, servez-le avec une bonne poivrade dessous. (Voyez *Sauce poivrade*, à son article.)

Mou de Veau à la Poulette.

Ayez un mou de veau bien blanc, coupez-le en gros dés; faites-le dégorger et changez-le d'eau plusieurs fois, ayant soin de le presser dans vos mains lorsque vous le retirez de l'eau, afin d'en exprimer le sang; faites-le blanchir en le mettant à l'eau froide; faites-lui jeter un bouillon, rafraîchissez-le, c'est-à-dire, jetez-le dans l'eau froide; égouttez-le; mettez dans une casserole convenable un morceau de beurre; ce beurre une fois fondu, jetez-y votre mou; faites-le revenir sans qu'il roussisse; singez-le de farine;

retournez-le avec une cuiller, afin que la farine s'incorpore avec le mou; mouillez-le doucement avec du bouillon, ayant soin de le remuer toujours; assaisonnez-le de sel, poivre et d'un bouquet de persil, garni d'une feuille de laurier, d'un clou de girofle, d'une gousse d'ail; faites partir à grand feu, toujours en le remuant, afin que la farine ne tombe pas au fond et ne s'attache point; aux trois quarts cuit, mettez-y des petits oignons et des champignons; la cuisson faite du tout, si la sauce se trouvait trop longue, versez-en dans une autre casserole la majeure partie, faites-la réduire, dégraissez-la; arrivée à son point, liez-la avec quelques jaunes d'œufs (voyez *Liaison*, à son article[2]); mettez-y un peu de persil haché, un filet de verjus ou le jus d'un citron; goûtez s'il est d'un bon sel, et servez.

2 Note de transcription: Article introuvable. Des indications sont données dans l'article Ragoût de Ris de Veau.

Mou de Veau au Roux.

Préparez ce mou comme il est dit ci-dessus; mais, au lieu de le passer dans le beurre, mettez-le dans un peu de roux (voy. *Roux*, à son article); mouillez-le comme le précédent et assaisonnez-le de même; aux trois quarts cuit, mettez-y des petits oignons et des champignons; faites réduire la sauce, dégraissez-la et ôtez-en le bouquet en l'exprimant; faites que cette sauce, arrivée à son degré de réduction, soit d'une belle couleur rousse et d'un bon goût; finissez-la avec un filet de verjus ou le jus d'un citron, et servez.

Fraise de Veau.

Ayez une fraise de veau bien blanche et grasse; ayez soin de l'approprier comme il faut; faites-la dégorger et blanchir en lui faisant jeter quelques bouillons; rafraîchissez-la, mettez-la cuire dans un blanc comme la tête de veau (voyez *Blanc*, à son article); la cuisson faite, égouttez-la, et servez-la avec une sauce au pauvre homme que vous mettrez dans une saucière. (Voyez *Sauce au Pauvre homme*.)

Fraise de Veau à la Brisac.

Faites cuire cette fraise comme pour la servir au naturel; sa cuisson achevée, coupez-la en morceaux égaux; mettez-les dans une italienne bien réduite et bien corsée; la fraise étant fade par elle-même, au moment de la servir relevez-la d'un jus de citron, d'un peu d'huile et d'ail râpé.

Ris de Veau à la Dauphine.

Ayez cinq ris de veau, séparez-en les gorges; mettez-les dégorger, changez-les d'eau plusieurs fois, afin qu'ils soient bien blancs; faites-les blanchir légérement, qu'ils ne soient que roidis pour les piquer plus facilement; mettez dessus un bout-à-bout ou une deuxième, comme je l'ai indiqué; foncez une casserole de quelques parures de veau, garnissez-la d'oignons et de carottes; mettez autour de cette casserole des bardes de lard; posez vos ris sur ce fond, qu'ils se touchent sans être pressés; mouillez-les avec du consommé, en sorte que le lard ne trempe pas; couvrez-les avec un rond de papier beurré; faites-les partir; posez-les sur une paillasse, couvrez-les; mettez du feu sur leur couvercle; que ce feu soit assez ardent pour qu'ils prennent une belle couleur dorée; laissez-les cuire environ trois quarts d'heure; égouttez-les sur un couvercle, glacez-les, mettez-les sur une bonne chicorée blanche réduite (voyez *Ragoût à la Chicorée blanche*, à son article); ajoutez-y, si vous voulez, quatre grandes crêtes de pain passées dans le beurre.

Si vous n'avez pas de glace, passez le fond de vos ris au travers d'un tamis de soie; faites-le réduire en glace, et servez-vous-en pour glacer vos ris.

Ris de Veau à l'Espagnole.

Après avoir fait blanchir des ris de veau et les avoir piqués comme les précédens, marquez-les de même et faites-les cuire; lorsqu'ils le seront, passez leur fond dans une casserole; faites-les réduire presqu'à glace; remettez vos ris de veau jusqu'à ce que leur glace soit à son point; retournez-les légérement du côté du lard; dressez-les sur le plat, mettez dans la casserole une cuillerée à dégraisser d'espagnole; détachez bien la glace, saucez-en vos ris de veau, et servez.

Hatelet de Ris de Veau.

Marquez des gorges de ris de veau sans être piquées, comme les ris énoncés aux articles précédens; lorsqu'ils seront presque cuits, retirez-les de leur fond et laissez-les se refroidir; coupez-les par tranches d'un demi-pouce d'épaisseur; coupez de même grosseur une langue de veau fourrée, des truffes, que vous passerez dans le beurre, du petit lard cuit dans la marmite; vous aurez une sauce aux hatelets (voyez *Sauce aux Hatelets*, à son article); quand elle sera bien chaude, vous y mettrez tous vos morceaux que vous mêlerez bien, et déposant le tout sur un plat, vous le laisserez refroidir; ensuite enfilez ces morceaux l'un après l'autre, et par le milieu, en les entremêlant; cela fait, parez ces hatelets sur les quatre faces, afin qu'ils soient parfaitement carrés; garnissez-les du reste de votre sauce en remplissant les vides des morceaux qui peuvent ne pas être égaux; ensuite passez-les à la mie de pain, en tenant des deux mains les bouts de votre hatelet; trempez-le dans une petite omelette; repanez-le et rendez-le bien carré; lorsque vous voudrez servir vos hatelets, mettez-les sur un gril propre, à un feu doux, afin qu'ils aient le temps d'être atteints sans prendre trop de couleur; grillez-les sur les quatre faces; qu'ils soient d'une belle couleur, et servez.

Ris de Veau en caisse.

Faites cuire des gorges de ris de veau; coupez-les par tranches, passez-les dans des fines herbes, telles que du persil, ciboules et champignons hachés très-fin, un morceau de beurre, sel et gros poivre; faites-les mijoter; vous aurez une caisse, ronde ou carrée, que vous huilerez en dehors; mettez dans le fond de cette caisse l'épaisseur d'un travers de doigt de farce cuite (voyez *Farce cuite*, à son article [Tome II]); mettez votre caisse sur un gril ou sur un couvercle de tourtière, afin que votre farce puisse cuire sans brûler; il faut que cette caisse prenne une teinte jaune; mettez-y vos ris de veau et vos fines herbes; saucez-les avec une bonne espagnole réduite, un jus de citron, et servez.

Ris de Veau à l'Anglaise.

Préparez et faites cuire ces ris comme les précédens; mettez dans une casserole du beurre gros comme un œuf; faites-le fondre sans trop le chauffer; délayez-y deux jaunes d'œufs; assaisonnez votre beurre d'un peu de sel; dressez vos ris de veau sur une tourtière, dorez-les avec votre beurre et vos jaunes bien mêlés; panez-les avec de la mie de pain, dans laquelle vous aurez mis un peu de Parmesan râpé; arrosez-les avec ce beurre, en vous servant de ciboules fendues en forme de pinceau; mettez ces ris au four, ou sous un four de campagne, pour leur faire prendre une belle couleur dorée; dressez-les sur le plat, saucez-les avec une bonne italienne blanche, et servez.

Vous pouvez servir panée la moitié de ces ris, et l'autre moitié piquée et glacée.

Petit Aspic de Ris de Veau.

Faites cuire ces ris un peu plus que ceux pour hatelets; coupez-les de même; enfilez-les dans des petits hatelets d'argent; parez-les sur les quatre faces, tel que les ris de veau en hatelets; entremêlez-les de truffes, si vous le voulez; ayez des moules de fer-blanc ou de cuivre, étamés, plus longs et un peu plus larges que la surface de vos hatelets de ris de veau garnis; coulez dans ces moules de l'aspic tiède, de l'épaisseur de deux écus de six livres, et laissez-le prendre; vous pouvez faire sur cet aspic le dessin que vous jugerez à propos, soit avec des truffes, des cornichons, des blancs d'œufs durcis, des filets d'anchois et des feuilles d'estragon blanchies; lorsque vous aurez fait vos dessins, posez vos hatelets, garnis de ris de veau, légérement dessus et bien au milieu; ensuite coulez-y de nouveau avec une cuiller à bouche de l'aspic presque froid sur les côtés et le milieu, afin de remplir parfaitement vos moules; laissez-les prendre ainsi, ou mettez-les à la glace, si le cas l'exige; au moment de servir, trempez légérement ces moules dans de l'eau chaude jusqu'au bord; retournez-les sur un couvercle; faites-les glisser sur leur plat; n'ôtez leur moule que quand vos petits aspics sont arrangés sur ce plat, et mettez-les au frais jusqu'à ce que vous serviez.

Si vous n'aviez point d'aspic, vous fonceriez davantage la casserole de vos ris de veau, et vous en clarifieriez le fond, duquel vous feriez votre aspic. (Voyez *Grand Aspic*, à son article.)

Ris de Veau à la Poulette.

Faites cuire ces ris comme il est énoncé ci-dessus; mettez dans une casserole du velouté ce que vous jugerez à propos; coupez vos ris par tranches; vous aurez eu soin de ne pas les laisser trop cuire; mettez-les dans votre velouté avec des champignons, que vous aurez fait cuire (voyez *Sauce aux Champignons*, à son article); laissez réduire votre ragoût à son degré, et liez-le avec deux ou trois jaunes d'œufs (voyez *Liaison*, et *la Manière de lier*, à leurs articles[2]); mettez-y du persil haché et blanchi, si vous le voulez, un demi-pain de beurre, un jus de citron, et servez.

Queues de Veaux aux petits Pois.

Ayez plusieurs queues de veaux, coupez-les par jointures, comme il est indiqué à l'article *Queues de Bœuf*; faites un petit roux (voyez *Roux*, à son article); quand il sera d'une belle couleur, mettez-y vos queues de veau, ayant soin de les retourner pour les faire revenir; ayez l'attention que le feu ne soit pas trop vif, de crainte de brûler votre roux; quand vous les jugerez suffisamment revenues, mouillez le tout avec du bouillon, ou de l'eau, faute de bouillon; faites que votre sauce ne soit pas trop épaisse; assaisonnez-la de sel, d'un bouquet de persil et de ciboules, d'un ou deux oignons, d'un clou de girofle et d'une feuille de laurier; laissez mijoter, jusqu'à ce que vos queues soient à moitié cuites; ôtez-en l'oignon où est le clou de girofle; mettez-y des pois en suffisante quantité pour votre ragoût; laissez-le mijoter jusqu'à ce que vos pois soient cuits; ôtez le bouquet de persil et de ciboules en l'exprimant; remuez votre ragoût, faites-le bouillir, dégraissez-le; qu'il soit d'un bon sel et servez.

Queues de Veaux à la Poulette.

Prenez ce que vous jugerez à propos de queues de veaux; coupez-les comme à l'article précédent; faites-les dégorger dans de l'eau tiède; quand elles le seront, faites-les blanchir; égouttez-les; mettez dans une casserole un morceau de beurre, vos queues de veaux, un bouquet de persil, de ciboules; assaisonnez d'une demi-gousse d'ail, d'une feuille de laurier; joignez à cela quelques oignons. Passez le tout sur un feu doux, sans laisser roussir votre beurre; singez d'un peu de farine; remuez vos viandes, mouillez-les avec autant de bouillon qu'il en faut; mettez dans ce ragoût du sel et du gros poivre; faites-le cuire; ayez soin de le remuer souvent, afin qu'il ne s'attache pas; retirez-en les oignons et le bouquet en l'exprimant; liez-le (voyez l'article *Liaison* et *la Manière de lier*[2]); mettez-y un peu de persil haché et blanchi, un filet de vinaigre ou le jus d'un citron, et servez.

Amourettes de Veau.

Ce qu'on appelle amourettes est tout simplement la moelle alongée des quadrupèdes. Celles de veau sont préférées pour leur délicatesse. On emploie celles de bœuf, de mouton, comme on pourrait employer toutes celles des animaux à quatre pieds. Voici la manière de les approprier et de les accommoder:

Ayez des amourettes; mettez-les dans de l'eau; ôtez-en les membranes qui les enveloppent; changez-les d'eau, laissez-les dégorger; coupez-les par morceaux d'égale longueur, autant que possible; faites-les blanchir comme les cervelles de veau; quand elles le seront, mettez-les dans une marinade (voyez *Marinade*, à son article); lorsque vous voudrez vous en servir, égouttez-les, mettez-les dans une légère pâte à frire; faites-les frire; qu'elles soient d'une belle couleur, dressez-les et servez.

Nota. On se sert aussi des amourettes en place de pâte pour faire des timbales; on fonce une casserole de bardes de lard, on met dedans ses amourettes comme on fonce une timbale avec de la pâte, je veux dire, les arranger tout autour les uns sur les autres, en sorte qu'elles forment un puits dans lequel on met et des lames de rouelles de veau bien jointes les unes contre les autres, afin de contenir les amourettes dans leur position, et de la farce cuite (voyez *Farce cuite*, à son article [Tome II]), dont on fait un contre-mur, et de laquelle on garnit le fond; mettez dans ce puits un salpicon bien réduit de ce que vous jugerez convenable; couvrez-le de farce, soudez bien le tout, pour que la sauce du salpicon ne s'échappe pas; mettez cette timbale dans un four doux ou sur la paillasse, avec un feu modéré dessous et dessus; faites-la cuire trois heures; renversez-la, ôtez-en les bardes; versez autour une bonne italienne rousse et servez.

Quartier de Veau de derrière.

Si vous avez besoin d'une longe, vous la couperez à trois doigts plus bas que la hanche; vous roulerez le flanchet; vous l'assujettirez avec des petits hatelets, afin que votre longe soit bien carrée, et qu'elle n'ait pas l'air plus épaisse d'un côté que d'un autre; pour réussir à cela, supprimez une partie des os de l'échine qui avoisinent le rognon: cela fait, couchez sur le fer votre longe, c'est-à-dire, embrochez-la et assujettissez-la avec un grand hatelet que vous attacherez fortement des deux bouts sur la broche; enveloppez cette longe de plusieurs feuilles de papier que vous beurrerez en dessus, de crainte qu'elles ne brûlent; il faut deux heures et demie ou trois heures pour la cuire: cela dépend de la quantité de feu et de l'épaisseur de la pièce.

Cuissot de Veau, et les manières d'en tirer parti.

Ayez un cuissot de veau; commencez par en lever la noix. On appelle noix la chair qui se trouve en dedans de la cuisse, et qui en est la partie la plus grasse et la plus tendre. Vous parviendrez à la lever en passant le bout de votre couteau le long du quasi, à l'endroit où la chair est découverte, et vous irez jusqu'à ce que vous trouviez une séparation des chairs: vous la suivrez jusqu'à l'os proche le genou, et vous continuerez de glisser votre couteau sur l'os pour lever votre noix bien entière; ensuite levez la sous-noix qui est la plus voisine. Il y a une autre noix qu'on appelle la noix du pâtissier, laquelle se trouve proche la fesse du veau et la naissance de la queue. Cette sous-noix sert ordinairement à faire le godiveau et les farces cuites. Levez votre quasi, coupez le jarret dans le genoux et le bout de la crosse. Ils vous serviront pour vos consommés; la noix pour vous faire une entrée, la sous-noix pour faire votre farce cuite, et la noix du pâtissier pour faire votre godiveau, ou, si vous l'aimez mieux, pour tirer un peu de velouté; ce qu'on appelle sauce tournée; le quasi, l'os et les chairs qui restent après, vous pouvez en tirer une espagnole.

Noix de Veau à la Bourgeoise.

Prenez une noix de veau, celle d'un veau femelle, s'il vous est possible; conservez la panoufle dans tout son entier; mettez-la entre deux linges blancs, battez-la avec le plat du couperet; cela fait, lardez-la dans l'épaisseur des chairs et de toute leur longueur, sans endommager la panoufle; assaisonnez vos lardons comme je l'ai indiqué (voyez les articles *Noix de Bœuf*, et *Culotte à l'écarlate*); foncez une casserole de quelques parures ou débris de veau, posez votre noix dessus; mettez deux ou trois oignons autour, quelques carottes tournées, un bouquet de persil et ciboules; mouillez-la avec un bon verre de consommé ou du bouillon; couvrez-la d'un fort papier beurré et faites-la partir; une fois en train, couvrez-la, mettez-la sur la paillasse, avec feu dessous et dessus; laissez-la cuire près d'une heure et demie ou deux heures; le temps de sa cuisson dépend et de sa qualité et de sa grosseur: sa cuisson terminée, égouttez-la, passez son fond, faites-le réduire à glace; glacez votre noix; mettez deux cuillerées à dégraisser d'espagnole dans le reste de cette glace; détachez bien le tout, dégraissez-le, finissez-le avec la moitié d'un pain de beurre et saucez.

Si vous n'aviez point d'espagnole, vous feriez un petit roux, vous le mettriez, votre noix étant glacée, dans le reste de sa glace; mêlez bien le tout, mouillez-le avec un quart de verre de vin blanc, un verre de bouillon; faites-le réduire, dégraissez et finissez-le comme ci-dessus.

Cette noix peut se servir sur de la chicorée, de l'oseille, des épinards, de la purée d'oignons, sur des petites racines tournées et des montans de cardes.

Noix de Veau en Bedeau.

Ayez une noix de veau; prenez de préférence d'un veau femelle; conservez la panoufle ou tetine: battez-la entre deux linges et parez-la sur la partie découverte; piquez-la de gros lard sur le dessous et le dessus d'une deuxième; marquez-la et assaisonnez-la comme la précédente; couvrez la panoufle d'une barde de lard, afin qu'elle ne prenne point de couleur: faites-la cuire comme il est dit plus haut, avec feu dessous et dessus; glacez-la, servez-la sur de la chicorée, de l'oseille, ou des concombres, soit au jus, soit à la béchamelle.

Noix de Veau piquée.

Prenez une noix de veau; battez-la, posez-la sur la table; levez-en la panoufle comme si vous leviez une barde de lard; retournez-la et parez-la en faisant glisser votre couteau pour la rendre bien unie: cela fait, piquez-la toute entière; marquez-la dans une casserole, comme la précédente: mettez vos oignons sous votre noix, pour lui donner une forme bombée; mouillez-la avec du consommé ou du bouillon, de façon que le lard de cette noix ne trempe point dans le mouillement; glacez-la et servez-la sur une espagnole réduite ou sur de la chicorée.

Grenadins de Veau.

Ayez une noix de veau, battez-la comme il est déjà dit plus haut; coupez-la en deux, comme si vous leviez une bardière de lard; après, rebattez légérement les deux morceaux, afin de les aplatir un peu; faites de chaque partie trois ou quatre morceaux, ayant soin de les couper en losanges alongés; arrondissez parfaitement un de ces morceaux; piquez-les tous avec soin, et que votre lard soit bien égal: cela fait, foncez une casserole avec vos rognures de veau, deux carottes et des oignons coupés en deux; mettez-en la moitié sous chacun de vos grenadins, à la partie la plus large, pour la faire tomber, et de même au morceau que vous avez arrondi, observez, en les posant, qu'ils ne se touchent pas; assaisonnez-les d'un bouquet de persil et de ciboules, d'une feuille de laurier et d'un clou de girofle; mouillez-les avec du consommé ou du bouillon, de manière que le lard ne trempe point; couvrez-les d'un papier beurré; faites-les partir sur un bon feu; de là, posez-les sur un feu doux; mettez sur leur couvercle un feu un peu ardent, afin qu'ils prennent une couleur dorée; laissez-les cuire une heure; leur cuisson faite, égouttez-les, glacez-les; mettez-les sur une purée, soit de champignons, d'oseille, de chicorée, ou toute autre: observez, en dressant ces grenadins, que les pointes soient au centre du plat, comme pour en faire une *rosasse*; posez le grenadin qui est en rond sur les pointes des autres, et servez.

Manchons à la Gérard.

Ayez une noix de veau; levez-en la panoufle comme aux précédentes; battez-la de même; séparez-la dans sa longueur en quatre ou cinq morceaux, de l'épaisseur d'un demi-pouce au plus; coupez ces morceaux en carrés longs: battez-les avec le plat du couperet; après rebattez-les avec le dos de la lame de votre couteau, que les coups soient très-près les uns des autres, à différens sens, afin de rompre les fibres des viandes; mettez dans trois de ces morceaux de la farce de quenelle, où vous n'aurez point mis trop de blancs d'œufs fouettés. Roulez-les, en leur donnant la forme de manchons; recouvrez-les d'un lit de cette farce, de l'épaisseur de la lame de votre couteau; coupez par bandes, de la largeur de deux doigts, les deux lames de veau qui vous sont restées; piquez-les avec soin; appliquez-les aux deux bouts de chacun de vos manchons: bridez-les en dessous, ainsi que les morceaux piqués, pour qu'ils ne se détachent ni ne se déforment; hachez des truffes très-fin; sablez-en un de vos manchons jusqu'aux bordures piquées; hachez de même des pistaches pour en sabler un second; et si vous voulez, pour le troisième, hachez encore de même des amandes douces, bien émondées, et appliquez-les sur le troisième (ce qui fera trois couleurs), et garnissez le tout, en sorte qu'on ne voie point la farce: cela fait, marquez-les comme les noix de veau; foncez une casserole de bardes de lard; donnez-leur la même cuisson, à la réserve qu'il faut mettre moins de feu dessus leur couvercle; égouttez-les; débridez-les; parez-les des deux bouts; glacez les parties piquées; dressez-les sur le plat; mettez dessous une bonne espagnole réduite, ou une sauce aux truffes (voyez *Sauce aux Truffes*, à son article), et servez.

Hâtereaux.

Ayez une noix de veau; coupez-la par lames un peu plus minces que les précédentes; battez-les de même; coupez-les en plus petits morceaux, à-peu-près de la longueur de trois pouces, sur quatre de large; piquez-les avec soin dans toute leur longueur: après, posez-les sur un linge, du côté du lard; étendez dessus le côté non piqué la farce ci-après:

Prenez de la farce cuite ce qu'il vous en faut pour faire neuf hâtereaux, en incorporant dans cette farce un tiers en sus de petits foies gras, des truffes, des champignons coupés en petits dés; maniez bien le tout avec une cuiller de bois; joignez-y deux ou trois jaunes d'œufs, du sel en suffisante quantité et un peu d'épices fines; mettez de cette farce, comme il est déjà dit, sur vos hâtereaux; roulez-les, en sorte que les deux bouts de veau se joignent; embrochez-les d'un hatelet, fixez-le sur la broche; enveloppez-les de papier; arrosez-les, durant leur cuisson, avec du beurre; dressez-les, et servez dessous une italienne corsée rousse ou blanche.

Popiettes de Veau.

Prenez une partie de noix de veau, coupez-la en tranches fort minces; battez-les bien sur tous les sens, comme nous l'avons dit pour les hâtereaux; mettez dessus une farce cuite de volaille ou de veau; roulez-les, comme je l'ai indiqué pour les hâtereaux: ficelez-les, pour qu'elles ne se déforment pas; foncez une casserole de bardes de lard; mettez vos popiettes avec une petite cuillerée à pot de consommé, un bon verre de vin blanc, un bouquet de persil et ciboules, assaisonné d'un clou de girofle, d'une gousse d'ail et d'un peu de basilic; faites cuire à-peu-près trois quarts d'heure; passez le fond au travers d'un tamis de soie; mettez-y deux cuillerées à dégraisser d'espagnole; faites-le réduire, dégraissez-le; égouttez vos popiettes, glacez-les et servez.

Escalopes de Veau à la manière anglaise.

Prenez une noix de veau bien blanche et bien tendre; coupez-la par filets carrés, d'un pouce et demi en tous sens, et de ces filets faites des escalopes, c'est-à-dire, coupez-les de deux lignes d'épaisseur; ensuite aplatissez-les légérement sur une table bien propre où vous aurez mis un peu d'huile; parez chaque morceau, en lui donnant la formé d'un écu, et qu'il en ait à-peu-près l'épaisseur; vous aurez fait fondre et clarifier du beurre que vous aurez tiré au clair dans une sauteuse, ou, faute de celle-ci, dans un couvercle de marmite bien étamé; rangez-y ces escalopes, de manière qu'elles se touchent, sans être les unes sur les autres; posez-les sur un feu ordinaire; quand elles seront roidies d'un côté, retournez-les de l'autre avec la pointe de votre couteau; pour qu'elles roidissent de même, égouttez le beurre; mettez une cuillerée à dégraisser de gelée ou de bon consommé; faites aller vos escalopes à un feu plus vif: remuez-les en totalité; lorsque vous verrez qu'elles tombent à glace, retirez-les; dressez-les en cordons autour de votre plat; mettez au milieu un ragoût de godiveau, et servez (voyez *Ragoût de Godiveau*, à son article).

Filets mignons de Veau.

Ayez six filets mignons de veau piqués en trois, et décorez les trois autres, soit de truffes ou de jambon; marquez-les comme les fricandeaux; faites-les cuire de même; glacez-les, et dressez-les sur un ragoût de chicorée, d'oseille, ou d'autres ragoûts, à votre volonté.

Quartier du devant du Veau.

Dans ce quartier il y a l'épaule, le carré et les tendons: l'épaule se sert à la broche; on s'en sert aussi, étant rôtie, pour faire des blanquettes; on peut en tirer des sauces comme du cuissot; mais elle a moins de sucs nourriciers. Elle renferme des parties de chair fort délicates; elle a aussi, à la partie la plus proche du collet, une noix enveloppée de graisse, qui pour sa délicatesse est fort estimée des gourmets.

Blanquette de Veau.

Lorsque vous aurez servi une épaule de veau à la broche, et qu'il y sera resté assez de chair pour faire une blanquette, levez la chair qui reste par morceaux, que vous aplatirez avec la lame de votre couteau; parez-les; ôtez-en les peaux rissolées; émincez les filets que vous aurez levés; faites réduire du velouté, et jetez-y vos filets sans les laisser bouillir; liez votre blanquette avec autant de jaunes d'œufs qu'il en faut; mettez-y un filet de verjus ou jus de citron, un petit morceau de beurre, un peu de persil et de ciboules hachés, si vous le jugez à propos, et servez.

Tendons de Veau à la Poulette ou au Blanc.

Prenez une poitrine de veau; posez-la sur la table, du côté de la chair; prenez votre couteau, de manière que vous ayez les ongles en dehors; faites remonter votre couteau entre les tendons et les os rouges de la poitrine, en les prenant par le bout le plus mince; ensuite levez la chair qui couvre les tendons, séparez-les des côtes; posez vos tendons sur la table, et coupez-les en forme d'huître, en inclinant votre couteau de la droite à la gauche; donnez-leur l'épaisseur de trois quarts de pouce; arrondissez-les, mettez-les dégorger; faites-les blanchir et rafraîchissez-les; foncez une casserole de bardes de lard; mettez dans le fond quelques parures de veau; posez dessus vos tendons; joignez-y un bouquet assaisonné, quelques tranches de citron, trois ou quatre carottes tournées et autant d'oignons; mouillez-les avec du consommé ou du bouillon; faites-les partir, et mettez-les mijoter sur la paillasse deux ou trois heures; avant de les retirer, sondez-les avec la pointe du couteau; si elle entre sans effort, retirez-les du feu, égouttez-les et servez-vous-en de toutes les manières.

Tendons de Veau en Queue de Paon.

Otez les os rouges, comme je l'ai indiqué aux tendons ci-dessus; retournez votre poitrine, de manière que les côtes se trouvent sur la table; mettez un linge blanc sur cette poitrine; aplatissez-la avec le plat du couperet: cela fait, coupez-la par morceaux de trois à quatre doigts de largeur; arrondissez-en avec votre couteau le gros bout, et diminuez-en la partie opposée, de manière à en former un cœur alongé, qu'on appelle queue de paon. Détachez la chair du côté des os; rognez l'os, de manière que la chair dépasse; faites-les dégorger et blanchir; marquez-les comme les tendons ci-dessus, avec cette différence que vous n'y mettrez pas de tranches de citron; la cuisson est à-peu-près la même: si vous n'aviez point de sauce pour les accommoder, passez leur fond au travers d'un tamis de soie; faites-le réduire à glace, et glacez-les: mettez dans le reste de votre glace un petit morceau de roux (voyez *Roux*, à son article); faites-le fondre, en le délayant avec votre glace; mouillez-le avec du consommé ou du bouillon et le quart d'un verre de vin blanc; ajoutez-y dix parures de champignons ou de truffes; faites bouillir cette sauce, dégraissez-la et tordez-la dans une étamine; faites-la réduire de nouveau à consistance de sauce; goûtez si elle est d'un bon goût; finissez-la en la passant et la vannant avec un petit morceau de beurre, et saucez-en vos tendons: vous pouvez la servir avec des petits oignons, des pointes d'asperges, ou un ragoût de champignons. (Voyez l'article *Ragoûts*.)

Casserole au Riz.

Prenez deux livres de riz, plus ou moins, selon la grandeur du plat que vous devez servir; épluchez-le, lavez-le, faites-le blanchir; mettez-le dans une casserole, mouillez-le avec du derrière de la marmite; observez qu'on doit peu le mouiller et qu'on doit le faire aller très-doucement; remuez-le souvent, et de manière à ne point le rompre; faites en sorte qu'il soit bien nourri, c'est-à-dire qu'il soit gras; salez-le convenablement; sa cuisson achevée, faites un bouchon de mie de pain de la grandeur du fond de votre plat; dressez tout autour votre riz comme vous feriez pour un pâté; soudez-le bien sur le plat; couvrez votre mie de pain d'une barde de lard; étendez de votre riz sur un couvercle que vous aurez beurré pour en couvrir votre casserole; faites-le glisser sur votre pain et soudez le premier placé; donnez au tout une forme agréable; marquez le couvercle de votre casserole pour pouvoir l'enlever facilement; quand il sera cuit, mettez-le dans un four très-chaud; donnez-lui une belle couleur lorsque vous serez près de servir; levez votre couvercle avec soin; mettez-le sur un couvercle de casserole; videz votre casserole au riz, remplissez-la d'un ragoût tel que vous jugerez à propos; remettez-lui son couvercle et servez.

Tendons de Veau en Macédoine.

Préparez ces tendons comme ceux énoncés ci-dessus, soit en huître, soit en queue de paon; leur cuisson faite, préparez la Macédoine, comme il est indiqué à son article.

Tendons de Veau panés et grillés.

Lorsque vos tendons seront cuits, comme il est dit ci-dessus, panez, soit à l'anglaise, soit à une panure ordinaire; faites-leur prendre une belle couleur, et mettez dessous, soit une sauce poivrade, soit une sauce au pauvre homme, ou une italienne.

Tendons de Veau en Mayonnaise.

Lorsque vos tendons seront bien cuits, faites-les refroidir; parez-les de nouveau, dressez-les en cordons autour de votre plat; mettez autour une bordure de petits oignons que vous aurez fait blanchir et cuire dans du bouillon ou du consommé, et de cornichons tournés en petits oignons, en les entremêlant; ne les arrangez autour du plat que quand vous aurez masqué vos tendons avec votre mayonnaise, et servez. (Voyez *Sauce Mayonnaise*.)

Tendons de Veau en Matelote.

Quand vos tendons seront cuits, comme il est énoncé aux articles précédens, ayez trente petits oignons tous égaux et bien épluchés; mettez-les dans une casserole avec un morceau de beurre et faites-les roussir; lorsqu'ils le seront, retirez-les, et dans le beurre restant mettez une pincée de farine, faites un petit roux; quand il sera d'une belle couleur, mouillez-le avec un demi-verre de vin blanc, et le fond dans lequel auront cuits vos tendons; s'il ne suffisait pas, joignez-y du bouillon ce qu'il en faut pour le mettre à consistance de sauce; de là faites-la bouillir, dégraissez-la et tordez-la dans une étamine au-dessus d'une casserole; remettez de suite cette sauce sur le feu avec un bouquet de persil et ciboules, dans lequel vous aurez mis un clou de girofle, une demi-feuille de laurier et la moitié d'une gousse d'ail; ajoutez à cela une trentaine de champignons tournés, du sel et du poivre ce qu'il en faut, et un peu d'épices fines; faites réduire votre sauce; ôtez-en le bouquet en l'exprimant; finissez-la avec gros comme une noix de beurre d'anchois, et servez.

Tendons de Veau à la Ravigote.

Préparez vos tendons comme ceux coupés en huîtres, dont il est parlé ci-dessus; leur cuisson faite, mettez-les refroidir et parez-les; vous aurez fait un bord de plat avec du beurre que vous décorerez à votre fantaisie; dressez vos tendons en cordon sur votre plat, et masquez-les avec une ravigote froide (voyez *Ravigote froide*, à son article). Si vous serviez vos tendons à la ravigote chaude, vous feriez un bord de plat avec des croûtons.

Tendons de Veau à la Marinade.

Faites bien cuire vos tendons; après mettez-les dans une marinade (voyez *Marinade*, à son article); faites-leur jeter un bouillon; laissez-les refroidir; égouttez-les un demi-quart d'heure; avant de vous en servir, trempez-les dans une légère pâte à frire, couchez-les dans la friture l'un après l'autre, ayant soin de les égoutter pour qu'ils aient une forme agréable; faites-leur prendre une belle couleur; retirez-les alors de la friture; égouttez-les sur un linge blanc; faites frire une pincée de persil, dressez vos tendons, mettez dessus votre persil et servez.

Tendons de Veau à la Villeroy.

Préparez vos tendons comme ils sont indiqués à la poulette; forcez-les d'un peu plus de liaison et de citron; laissez-les refroidir; garnissez-les bien de leur sauce, panez-les, trempez-les dans une omelette; panez-les une seconde fois, faites-les frire; dressez-les, mettant dessus ou dessous une pincée de persil frit, et servez.

Côtelettes de Veau.

Ayez un carré de veau bien blanc; coupez-le par côtes de même grosseur; ôtez-leur l'os de l'échine; à cet effet, coupez dans la jointure à la jonction de la côte avec l'échine; parez le filet de la côtelette; ôtez-en les nerfs; et aplatissez légérement avec le plat du couperet, après en avoir ôté les peaux, en prenant bien garde d'altérer ce filet; arrondissez votre côtelette; supprimez une partie de la chair du haut en découvrant le bout de la côte; grattez l'os avec le dos de votre couteau, en sorte qu'il n'y reste aucune chair; recoupez le bout de l'os, de façon qu'étant cuit, il ne soit pas trop long, et que votre côtelette ait de la grâce; vous pourrez vous en servir, soit au naturel, soit pour les faire piquer, ou de toute autre manière.

Côtelettes piquées.

Lorsque vous aurez paré vos côtelettes, comme il est dit ci-dessus, et que vous aurez conservé la panuffe, liez cette panuffe et l'os de la côtelette, afin qu'elle ne se détache point; piquez vos côtelettes d'une deuxième, comme je l'ai indiqué à l'article *Noix de Veau*; foncez une casserole des parures de vos côtelettes; joignez deux oignons, trois ou quatre morceaux de carottes et un bouquet assaisonné, tel qu'il est indiqué plusieurs fois; mouillez-les avec du bouillon, du consommé ou de l'eau; si vous employez de l'eau, mettez un peu de sel; couvrez vos côtelettes d'un rond de papier beurré, et faites-les cuire comme il est indiqué à l'article *Grenadins*; vos côtelettes cuites, égouttez-les; faites-en réduire le fond à glace et servez-vous-en pour les glacer, surtout si vous n'avez point de glace: vous pouvez servir ces côtelettes sur de l'oseille, de la chicorée, des concombres, des petits pois, une sauce tomate, une purée de champignons, ou avec une bonne espagnole réduite, etc.

Côtelettes de Veau à la Chingara.

Prenez six ou sept côtelettes de veau parées, comme je l'ai dit ci-dessus, en leur donnant un peu plus d'épaisseur; lardez-les de moyens lardons et de jambon entremêlé; marquez-les comme celles énoncées plus haut, et faites-les cuire de même; lorsqu'elles seront cuites, laissez-les refroidir; parez-les, c'est-à-dire, supprimez les bouts de lardons, etc., qui dépassent la chair; passez le fond de vos côtelettes, faites-le réduire jusqu'à glace, et remettez vos côtelettes pour les glacer; ayez une langue de bœuf fumée ou à l'écarlate, coupez-la en lames, de l'épaisseur de trois lignes et de la forme de vos côtelettes; faites chauffer ces lames dans du bouillon; glacez-les avec le restant de la glace de vos côtelettes; dressez-les sur le plat en cordons et en les entremêlant d'une sauce de langue; mettez deux cuillerées à dégraisser d'espagnole dans le fond de votre glace; faites-la détacher, finissez-la avec un demi-pain de beurre, et servez.

Vous pourrez aussi hacher le reste de la langue à l'écarlate, ainsi que les parures, et les mettre dans cette sauce, qu'il ne faut point laisser bouillir dans ce dernier cas; mettez-y un peu plus de beurre pour la rendre moelleuse; de suite versez-la dans le puits de vos côtelettes, et servez.

Côtelettes de Veau sautées.

Prenez sept côtelettes de veau, parez-les comme ci-dessus et aplatissez-les davantage; ensuite faites fondre à-peu-près un quarteron de beurre dans une sauteuse, trempez dans ce beurre vos côtelettes des deux côtés, et rangez-les, de manière qu'elles ne soient point les unes sur les autres; faites-les partir sur un feu moyen et retournez-les souvent; lorsqu'elles auront atteint les trois quarts de leur cuisson, égouttez-en le beurre et mettez dans vos côtelettes gros de glace comme deux fois le pouce, une cuillerée à dégraisser de bouillon, et menez-les à grand feu; ayez soin de les retourner souvent, de les appuyer sur le fond de la sauteuse, afin qu'elles se pénètrent bien de la glace; lorsqu'elles seront cuites et qu'elles seront bien glacées, dressez-les sur le plat comme les précédentes; remettez un peu de consommé dans le fond de votre sauteuse pour en détacher toute la glace; quand votre consommé sera réduit, mettez-y un demi-pain de beurre et le jus d'un citron; liez le tout sans le laisser bouillir, en agitant votre sauteuse; arrosez-en vos côtelettes, et servez.

Côtelettes de Veau au Jambon.

Préparez sept côtelettes comme les précédentes, et faites-les cuire de même; lorsque vous les servirez, mettez entre elles des lames de noix de jambon, comme l'on met des lames de langue à l'écarlate entre les côtelettes à la chingara ou jambon.

Côtelettes de Veau au Naturel.

Prenez, autant qu'il vous en faut, de ces côtelettes; parez et aplatissez-les comme celles ci-dessus; saupoudrez-les d'un peu de sel, trempez-les dans du beurre fondu et mettez-les sur le gril; ayez soin de les retourner; arrosez-les du reste de leur beurre durant leur cuisson, pour qu'elles soient d'une belle couleur; vous pourrez vous assurer qu'elles sont cuites si, en appuyant le doigt dessus, elles sont fermes; alors dressez-les, saucez-les avec un bon jus de bœuf réduit ou une sauce au pauvre homme, et servez.

Côtelettes de Veau panées.

Elles se préparent de même que celles énoncées plus haut, sinon qu'après les avoir trempées dans le beurre, on les pane et qu'elles exigent un feu plus doux.

Côtelettes de Veau en papillotes.

Prenez ce qu'il vous faut de ces côtelettes; faites-les revenir dans le beurre, mettez-y persil, champignons et ciboules hachés (un tiers de chaque), un peu de lard râpé, avec sel, poivre et épices fines; laissez mijoter le tout; quand ces côtelettes seront cuites, retirez-les des fines herbes, et mettez dans ces fines herbes une cuillerée ou deux à dégraisser d'espagnole ou du velouté, selon la quantité de côtelettes que vous avez; laissez réduire votre sauce, en sorte que l'humidité en soit évaporée; goûtez si vos fines herbes sont d'un bon goût; liez-les avec des jaunes d'œufs, selon la quantité de la sauce; laissez-la refroidir ainsi que vos côtelettes; coupez votre papier de la forme d'un petit cerf-volant, huilez-le dans l'endroit où votre côtelette doit poser; mettez sur le papier des petites bardes de lard très-minces; mettez la moitié d'une cuillerée à bouche de fines herbes sur le lard; posez dessus votre côtelette, et couvrez-la de fines herbes et d'une petite barde; refermez votre papillote, *videlez-la*; nouez la pointe du côté de l'os avec une ficelle; huilez vos papillotes en dehors; faites-les griller, et prenez garde que le papier ne brûle; supprimez la ficelle; faites que vos côtelettes soient d'une belle couleur, et servez.

Carré de Veau à la Broche.

Prenez un carré de veau bien gras et bien blanc; ôtez le bout qui se trouve dessous l'épaule, afin que votre carré soit entièrement couvert; levez-en l'arête de l'échine dans toute sa longueur. Coupez-la avec le couperet dans les jointures des côtés, comme je l'ai dit (article *Côtelettes*): cela fait, coupez-le de toute sa longueur du côté de la poitrine, afin de le mettre bien carré; passez quelques hatelets dans le filet, et faites-leur rejoindre les côtes, afin que votre carré se soutienne: couchez-le sur fer, en passant un grand hatelet au-dessus du filet, pour l'assujettir sur la broche: liez l'hatelet fortement des deux bouts; enveloppez votre carré de papier beurré; faites-le cuire environ une heure et demie en l'arrosant avec soin; de suite ôtez-en le papier et faites-lui prendre une belle couleur; servez-le avec un bon jus de bœuf.

Carré de Veau piqué.

Prenez un beau carré de veau; ôtez-en l'os de l'échine, comme il est dit précédemment: cela fait, coupez légérement et dans toute sa longueur la peau qui couvre le filet, surtout sans l'endommager; de même levez-en le nerf ainsi que les peaux qui le couvrent encore, en faisant glisser votre couteau entre ce nerf et la chair du filet; parez-le bien et battez-le légérement; ensuite piquez-le, comme il est dit à l'article du *Ris de Veau*, et marquez-le dans une casserole, ainsi que je l'ai énoncé pour la *Noix de Veau*, à son article: sa cuisson faite, glacez-le et servez-le sur tel ragoût que vous jugerez à propos.

Petites Noix d'Épaule de Veau.

Ayez quinze petites noix d'épaule de veau; faites-les blanchir, rafraîchissez-les, parez-les, sans en supprimer la graisse qui les entoure; foncez une casserole de deux carottes, de deux oignons, quelques débris de veau, un bouquet de persil et ciboules, une demi-feuille de laurier et deux clous de girofle; posez ces noix sur ce fond, mouillez-les avec un peu de bouillon ou de consommé; couvrez-les de bardes de lard et d'un rond de papier; une heure avant de servir faites-les partir; mettez-les cuire sur la paillasse avec feu dessous et dessus: leur cuisson achevée, égouttez-les sur un couvercle; glacez-les et servez-les sur une purée de champignons (voyez *Sauce à la purée de Champignons*, à son article) ou sur toute autre purée. Si vous n'aviez point de glace, prenez le fond de ces noix et faites-le réduire à glace, en sorte qu'elle soit d'une belle couleur dorée.

Noix de Veau à la Gendarme.

Parez une noix de veau comme pour la mettre en bedeau; vous la piquez en dedans de lard et de jambon bien assaisonné; lorsqu'elle est piquée, vous la mettez dans une terrine ou plat creux; vous coupez deux oignons en tranches, persil, ciboules, laurier, ail, thym et basilic, et vous l'assaisonnez de sel, de poivre et d'huile, pour qu'elle marine bien pendant vingt-quatre heures; ensuite vous l'embrochez avec l'assaisonnement: lorsqu'elle est cuite, vous lui faites prendre couleur, et la servez avec une sauce poivrade.

MOUTON.

Du Mouton en général.

Le mouton est de tous les quadrupèdes celui dont on fait le plus de consommation. Il s'emploie dans toutes les saisons; cependant il est meilleur l'hiver que l'été; il est moins sujet à sentir la laine, et il est toujours plus gras. Il faut le choisir d'une graisse bien blanche et la chair noire. Le mâle est préférable. Lorsqu'on choisit, il faut prendre celui dont le nerf de la génération est le plus fin et le manche du gigot très-court: de plus il doit avoir le gigot bien arrondi. Différentes provinces en fournissent d'excellens. Ceux de Sologne, des Ardennes, de la Champagne, des Côtes maritimes, dites Prés-Salés, et de Beauvais, sont les meilleurs. Les flamands, qui sont beaucoup plus gros, sont moins estimés: les métis et les mérinos le sont encore moins; ils ont peu de goût, et pour l'ordinaire sont assez coriaces.

Rôt-de-Bif de Mouton à la Broche.

Prenez le derrière d'un mouton; coupez-le à la première ou seconde côte; cassez les deux os des cuisses; battez les deux gigots plusieurs fois avec le plat du couperet; faites entrer un des deux jarrets dans l'autre; rompez les côtes du côté du flanchet; roulez les deux flancs et passez un hatelet dans chaque pour donner au rosbif une belle forme; dégraissez peu les rognons; enfoncez un petit hatelet dans la moelle alongée; couchez votre rosbif sur fer; attachez bien le petit hatelet d'un bout et les deux jarrets de l'autre; passez un hatelet dans les deux noix des gigots; mettez un autre grand hatelet qui se croise sur celui qui est passé entre les deux noix; attachez-le fortement pour que le rosbif ne tourne pas; enveloppez-le tout entier de papier beurré; faites-le cuire environ une heure et demie ou deux heures, ce qui dépend du feu et de la force du mouton: sa cuisson faite, servez-le avec du jus dessous ou des haricots à la bretonne. (Voyez *Haricots à la Bretonne*, article *Ragoût.*)

Gigot de Mouton à la Broche.

Ayez un gigot de mouton bien mortifié; battez-le; embrochez-le; pour cela, passez la broche dans le jarret; traversez-le sans offenser la noix; faites-le cuire environ une heure et demie; sa cuisson faite, coupez le bout du jarret; enveloppez le bout de l'os d'un peu de papier, et servez votre gigot avec du jus ou son propre jus.

Gigot de Mouton à l'Anglaise.

Ayez un bon gigot d'une chair noire et d'une graisse blanche; coupez-en le bout du jarret et le nerf du genou; battez-le bien; farinez-le, c'est-à-dire, enduisez-en la superficie de farine; enveloppez-le dans un linge dont vous nouerez les quatre bouts: ayez une marmite ou une braisière pleine d'eau;

lorsqu'elle sera bouillante, mettez-y votre gigot avec du sel en suffisante quantité et la valeur d'une botte de navets, coupés en lames; ayez soin que votre gigot ne cesse de bouillir et retournez-le, non avec la pointe d'un couteau, de crainte de le piquer et de lui faire perdre son jus: il faut cinq quarts d'heure ou une heure et demie pour le faire cuire; durant sa cuisson retirez les navets; lorsqu'ils seront cuits, écrasez-les pour les mettre en purée; desséchez-les bien sur le feu; mettez-y un morceau de beurre, ayant soin de les remuer toujours; assaisonnez-les de sel, poivre et d'un peu de muscade râpée; mouillez-les peu à peu avec de la crême ou du lait que vous aurez fait réduire comme pour faire de la chicorée au blanc; il faut leur donner assez de consistance pour les dresser comme en pyramide; arrivés à ce degré, dressez-les de suite, égouttez votre gigot, posez-le sur le plat, masquez-le avec une sauce au beurre, sur laquelle vous sèmerez des câpres et servez-le: joignez-y et votre plat de navets et une saucière ou vous aurez mis une sauce blanche avec des câpres.

Gigot Braisé ou à la Braise.

Ayez un bon gigot comme le précédent; ôtez les os, excepté le manche; lardez-le de gros lardons assaisonnés de fines épices, de sel, de basilic en poudre, de poivre, de persil et ciboules hachés; ficelez-le et donnez-lui sa première forme: cela fait, foncez une braisière avec quelques parures de viandes de boucherie, cinq ou six oignons et autant de carottes; posez dessus votre gigot; mouillez-le avec du bon bouillon et un demi-verre d'eau-de-vie; joignez-y deux feuilles de laurier, trois clous de girofle, deux gousses d'ail et un peu de thym; faites-le partir; couvrez-le d'un papier; faites-le aller doucement avec feu dessous et dessus; il faut à-peu-près quatre à cinq heures pour qu'il soit cuit: sa cuisson faite, égouttez-le; glacez-le, et servez-le sur de la chicorée ou avec son jus, ou tous autres ragoûts qu'il vous plaira.

Gigot à la Gasconne.

Ayez un gigot comme ci-dessus; lardez-le d'une douzaine de gousses d'ail et d'une douzaine d'anchois en filets; mettez-le à la broche: sa cuisson faite, servez-le avec un ragoût d'ail préparé ainsi:

Épluchez de l'ail la valeur d'un litron; faites-le blanchir à plusieurs bouillons: quand il sera presque cuit, retirez-le; jetez-le dans de l'eau fraîche; égouttez-le; mettez dans une casserole quatre ou cinq cuillerées à dégraisser d'espagnole réduite, et deux cuillerées de jus de bœuf; jetez-y votre ail; faites-le réduire, et sous votre gigot servez-le en place de haricots.

Gigot à l'Eau.

Ayez un gigot comme le précédent; mettez-le dans une braisière remplie d'eau bouillante; assaisonnez-le de carottes, oignons, un bouquet de persil et ciboules, deux clous de girofle, du laurier, du thym, du basilic et deux gousses d'ail; faites-le cuire deux heures: sa cuisson faite, égouttez-le, glacez-le, et servez-le avec une sauce espagnole.

Gigot en Chevreuil.

Prenez un gigot mortifié; battez-le bien; levez la première peau; piquez-le comme une noix de veau; mettez-le dans un vase de terre, avec une poignée de graines de genièvre et une pincée de mélilot; versez dessus une forte marinade, dans laquelle vous aurez mis du vinaigre rouge en plus grande quantité que dans celle indiquée à l'article *Marinade*; laissez mariner votre gigot cinq ou six jours; égouttez-le, mettez-le à la broche, et servez-le avec une bonne poivrade. (Voyez *Poivrade*, à son article.)

Selle de Mouton à la Broche.

Coupez votre selle de mouton au défaut des hanches, des gigots et à la deuxième ou troisième côte; brisez les côtes comme à un rosbif de mouton; roulez-en les flancs; traversez-les avec des hatelets, pour qu'ils ne se déroulent point; couchez sur fer, comme il est indiqué au rosbif; donnez-lui environ une heure et demie de cuisson, et servez-la avec un jus clair.

Selle de Mouton parée à l'Anglaise.

Ayez une selle de mouton comme il est énoncé ci-dessus; désossez les grandes côtes; roulez les flancs; garnissez-les de quelques parures de mouton sans os; retenez-les avec des brochettes de bois au lieu d'hatelets; ficelez votre selle; foncez une braisière de quelques parures de viandes de boucherie, cinq ou six carottes, autant d'oignons, deux ou trois clous de girofle, deux feuilles de laurier, deux gousses d'ail, un peu de basilic et de thym; posez sur ce fond votre selle; mouillez-la avec du bon bouillon; faites-la partir; laissez-la cuire, avec feu dessous et dessus, trois ou quatre heures: sa cuisson faite, égouttez-la; mettez-la sur un plat-fond; ôtez-en les hatelets ou brochettes de bois; prenez quatre ou cinq jaunes d'œufs; faites fondre une demi-livre de beurre délayée avec vos jaunes d'œufs; mettez-y un peu de sel en poudre; levez la peau de votre selle dans tout son entier; dorez-la avec votre anglaise et panez-la bien également; faites fondre de nouveau un peu de beurre; arrosez-en votre selle; mettez-la au four; faites-lui prendre une belle couleur et dressez-la; pour la dresser, enlevez-la de dessus le plat-fond avec deux couvercles de casserole, un de chaque côté; posez-la sur votre plat; mettez dessous un jus clair, et servez.

Selle de Mouton à la Sainte-Menéhould.

Prenez et faites cuire cette selle comme celle dite à l'anglaise, après en avoir levé les peaux; étendez dessus une Sainte-Menéhould (voyez *Sainte-Menéhould*, à son article); ensuite panez-la avec de la mie de pain dans laquelle vous aurez mis à-peu-près la huitième partie de fromage Parmesan râpé;

arrosez votre selle avec du beurre; pour cela ayez un pinceau fait d'une queue de poireau ciselée, que vous tremperez dans le beurre, et que vous égoutterez sur votre selle; cela fait, mettez-la au four; faites-lui prendre une belle couleur, et servez-la comme la précédente.

Petites Selles de Mouton ou Carbonnades.

Coupez trois carrés de mouton, depuis la hanche jusqu'aux côtes (ce qu'on appelle le filet); de ces trois parties faites-en six morceaux égaux; donnez-leur la forme d'un cœur alongé, ce qui se nomme queue de paon; parez les filets de trois, c'est-à-dire, ôtez de ces filets la panuffe et les nerfs qui les couvrent; piquez-les, et, joints avec les autres morceaux, marquez-les comme la selle de mouton dite Sainte-Menéhould; faites-les cuire; leur cuisson achevée, égouttez-les sur un couvercle; levez la peau des trois non piqués, et celle qui reste des trois autres; passez au-dessus une pelle rouge, afin de les sécher un peu; glacez-les tous, et servez-les sous un ragoût de petites racines, ou sur de la chicorée, de la purée d'oseille, ou une sauce tomate, etc.

Rouchis de Mouton.

Prenez un quartier de mouton de devant; commencez par désosser la poitrine et les os des côtes, sans altérer les entre-côtes; ce que vous exécuterez en glissant la pointe de votre couteau le long des côtes; cela fait, levez les côtes du côté de la poitrine, et désossez-les jusqu'à l'échine que vous supprimerez, ainsi que le collet, de manière qu'il ne reste que les os de l'épaule; passez quelques hatelets dans le filet pour lui donner du soutien et la forme convenable; embrochez votre rouchis comme une épaule de mouton; emballez-la; donnez-lui trois quarts d'heure ou une heure de cuisson, et servez-la sur des haricots à la bretonne ou sur un ragoût de céleri. (Voyez *Ragoût de Céleri*, à son article.)

Épaule de Mouton en Ballon.

Levez une épaule de mouton large, et sans gâter votre carré; désossez-la entièrement; coupez de grands lardons; assaisonnez-les de sel, poivre, épices fines, persil et ciboules hachés, et d'aromates passés au tamis; roulez bien vos lardons dans cet assaisonnement, lardez les chairs de votre épaule sans en percer la peau; cela fait, passez avec une aiguille à brider une ficelle tout autour de la peau de cette épaule, comme si vous faisiez un bouton d'étoffe; donnez-lui la forme ronde d'un ballon; foncez une casserole avec des carottes, des oignons, une feuille de laurier, du thym, du basilic, et les os de cette épaule que vous aurez cassés; posez-la sur ce fond du côté de la ficelle; mouillez-la de bouillon; couvrez-la de quelques bardes de lard et d'un rond de papier; faites-la partir; mettez-la cuire deux ou trois heures sur la paillasse, avec feu dessous et dessus, ou dessous un fourneau; sa cuisson faite, égouttez-la; glacez-la: si vous n'aviez pas de glace, passez son fond au tamis; faites-le réduire à glace, et servez-vous-en; mettez sous cette épaule, soit une purée d'oseille, une chicorée blanche ou au jus, un ragoût de petites racines, ou de l'espagnole que vous aurez jetée d'abord dans le fond de votre glace, et servez.

Côtelettes de Mouton au Naturel.

Ayez un carré de mouton; coupez vos côtelettes d'égale grosseur, de deux côtes en deux côtes, et supprimez-en une, si ce carré est fort; coupez vos côtelettes de côte en côte; séparez-les avec le couperet; ôtez l'os de l'échine de chaque côtelette; posez votre côtelette sur la table, et du côté du filet, levez-en la peau et le nerf qui la couvrent; aplatissez légérement votre côtelette avec le plat du couperet; parez-la de nouveau; grattez le dedans de la côte avec le dos du couteau; coupez le bout de l'os, de la longueur de trois pouces, plus ou moins, ce qui dépend de la grosseur du mouton; supprimez les chairs de la pointe de l'os, et ratissez-le à-peu-près d'un demi-pouce; de là mettez fondre du beurre; trempez-y vos côtelettes et mettez-les sur le gril; faites-les cuire, ayant soin de les tourner plusieurs fois, pour que le jus ne se perde point, et servez-les avec un jus clair.

Côtelettes de Mouton panées.

Préparez-les comme les précédentes; panez-les au beurre; faites-les griller avec soin, et servez-les sans jus.

Côtelettes de Mouton à la Minute.

Coupez et parez douze côtelettes comme les précédentes; mettez-les dans une sauteuse avec du beurre fondu; posez votre sauteuse sur le fourneau; faites cuire vos côtelettes en les retournant souvent; il vous sera facile de juger si elles sont cuites, et cela quand elles commenceront à être fermes sous le doigt; alors égouttez le beurre qui est dans votre sauteuse, et en place, mettez gros comme le pouce de glace ou réduction de veau, une cuillerée à dégraisser de bouillon ou de consommé; remuez bien vos côtelettes les unes après les autres et en les retournant; faites en sorte qu'elles soient bien imprégnées de leur réduction; lorsqu'elles seront bien glacées, dressez-les en cordon autour de votre plat; versez dans votre sauteuse une seconde cuillerée de consommé, pour en détacher parfaitement la glace; mettez gros comme une noix d'excellent beurre; liez le tout en agitant cette sauteuse, arrosez-en vos côtelettes et servez.

Côtelettes de Mouton à la Jardinière.

Préparez ces côtelettes comme celles dites à la minute; dressez-les de même; faites un ragoût de toutes sortes de légumes tournés, telles que de petites carottes, de petits navets et de champignons; joignez-y des haricots et des petits pois verts; le tout cuit dans du consommé (il faut que ces haricots et ces pois soient très-verts); mettez dans une casserole trois ou quatre cuillerées à dégraisser d'espagnole; jetez-y vos légumes; faites mijoter et réduire votre ragoût; dégraissez-le; finissez-le avec un petit morceau de beurre et une pincée de sucre en poudre; mettez ce ragoût dans le puits de vos côtelettes et dessus un beau morceau de chou-fleur bien blanc.

Côtelettes de Mouton à la Chicorée.

Préparez ces côtelettes de même que celles à la minute; dressez-les de même; mettez dans le puits une bonne chicorée réduite, soit au blanc, soit au roux.

Côtelettes de Mouton à la Soubise.

Coupez vos côtelettes à deux côtes le moins; parez-les, aplatissez-les légérement; lardez-les de moyen lard et de jambon, autant de l'un que de l'autre; foncez une casserole des parures de ces côtelettes; ajoutez-y trois ou quatre oignons, un couple de carottes, un bouquet de persil et de ciboules bien assaisonné; rangez vos côtelettes dessus, mouillez-les avec du consommé, de manière qu'elles trempent presque entièrement; couvrez-les de bardes de lard, et d'un fort papier beurré par-dessus; faites-les partir; couvrez votre casserole; mettez-la sur la paillasse avec feu dessous et dessus; lorsqu'elles seront cuites, égouttez-les, laissez-les refroidir; parez-les de nouveau en égalisant la superficie des chairs et supprimant les lardons qui les outre-passent, tant de jambon que de lard; passez le fond de votre cuisson au travers d'un tamis de soie; faites-le réduire presqu'à consistance de glace; remettez vos côtelettes dans ce fond; retournez-les pour les glacer des deux côtés; ensuite dressez-les en cordon; versez dans le puits une bonne purée d'oignons au blanc (voyez *Purée d'Oignons*, à son article); de plus faites autour de vos côtelettes une bordure de petits oignons égaux, que vous aurez fait blanchir et cuire dans du consommé; il faut que ces oignons soient posés sur votre plat, de manière à ce que vous puissiez planter dans la queue une petite branche de persil cru, et servez.

Carrés de Mouton à la Servante.

Prenez deux carrés de mouton; supprimez-en l'échine, parez-en les filets; piquez-les comme il est indiqué aux *Carbonnades* (voyez cet article), un de lard et l'autre de persil vert en branche; passez un hatelet au travers; posez-les sur la broche et faites-les cuire une demi-heure ou trois quarts d'heure, ayant soin de les arroser: leur cuisson faite, dressez-les sur le plat, les filets en dehors, et servez-les avec un jus clair dessous.

Carré de Mouton en Fricandeau.

Prenez un carré de mouton; parez-le et piquez-le de lard fin, tel que celui dit à la servante; foncez une casserole des débris de votre carré et de quelques parures de viandes de boucherie; posez votre carré dessus, et joignez-y deux carottes, deux oignons et un bouquet assaisonné; mouillez-le d'une cuillerée à pot de bouillon; couvrez-le d'un papier beurré; faites-le cuire comme les grenadins de veau (voyez cet article): sa cuisson faite, égouttez-le, levez la peau qui couvre les côtes; glacez le filet ou la totalité du carré; servez-le sur une bonne purée d'oseille ou un ragoût de chicorée.

Filets Mignons de Mouton.

Levez les filets mignons de douze carrés de mouton; ce qui vous fera douze filets; parez-les, piquez-les, marquez-les tels que les carbonnades (voyez cet article): leur cuisson faite, glacez-les et dressez-les sur un ragoût de concombres au jus (voyez *Ragoût de concombres*, à son article), ou sur tout autre ragoût qu'il vous plaira, et servez.

Emincé de Filets de Mouton aux Concombres.

Prenez la noix d'un gigot froid, cuit à la broche; ôtez-en les peaux et la graisse, coupez-la par filets d'un pouce et demi carré, émincez ces filets et mêlez-les, sans les laisser bouillir, avec un émincé de concombres réduit et bouillant (voyez *Ragoût de Concombres*, à son article), ou avec de la chicorée (voyez *Ragoût de Chicorée*, à son article).

Hachis de Mouton à la Portugaise.

Si vous avez un gigot rôti de desserte, levez-en la noix et la sous-noix; supprimez-en les nerfs, la graisse et les peaux; hachez vos chairs très-menu; mettez dans une casserole de l'espagnole réduite; faites-la réduire de nouveau à demi-glace; mettez-y vos chairs hachées; remuez-les sur le feu sans les laisser bouillir; mettez-y un pain de beurre et un peu de gros poivre: si votre hachis n'était pas assez corsé, mettez-y gros de glace comme le pouce (*Réduction de Veau, etc.*); dressez-le sur le plat auquel vous aurez fait une bordure; arrosez-le légérement avec une espagnole réduite, et posez dessus huit ou dix œufs pochés; de là servez.

Haricot de Mouton à la Bourgeoise.

Coupez un carré de mouton par morceaux; mettez dans votre casserole un morceau de beurre avec votre mouton, et faites-le revenir sur un feu vif: lorsque vos chairs auront pris une couleur dorée, égouttez-les; ayant tourné des navets en bâtons ou en bâtonnets, une quantité suffisante, passez-les dans la graisse de votre mouton; faites qu'ils soient d'une belle couleur et égouttez-les; ensuite faites un roux (voyez *Roux*, à son article); repassez votre mouton dans ce roux; mouillez-le; mettez-y du sel, du poivre, un bouquet, deux oignons dont un piqué d'un clou de girofle, une feuille de laurier, et mettez-y vos navets: lorsque votre mouton sera aux trois quarts cuit, faites-le mijoter, dégraissez-le; parvenu à son degré de cuisson, si la sauce est trop longue, retirez-en une partie, et faites-la réduire convenablement: cela fait, dressez votre haricot, masquez-le de vos navets, et servez.

Poitrines de Moutons.

Prenez deux poitrines de moutons; parez-les; coupez-en le bout du flanchet et l'os rouge de la poitrine; ficelez-les et mettez-les cuire dans la grande marmite ou dans une braisière, où vous les assaisonnerez, afin que vos poitrines soient d'un bon goût: elles seront cuites quand vous pourrez en ôter facilement les os des côtes: cela fait, levez-en la première peau; parez-les de nouveau; arrondissez-les du côté du flanchet; panez-les en saupoudrant dessus de la mie de pain, assaisonnée de sel et de poivre; ensuite faites-les griller, et servez-les avec une sauce au pauvre homme. (Voyez *Sauce au pauvre Homme*, à son article.)

Collets de Moutons à la Sainte-Menéhould.

Prenez deux collets entiers de moutons; parez les bouts saigneux; faites-les blanchir; ficelez-les et marquez-les dans une braise: si vous n'en avez pas, foncez une braisière de quelques parures de viandes de boucherie, de quelques bardes de lard, trois carottes, autant d'oignons, dont un piqué de deux clous de girofle, deux feuilles de laurier, du thym, du basilic, deux gousses d'ail, un bouquet de persil et ciboules, et du sel en suffisante quantité; mouillez ces collets avec du bouillon si vous en avez, sinon avec de l'eau; couvrez-les d'un papier; faites-les partir et cuire ensuite sur la paillasse deux ou trois heures, avec feu dessous et dessus: leur cuisson faite, égouttez-les; posez-les sur un plafond; parez-les; couvrez-les d'une bonne Sainte-Menéhould; panez-les avec de la mie de pain, dans laquelle vous aurez mis un peu de Parmesan râpé; arrosez-les de nouveau; faites-leur prendre couleur dans un four ordinaire ou sous un four de campagne; dressez-les sur le plat, et saucez-les avec une italienne rousse. (Voyez *Sauce Italienne rousse*, à son article.)

Collets de Moutons grillés.

Prenez trois collets ordinaires de moutons, c'est-à-dire que le mouton ait été partagé en deux; ôtez-en les bouts saigneux; faites blanchir et cuire ces collets dans la marmite, comme les poitrines de moutons: lorsqu'ils seront cuits, panez-les; faites-les griller d'une belle couleur, et servez-les avec une sauce au pauvre homme ou une poivrade. (Voy. *Sauce au pauvre Homme*, et *Poivrade*, à leurs articles.)

Queues de Moutons glacées à la Chicorée.

Prenez cinq queues de moutons bien grasses; parez-les; mettez-les dégorger dans de l'eau tiède; faites-les blanchir et cuire dans une braise, comme les collets de moutons (article précédent): leur cuisson faite, égouttez-les, essuyez-les et ciselez-les; séchez-les avec une pelle que vous aurez fait rougir et que vous tiendrez à quelque distance au-dessus de vos queues; ensuite glacez-les et servez-les sur de la chicorée, des épinards, une purée d'oseille, ou tout autre ragoût qu'il vous plaira.

Queues de Moutons en Hoche-pot.

Ayez six queues de moutons; faites-les blanchir et cuire dans une braise avec la valeur d'une demi-livre de petit lard coupé en gros dés, auxquels vous aurez laissé la couenne; ayez des légumes tournés, tels que navets, carottes, quelques racines de céleri, auxquels vous joindrez des petits oignons; faites blanchir ces légumes; séparez-les, et faites-les cuire à part avec du consommé ou du bouillon: il faut que leur mouillement tombe à glace, et avoir soin que chacun de ces légumes soit cuit à son point; mettez dans une casserole une quantité suffisante d'espagnole réduite, et jetez-y tous vos légumes, ainsi que votre petit lard, que vous aurez retiré de la braisière; dégraissez vos légumes; faites réduire à courte sauce; égouttez vos queues; glacez-les comme ci-dessus; dressez vos légumes dans le plat; posez vos queues dessus: si vous n'avez point de glace, masquez vos queues avec le ragoût, et servez.

Queues de Moutons au Soleil.

Ayez six queues de moutons cuites dans une braise; faites une sauce aux hatelets (voyez cette sauce, à son article); laissez refroidir et vos queues et votre sauce; ensuite garnissez-en vos queues; ayez soin de leur conserver leur forme; roulez-les dans de la mie de pain; faites une petite omelette assaisonnée de sel: trempez-y vos queues, et panez-les; faites-les frire d'une belle couleur; dressez-les sur un buisson de persil frit, le gros bout en bas et la pointe en haut; de là servez-les.

Terrine de Queues de Moutons.

Braisez six queues de moutons; joignez-y une livre de petit lard de poitrine; ayez six ou huit ailerons de dindons; échaudez-les; désossez-les à moitié, flambez-les, épluchez-les et poêlez-les (voyez *Poêle*, à son article); de suite prenez un cent de marrons, desquels vous ôterez la première peau; mettez-les dans une casserole avec gros de beurre comme un œuf; sautez-les sur le feu jusqu'à ce qu'ils quittent leur seconde peau; supprimez-la; après mettez-les dans une casserole avec du consommé pour les faire cuire; lorsqu'ils le seront, prenez tous ceux qui seront défectueux, et pelez-les: vos queues de moutons étant cuites, passez au tamis de soie une partie du fond de leur braise, dont vous vous servirez pour mouiller votre purée de marrons, en la passant à l'étamine comme une autre purée: lorsqu'elle le sera, faites-la réduire, en y ajoutant une bonne cuillerée d'espagnole; dégraissez-la; égouttez vos queues ainsi que vos ailerons; dressez-les dans la terrine avec votre petit lard coupé en gros dés, ainsi que vos marrons entiers; finissez votre purée avec un pain de beurre; goûtez si elle est d'un bon goût, versez-la dans votre terrine, et servez.

Vous pouvez employer, selon la saison, une purée de lentilles à la reine, de pois, ou toute autre, en place de celle de marrons.

Rognons de Moutons à la Brochette.

Ayez douze rognons de moutons; fendez-les légérement à l'opposé du nerf; ôtez-en les pellicules qui les enveloppent; achevez de les fendre sans les séparer; passez au travers, de quatre en quatre, une brochette de bois, en sorte qu'ils ne puissent se *refermer*; faites-les griller, en ayant soin de les retourner à propos: quand ils seront cuits, retirez-en ces brochettes et dressez-les sur le plat; mettez dans chaque, gros comme la moitié d'une noix, de maître-d'hôtel froide (voyez *Maître-d'Hôtel froide*, à son article); faites chauffer votre plat; exprimez dessus ces rognons le jus d'un citron, et servez.

Rognons de Moutons au Vin de Champagne ou à l'Italienne.

Prenez quinze rognons; supprimez comme ci-dessus la pellicule; émincez-les; mettez dans une casserole gros de beurre comme un œuf avec vos rognons; faites-les aller à grand feu: lorsqu'ils seront roidis, égouttez-les et mettez-les dans une sauce à l'italienne, dans laquelle vous aurez versé un demi-verre de vin de Champagne, et que vous aurez fait réduire presque à consistance de glace; achevez de les faire cuire, en les remuant dans cette sauce sans les laisser bouillir, et servez.

Animelles ou Testicules de Moutons.

Ayez deux paires d'animelles; supprimez-en les peaux; coupez-les en filets de la largeur du petit doigt de la main, en ne leur donnant que la moitié de l'épaisseur; marinez-les dans du citron, sel, poivre, quelques branches de persil et quelques ciboules; égouttez-les quand vous voudrez vous en servir; farinez-les; faites-les frire de manière à ce qu'elles soient croquantes, et servez-les avec ou sans persil frit.

Amourettes ou Moelle alongée de Mouton.

Procédez, au sujet de ces amourettes, comme pour celles de veau.

Cervelles de Moutons.

Ces cervelles, moins délicates que celles de veaux, s'apprêtent de même; et l'on s'en sert au besoin en place de celles de veaux.

Langues de Moutons en Papillotes.

Ayez douze de ces langues; nettoyez-les; faites-les dégorger et ensuite blanchir près d'un quart d'heure; rafraîchissez-les; égouttez-les; ôtez toutes les peaux qui les enveloppent: cela fait, marquez ces langues dans une casserole foncée de bardes de lard, oignons, carottes, un bouquet de persil et ciboules, une gousse d'ail et une feuille de laurier; mouillez-les avec du bouillon; faites-les partir et cuire environ trois heures; laissez-les refroidir dans leur cuisson; ensuite retirez-les sur un plat, et faites autant de cornets de papier que vous devez employer de langues; hachez plein les deux mains de parures de champignons, du persil et des ciboules, à-peu-près la moitié du volume de ces champignons; mettez le tout dans une casserole avec une demi-livre de beurre, du sel, du poivre, une pincée d'épices fines et un quarteron de lard râpé; passez ces fines herbes; faites-les aller à petit feu; remuez-les pour qu'elles ne s'attachent point: quand elles seront presque cuites, mettez-y deux cuillerées à dégraisser d'espagnole ou de velouté; faites mijoter le tout; liez-le avec trois jaunes d'œufs, et versez cette sauce sur vos langues; laissez-les refroidir; après mettez-en une dans chaque cornet, duquel vous aurez soin d'huiler le dehors; remplissez ces cornets de fines herbes; fermez-les de manière qu'elles n'en puissent sortir, et mettez-les griller sur un feu doux; ayez soin de les retourner, de leur faire prendre une belle couleur, et servez.

Langues de Moutons au Gratin.

Prenez et faites cuire dans une braise, comme ci-dessus, des langues de moutons; laissez-les refroidir ainsi, pour qu'elles prennent du goût; prenez de la farce cuite; garnissez de gratin le fond d'un plat (voyez *Gratin*, à son article [Tome II]); ouvrez les langues en deux, sans les séparer, afin qu'elles forment chacune un cœur, et posez-les sur ce plat garni; couvrez-les de ce gratin ou farce, en leur laissant leur forme; garnissez-les de gratin tout autour; unissez-les, passez-les, arrosez-les légérement de beurre fondu; ayez des bouchons de pain que vous tremperez dans ce beurre, et faites-en une ceinture au bord du plat, afin que votre gratin conserve sa forme; mettez-le cuire dans un grand four ou sous un four de campagne, avec feu dessous et dessus, pour le faire gratiner; ayez soin qu'il ne brûle pas et qu'il prenne une belle couleur: au moment de servir, ôtez les bouchons de pain et mettez-en d'autres passés dans du beurre et qui soient d'une belle couleur; saucez d'une bonne italienne rousse réduite, et servez.

Langues de Moutons à la Bretonne ou en Crépine.

Faites cuire huit langues de moutons, comme celles dites braisées; laissez-les refroidir de même dans leur assaisonnement; prenez quinze gros oignons, coupez-les en deux, supprimez-en la pointe et le petit cœur; coupez-les en rouelles bien égales; après mettez-les dans une casserole avec environ un quarteron de beurre; passez-les sur un bon feu; lorsqu'ils commenceront à roussir et à cuire, singez-les, faites roussir un peu votre farine avec vos oignons; et quand ils seront bien jaunes, mouillez-les avec de l'espagnole, du consommé ou du bouillon; s'il vous manquait de l'espagnole, singez un peu plus vos oignons; assaisonnez-les de sel, de poivre et d'un peu d'épices fines; faites-les cuire et réduire jusqu'à consistance d'une forte bouillie et laissez-les refroidir; de là, ayez des toilettes ou crépines de cochons, mettez-les tremper dans de l'eau; coupez vos langues en deux, supprimez-en la pointe; coupez vos crépines par morceaux comme vos langues; mettez dessus une cuillerée de bretonne; posez dessus chacune de vos langues, recouvrez-la de bretonne, enveloppez-la avec sa crépine, en sorte que la bretonne ne puisse s'échapper; donnez à ces langues, ainsi préparées, la forme d'une grosse saucisse plate; mettez-les sur le gril et sur le feu un quart d'heure avant de servir; retournez-les, qu'elles aient une belle couleur, et servez.

Langues de Moutons au Parmesan.

Faites cuire vos langues dans une braise, que vous salerez peu; laissez-les refroidir dans cette braise, après fendez-les en deux comme celles dites au gratin; mettez dans le fond du plat où vous devez les servir de l'espagnole ou du velouté; saupoudrez le dessus de Parmesan râpé, à-peu-près l'épaisseur d'un écu; arrangez vos langues sur ce Parmesan; arrosez-les de votre espagnole ou velouté; couvrez-les de Parmesan, joint à de la mie de pain, à-peu-près la quantité saupoudrée sur le fond du plat dont il est parlé plus haut; arrosez-les d'un peu de beurre, mettez-les au four ou sous un four de campagne, avec feu dessus et dessous; faites-leur prendre une belle couleur, et servez.

Langues de Moutons à la Matelote.

Ayez des langues; préparez-les et braisez-les, comme il est dit aux articles précédens; quand elles seront bien cuites, égouttez-les, masquez-les d'une sauce matelote, et servez. (Voyez *Sauce Matelote*, à son article.)

Pieds de Moutons à la Poulette.

Ayez une ou deux bottes de pieds de moutons, comme ils se vendent chez la tripière; prenez-les l'un après l'autre, supprimez-en le bout des ergots, fendez le pied jusqu'à la jointure de l'os, ôtez-en l'*entre-fourchon*, où il se trouve une petite pelote de laine, appelée vulgairement le ver; parez le haut du pied, flambez-le, épluchez-le, supprimez-en le gros os; ensuite faites blanchir ces pieds; essuyez-les avec un linge blanc; mettez-les dans une braisière; mouillez-les avec un blanc (voyez *Blanc*, à son article); laissez-les cuire cinq ou six heures; égouttez-les; mettez-les dans une casserole avec une cuiller à pot de velouté, et davantage s'il le faut; faites-les mijoter; assaisonnez-les de sel, de gros poivre, d'une pincée de persil haché et blanchi; à l'instant de les servir liez-les avec trois jaunes d'œufs environ; finissez-les avec un filet de verjus, de vinaigre ou d'un jus de citron, et servez.

Si vous n'avez pas de velouté, faites un petit roux blanc; délayez-le avec du bouillon dans lequel vous mettrez un bouquet de persil et de ciboules, deux oignons, deux clous de girofle, une gousse d'ail, une feuille de laurier et quelques parures de champignons; faites cuire cette sauce en la tournant près de trois quarts d'heure; sa cuisson faite, ôtez-en les oignons; posez sur une casserole une étamine, versez-y votre sauce et tordez cette étamine; faites cuire et réduire cette sauce, jetez-y vos pieds de moutons, et finissez-les comme ci-dessus, excepté qu'il faut, en les liant, y mettre un morceau de beurre.

Pieds de Moutons à la sauce Robert.

Préparez ces pieds comme ceux dits pieds de moutons à la poulette; leur cuisson achevée, mettez-les dans une sauce Robert (voyez *Sauce Robert*, à son article); faites-les mijoter; assaisonnez-les, finissez-les avec un peu de moutarde; qu'ils soient d'un bon goût, et servez.

Pieds de Moutons à la Ravigote.

Préparez ces pieds de moutons, comme ceux énoncés ci-dessus; faites-les cuire dans un blanc; sautez-les dans une ravigote froide (voyez *Ravigote froide*, à son article); dressez-les et servez.

AGNEAU.

L'agneau n'est bon que du 24 décembre au commencement d'avril. Les agneaux de lait sont les meilleurs. Pour qu'ils soient excellens, il faut qu'ils n'aient pas mangé et qu'ils ne soient nourris que du lait de leur mère. Afin de les engraisser, on leur donne plusieurs nourrices. Il faut les choisir d'une chair blanche, et les rognons bien couverts de graisse. Lorsqu'on en fait l'achat au marché, il faut leur pincer le bas de la poitrine pour juger si elle est épaisse; ce qui annonce leur bonne qualité. Je fais peu de cas des métis et des mérinos pour le service de la cuisine; leur chair est moins succulente; il est facile de les reconnaître à leur laine qui est infiniment plus fine et plus frisée que celle des agneaux ordinaires.

Têtes d'Agneaux à la Poulette.

Ayez deux têtes d'agneaux; désossez-en les mâchoires et ôtez-les: détachez le mufle de sa peau et coupez-le près de l'œil; faites dégorger et blanchir ces têtes; flambez-les; frottez-les de citron; pour qu'elles soient blanches, mettez-les dans un blanc (voyez *Blanc*, à son article); faites-les cuire environ deux heures; prenez garde qu'elles ne cuisent pas trop: cette cuisson faite, égouttez-les; levez-en les crânes; épluchez les cervelles, ôtez-en les veines qui peuvent s'y trouver; dépouillez les langues, fendez-les en deux; ciselez les oreilles; dressez ces têtes, saucez-les avec une bonne poulette (voyez *Sauce Poulette*, à son article), et servez.

Vous pouvez également les servir avec une hollandaise verte. Faites cuire la fressure, après l'avoir fait blanchir dans le blanc avec les têtes; lorsqu'elles seront cuites, mettez-les dans votre sauce; coupez-les en grosses escalopes; joignez les pieds de l'agneau pour garnir vos têtes, ainsi que des champignons, et masquez le tout avec une hollandaise verte. (Voyez *Hollandaise verte*, art. *Sauces.*)

Têtes d'Agneaux à l'Italienne.

Apprêtez ces têtes comme les précédentes, et servez-les avec une bonne italienne. (Voyez *Sauce à l'Italienne.*)

Oreilles d'Agneaux, farcies et frites.

Ayez une quinzaine de ces oreilles, flambez-les; faites-les blanchir et cuire dans un blanc: après égouttez-les; laissez-les refroidir; remplissez-en l'intérieur d'une farce cuite (voyez *Farce cuite*, à son article [Tome II]); donnez-leur une belle forme; roulez-les dans de la mie de pain; trempez-les dans une omelette; panez-les de nouveau; mettez-les à fur et à mesure sur un couvercle de casserole. Un demi-quart d'heure avant de servir, faites-les frire à friture moyennement chaude, pour que la farce ait le temps d'être atteinte, et poussez-les un peu vivement pour les finir; qu'elles soient d'une belle couleur; égouttez-les sur un linge blanc; dressez-les avec du persil frit, dessous ou dessus, et servez.

Oreilles d'Agneaux à la Ravigote.

Prenez la même quantité d'oreilles que ci-dessus; préparez-les de même; ayez attention qu'elles soient très-blanches; égouttez-les, et servez dessous une ravigote froide ou chaude. (Voyez *Sauce Ravigote*, à son article.)

Oreilles d'Agneaux à l'Italienne.

Ayez la même quantité d'oreilles qu'il est dit à l'article précédent; préparez-les de même et servez-les avec une italienne. (Voyez *Sauce à l'Italienne*, à son article.)

Pieds d'Agneaux à la Poulette.

(Voyez *Pieds de Moutons à la Poulette*.)

Rosbif d'Agneau.

Ayez un bon rosbif d'agneau; faites-le blanchir légérement; levez la peau de dessus les filets; faites-en autant sur le milieu des gigots; piquez toutes les parties découvertes d'une deuxième; vous aurez soin de le retrousser comme il est indiqué à l'article *Rosbif de Mouton*; mettez-le sur le fer, c'est-à-dire, embrochez-le; enveloppez-le de papier beurré; faites-le cuire; sa cuisson achevée, dressez-le; glacez les parties piquées, et servez-le avec un jus clair.

Quartier de devant d'Agneau à la Broche.

Ayez un quartier d'agneau, couvrez-le de bardes de lard, du défaut de l'épaule à l'extrémité de la poitrine; passez un grand hatelet entre les côtes et l'épaule; attachez-en les deux bouts sur la broche; emballez ce quartier de papier beurré; faites-le cuire, et lorsqu'il le sera, dressez-le sur le plat; levez légérement l'épaule du côté de la poitrine, et mettez, sans qu'on la puisse voir, une maître-d'hôtel crue entre cette épaule et les côtes, et servez avec un jus clair.

Épigrammes d'Agneau.

Prenez un quartier d'agneau de devant; levez-en l'épaule de façon que la poitrine reste couverte le plus possible; séparez-la des côtes; coupez ces côtes, comme il est indiqué à l'article *Côtelettes de Mouton*; faites-en cinq ou six dans votre carré, et autant de tendons que vous avez de côtelettes; foncez une casserole de bardes de lard; mettez-y les parures de vos côtelettes avec une carotte coupée en quatre, un oignon, un petit bouquet de persil et ciboules, un clou de girofle, une demi-feuille de laurier et un peu de sel. Arrangez vos tendons dans cette casserole; couvrez-les d'une barde de lard; mouillez-les avec du bouillon ou du consommé; couvrez-les d'un papier beurré; faites-les partir sur un bon feu; mettez-les sur une paillasse, avec feu dessus et dessous; laissez-les cuire trois quarts d'heure; coupez vos côtelettes et parez-les; faites fondre du beurre dans une sauteuse, trempez-y vos côtelettes des deux côtés; rangez-les dedans et couvrez-les d'un rond de papier; pendant ce temps vous aurez fait cuire votre épaule d'agneau, soit à la broche, soit dans une casserole, avec un peu de beurre et sans mouillement; sa cuisson finie, laissez-la refroidir; levez-en les chairs; ôtez-en les peaux et les nerfs; émincez ces chairs; mettez dans une casserole trois cuillerées à dégraisser de velouté réduit, une douzaine de champignons émincés, et faites sauter vos côtelettes: vous pouvez vous assurer de leur cuisson, en appuyant le doigt dessus un peu avant: ayant égoutté, paré et donné à vos tendons la forme d'un cœur, et les ayant passés et repassés dans deux jaunes d'œufs, délayez dans du beurre fondu et un grain de sel; mettez-les sur le gril; faites-les griller; lorsqu'ils seront d'une belle couleur, finissez de glacer vos côtelettes et dressez-les en couronne, en les entremêlant d'un tendon alternativement: de suite mettez votre émincée dans la sauce que vous avez préparée; liez alors cette blanquette sans la laisser bouillir; finissez-la avec gros de beurre comme une petite noix et un jus de citron; mettez-la dans le puits de vos côtelettes et tendons; dressez, comme il est dit, en couronne, et servez.

Si vous n'aviez pas de sauce pour faire votre blanquette, faites cuire vos tendons un peu d'avance; prenez une douzaine de champignons; passez-les dans le beurre; singez-les d'une petite pincée de farine; mouillez-les avec le fond de vos tendons, que vous aurez passés au travers d'un tamis de soie ou d'une serviette; faites-le réduire à consistance de sauce; dégraissez cette sauce, tordez-la dans une casserole à travers une étamine; mettez-y votre émincée, et finissez votre blanquette comme ci-dessus.

Tendons d'Agneau aux pointes d'Asperges.

Prenez deux poitrines d'agneaux; marquez-les dans une casserole, avec des parures de veau, comme ceux de l'épigramme; faites-les cuire de même; leur cuisson faite, égouttez-les; mettez-les entre deux couvercles; laissez-les-y refroidir; coupez-les en cœur; passez le fond, dans lequel ils ont cuit, au travers d'un tamis de soie; faites-le réduire, dans une sauteuse, à moitié de la consistance de glace; rangez vos tendons, laissez-les mijoter et s'y glacer; ayez une botte d'asperges, *dites* aux petits pois, et n'en employez que le tendre; lavez-les; faites-les blanchir à l'eau bouillante, où vous aurez mis une pincée de sel; écumez-les, blanchissez-les, rafraîchissez-les, jetez-les dans un tamis; mettez dans une casserole cinq à six cuillerées d'espagnole; faites réduire votre sauce, dégraissez-la, mettez-y vos asperges, faites-la achever de cuire et réduire: dressez en couronne vos tendons sur le plat; remettez une partie de votre ragoût d'asperges dans votre sauteuse, pour en détacher la glace; mêlez le tout, finissez-le avec un pain de beurre; versez-le dans votre puits, et servez.

Tendons d'Agneau à la Villeroi.

Ayez deux poitrines d'agneaux; faites-les cuire comme celles ci-dessus; mettez-les entre deux couvercles pour les aplatir; lorsqu'elles seront froides, coupez-les comme pour l'épigramme (voyez cet article); faites une sauce à la poulette bien réduite; liez-la davantage qu'une poulette ordinaire; versez-la sur vos tendons, laissez-la refroidir; garnissez-les bien de cette sauce, panez-les; donnez-leur une belle forme; trempez-les dans une omelette; panez-les une seconde fois; faites-les frire, et servez.

Côtelettes d'Agneau au Naturel.

(Voyez l'article *Côtelettes de Mouton au Naturel*.)

Côtelettes d'Agneau panées.

Ayez des carrés d'agneau; coupez vos côtelettes et parez-les; faites fondre dans une sauteuse un peu de beurre; arrangez dedans vos côtelettes; saupoudrez-les d'un peu de sel; faites-les revenir sans roussir le beurre; égouttez-les; laissez refroidir un peu votre beurre; lorsqu'il le sera, incorporez deux jaunes d'œufs; trempez vos côtelettes des deux côtés dans cette anglaise; panez-les, posez-les sur le gril, mettez-les sur un feu très-doux; faites-leur prendre une belle couleur des deux côtés; servez-les à sec, ou, si vous voulez, avec un jus clair, dans lequel vous exprimerez le jus d'un citron; ajoutez-y, si vous le jugez à propos, une pincée de mignonnette, et servez.

Côtelettes d'Agneau à la Minute.

Ces côtelettes se préparent comme celles de mouton *dites* à la Minute. (Voyez l'article *Côtelettes de Mouton à la Minute*.)

Épaule d'Agneau en Musette.

Levez deux épaules d'agneau, les plus larges qu'il vous sera possible; supprimez-en tous les os et la moitié du manche; étendez bien toutes vos chairs également; assaisonnez-en l'intérieur d'un peu de sel et d'épices fines; remplissez cet intérieur de vos épaules d'un bon salpicon (voyez *Salpicon*, à son article); passez de la ficelle tout autour avec une aiguille à brider, comme un tailleur forme un bouton, afin que votre salpicon, ainsi enfermé, ne puisse s'échapper; cela fait, piquez le dessus de ces épaules de petit lard en forme de rosette, ou mettez dessus une légère couche de farce cuite (voyez *Farce Cuite*, à son article [Tome II]); décorez-les, comme il vous conviendra, avec des truffes ou des cornichons, que vous appliquerez sur la farce; ensuite foncez une casserole avec les os, quelques parures de viande de boucherie, quelques lames de jambon, carottes, oignons et un bouquet de persil et ciboules assaisonné; mouillez votre braise avec du bouillon ou du consommé; couvrez ces épaules de bardes de lard et d'un rond de papier beurré; faites partir votre braisière, posez-la sur une paillasse avec feu dessus et dessous; faites cuire une heure et demie: la cuisson achevée, égouttez vos épaules, glacez-en ce qui est piqué; si elles ne le sont pas, glacez les chairs autour de leur décor; dressez-les et servez dessous une italienne réduite ou une bonne espagnole.

COCHON.

Le cochon est de tous les animaux celui qui est le plus employé dans la cuisine; car presque dans tous les mets, soit entrée ou rôti, on se sert de lard et de jambon; les autres parties de cet animal sont moins recherchées; cependant la hure est un mets fort distingué, quand elle est apprêtée par un homme qui connaît bien son état; les pieds se servent aussi à la Sainte-Menéhould, ou farcis de truffes; les oreilles se servent en menu-de-roi, et les poitrines s'emploient dans bien des ragoûts; il faut choisir le porc jeune et gras; mais bien prendre garde qu'il ne soit ladre; sa chair est fort malsaine et très-indigeste lorsqu'il a cette maladie; elle est facile à connaître, même dans le lard et dans les chairs, par de petites glandes blanches et roses.

Dans cet animal il n'y a presque rien à jeter: de son sang on en fait du boudin, de ses intestins des andouilles, des débris de ses chairs des saucisses, et, lorsque le tout est bien préparé, on peut en faire d'excellens mets.

Hure de Cochon.

Coupez votre hure jusqu'à la moitié des épaules, c'est-à-dire plus longue qu'on ne la coupe ordinairement; flambez-la, de manière à ce qu'il n'y reste aucune soie; nettoyez le dedans des oreilles en y introduisant un fer presque rouge, pour en brûler les poils qui s'y trouvent; cela fait, lavez bien cette hure; épluchez-la de nouveau; ratissez-la et désossez-la; prenez garde de n'y faire aucun trou, surtout à la couenne de dessus le nez; la chair qui provient des parties charnues, telle que celle des épaules, étendez-la dans les parties de votre hure où il n'y en a pas, afin que les chairs soient égales partout; ensuite mettez-la dans un grand vase de terre; faites une eau de sel; laissez-la refroidir, tirez-la à clair et versez-la dans votre vase sur la hure, afin qu'elle trempe entièrement; mettez-y une poignée de graine de genièvre, quatre feuilles de laurier, cinq ou six clous de girofle, deux ou trois gousses d'ail (coupées en deux), une demi-once de salpêtre en poudre, du thym, du basilic et de la sauge; couvrez votre terrine d'un linge blanc, et mettez dessus un autre vase qui la couvre le plus possible; laissez-la se mariner huit ou dix jours; ensuite égouttez-la; faites une farce pour en garnir votre hure. A cet effet, prenez de la chair de porc; ôtez-en la peau et les nerfs; mettez à-peu-près la même quantité de lard, assaisonné de sel fin et de fines épices; hachez le tout très-menu, en sorte qu'on ne puisse distinguer le lard d'avec la chair; mettez votre farce dans un mortier; pilez-la bien; incorporez, l'un après l'autre, cinq ou six œufs entiers; faites l'essai de cette farce, et remédiez à ce qui pourrait y manquer. Votre farce achevée, étendez votre hure sur une nappe blanche; ôtez tous les ingrédiens qui ont servi à lui donner du goût. Vous aurez coupé du lard en grands lardons que vous aurez assaisonnés avec sel, poivre, quatre épices, des aromates pilés, persil et ciboules hachés, et que vous aurez incorporés le mieux possible avec vos lardons; arrangez de nouveau vos chairs dans la peau de la hure; garnissez-la de ces lardons, posés en long de distance en distance, bien entremêlés avec la chair et la farce, de l'épaisseur d'un pouce; mettez-y la langue que vous aurez échaudée et épluchée; faites un autre lit de lardons, et entre ces lardons placez des truffes épluchées et coupées en long, entremêlées de pistaches que vous aurez émondées; faites ainsi plusieurs lits, jusqu'à l'emploi entier de votre farce, de vos truffes, de votre lard et des pistaches. Votre hure remplie, cousez-la avec une aiguille à brider; ménagez-lui bien sa première forme; enveloppez-la dans une étamine neuve, et cousez-la; attachez les deux bouts avec de la ficelle; foncez une braisière avec des parures de boucherie, surtout de veau, des oignons, des carottes, trois feuilles de laurier, deux bouquets de persil et ciboules, quelques clous de girofle, de l'ail et trois bouteilles de vin rouge de Bourgogne; achevez de la mouiller avec du bon bouillon: il faut qu'elle trempe dans son assaisonnement: faites-la partir; couvrez-la avec plusieurs feuilles de fort papier beurré; couvrez la braisière de son couvercle; mettez-la sur une paillasse, avec feu dessus et dessous; faites-la cuire cinq à six heures; cela dépendra de la grosseur de la pièce et de la jeunesse de l'animal dont elle provient: pour vous assurer si elle est cuite, sondez-la avec une lardoire; si elle entre facilement, retirez votre braisière du feu; laissez votre hure dedans, et ne la retirez de son assaisonnement que quand elle sera presque tiède; laissez-la refroidir dans son étamine; après déballez-la, retirez la graisse qui pourrait se trouver dessus; ôtez les ficelles, parez-la du côté du chignon, dressez-la sur une serviette, et servez.

Hure de Cochon à la manière de Troyes.

Appropriez et désossez une hure de cochon, comme il est indiqué à l'article précédent, et exécutez de point en point pour celle-ci tout ce qui est dit pour la première: la seule différence qu'il y ait, c'est qu'au lieu de farce, vous devez la remplir de chair de porc, après en avoir ôté les nerfs; vous pouvez également y mettre des truffes et des pistaches: quant à la cuisson, elle est la même.

Jambon au Naturel.

Ayez un bon jambon (ceux de Westphalie sont les meilleurs, et généralement plus estimés que ceux de Baïonne); parez-le, c'est-à-dire, levez le dessus des chairs, et, sur les bords du lard, ce qui pourrait être jaune; ôtez l'os du quasi; coupez le bout du jarret, et mettez votre jambon tremper, après l'avoir goûté, en enfonçant une lardoire dans la noix, ce qui vous décidera à le laisser se dessaler plus ou moins de temps: cela fait, mettez-le dans un linge; nouez-en les quatre bouts; arrangez-le dans une marmite ou une braisière proportionnée à sa grosseur; mouillez-le avec de l'eau; mettez-y quatre ou cinq carottes, autant d'oignons, quatre clous de girofle, trois ou quatre feuilles de laurier, deux ou trois gousses d'ail et un ou deux bouquets de persil, thym et basilic; faites-le partir et cuire ensuite à petit feu, quatre ou cinq heures; lorsque vous soupçonnerez qu'il est cuit, sondez-le avec la lardoire: si elle s'enfonce facilement, c'est que sa cuisson est faite; retirez-le; dénouez et renouez le linge pour serrer davantage: votre jambon à moitié refroidi, levez-en la couenne près du combien; parez-le et panez-le avec de la chapelure passée au travers d'un tamis; mettez une serviette sur un plat, et dressez-le dessus.

Jambon Braisé.

Ayez un jambon; parez-le en dessous; coupez-en le manche, et supprimez le bord du lard qui pourrait être jaune; désossez l'os du quasi sans gâter votre jambon; faites-le dessaler à propos; mettez-le dans un linge; liez-le des quatre bouts, et posez-le dans une braisière juste à sa grandeur, après l'avoir foncée de viande de boucherie, bœuf et veau, avec oignons, carottes, un bouquet de persil et de ciboules, deux ou trois clous de girofle, trois feuilles de laurier, thym et basilic; mouillez-le avec de l'eau, faites-le partir, et à moitié de sa cuisson ajoutez une bouteille de vin de Madère; faute de ce vin, mettez un demi-setier d'eau-de-vie et une bouteille de vin de Champagne: alors vous ne couvrirez pas votre braisière, afin qu'en cuisant l'assaisonnement de votre jambon se réduise; sondez-le, pour juger s'il est cuit, ainsi qu'il est indiqué ci-dessus; égouttez-le; posez-le sur un couvercle; levez-en la couenne; glacez-le avec une réduction de veau: si vous n'en aviez pas, saupoudrez-le avec un peu de sucre fin, et glacez-le au four ou avec une pelle rouge; faites qu'il ait une belle couleur; servez-le sur des épinards ou dessus tels légumes que vous jugerez convenable.

Jambon à la Broche.

Parez le dessus de votre jambon; arrondissez-le en le coupant tout autour, donnez-lui une belle forme; mettez-le dessaler, si vous croyez que cela soit nécessaire, ce dont vous pouvez vous assurer en le sondant; mettez-le dans un vase de terre avec des tranches d'oignons et de carottes, et deux ou trois feuilles de laurier cassées; versez dessus une bouteille et demie de vin de Malaga ou de tout autre vin d'Espagne, à défaut duquel vous emploierez du vin de Champagne: couvrez-le d'un linge blanc, et fermez-le le plus hermétiquement que possible; laissez-le mariner pendant vingt-quatre heures dans cet assaisonnement; embrochez-le; faites-le cuire à point; servez-vous de sa marinade pour l'arroser: sa cuisson presque faite, levez-en la couenne; dorez-le avec une anglaise (voyez *Anglaise*, à son article); panez-le; faites-lui prendre une belle couleur: en retirant votre jambon pour en enlever la couenne, retirez aussi votre marinade, passez-la au tamis de soie, faites-la réduire à consistance de sauce, et servez-la sous votre jambon.

Échinée de Cochon.

Prenez une échinée de cochon; parez-la comme vous feriez d'un carré de veau; ôtez-en l'arête jusqu'au joint des côtes, et deux heures avant de la mettre à la broche, saupoudrez-la d'un peu de sel dessus et dessous; faites-la bien cuire, et servez dessous une sauce poivrade. (Voyez cette sauce, à son article.)

Côtelettes de Cochon, sauce Robert.

Coupez vos côtelettes de porc frais, comme celles de veau; aplatissez-les; parez-les, saupoudrez-les d'un peu de sel des deux côtés; faites-les griller, et surtout qu'elles soient bien cuites. Vous les servirez avec une sauce Robert. (Voyez *Sauce Robert*, à son article.)

Oreilles de Cochons en Menu-de-Roi.

Ayez trois oreilles de cochons; flambez-les; nettoyez-en le dedans, en y introduisant un fer presque rouge; ratissez-les bien; lavez-les à plusieurs eaux; faites-les blanchir et cuire ensuite dans une braisière (voyez *Poêle*, à son article); lorsqu'elles seront cuites, laissez-les refroidir; coupez-les par filets bien égaux; coupez aussi six gros oignons en deux; parez-en la tête et la queue; ôtez le petit cœur de ces oignons; coupez-les en filets ou en demi-anneaux; mettez-les dans une casserole avec un morceau de beurre; passez-les; faites-les cuire; qu'ils soient bien blancs; mouillez-les de deux ou trois cuillerées à dégraisser d'espagnole, d'une cuillerée de jus de bœuf ou de blond de veau; laissez mijoter vos oignons; dégraissez votre sauce à l'instant de servir; jetez-y votre menu-de-roi, ou les filets de ces oreilles; mettez-y du sel, s'il en faut, un peu de moutarde, un filet de vinaigre, et servez.

Oreilles de Cochons à la Purée.

Préparez quatre ou cinq oreilles de cochons, comme il est indiqué ci-dessus; faites-les cuire dans une braise; prenez du bouillon; assaisonnez-les de carottes, oignons, d'un bouquet de persil et ciboules, thym, laurier et basilic: leur cuisson faite, égouttez-les; dressez-les et masquez-les avec une purée de pois, de lentilles, ou toute autre purée. (Voyez *Purée de Pois verts*, à son article.)

Queues de Cochons à la Purée.

Procédez, à l'égard de ces queues, comme il est dit à l'article précédent pour les oreilles.

Pieds de Cochon à la Sainte-Menéhould.

Préparez quatre pieds de cochon; flambez-les, de crainte qu'il ne s'y trouve des soies; ratissez-les; lavez-les dans l'eau chaude; faites qu'ils soient bien propres; fendez-les en deux; rapprochez les morceaux l'un contre l'autre; entortillez-les de rubans de fil, appelés *rubans à tablier*, comme si un perruquier faisait une queue; cousez les deux bouts du ruban, afin que les morceaux réunis ne se détachent pas; faites-les cuire dans une braise, et, faute de braise, dans du bouillon, comme les queues à la purée: leur cuisson faite, égouttez-les; laissez-les refroidir; ôtez-en les rubans; séparez ces morceaux, trempez-les dans du beurre légérement fondu, panez-les, faites-les griller, et servez-les à sec.

Pieds de Cochon aux Truffes.

Vous procéderez pour ceux-ci, comme il est indiqué ci-dessus: à moitié froids, vous en ôterez les rubans; vous poserez chacun de ces pieds sur un morceau de crépine assez grand pour pouvoir l'envelopper; vous ôterez tous les os, et vous les remplacerez par un salpicon fait de truffes et de blanc de volailles (voyez *Salpicon de Volailles*, à son article): enveloppez ces pieds de la crépine énoncée; donnez-leur à chacun la forme d'un pied à la Sainte-Menéhould; faites-les griller de longue-main sur un feu doux, et servez-les.

Manière de faire ou de préparer le Lard.

Levez le lard de votre cochon, en y laissant le moins de chair possible; frottez-le de sel fin, séché, pilé et passé au tamis; mettez lard contre lard et l'un sur l'autre; posez-le sur une planche dans une cave fraîche, sans être trop humide; remettez du sel tout autour de vos pièces, et posez une autre planche dessus; chargez cette planche d'un poids assez fort: laissez ce lard se faire un mois et davantage; cela fait, accrochez-le et laissez-le sécher dans un lieu aéré, sans être humide; qu'il soit ferme et sec, afin de pouvoir vous en servir pour piquer.

Petit Salé.

Prenez des poitrines de cochon; coupez-les par morceaux; frottez-les de sel fin, comme les pièces de lard: vous y ajouterez un peu de salpêtre; vous les arrangerez au fur et à mesure les unes sur les autres dans un pot; ayez soin de les bien fouler, pour éviter qu'elles ne prennent le goût d'évent: pour obvier à cet inconvénient, bouchez les vides que pourra laisser le sel; recouvrez le vase d'un linge blanc, et fermez-le le plus hermétiquement possible: au bout de huit ou dix jours vous pouvez vous en servir, soit pour mettre aux choux ou à la purée, soit pour tout ce dont vous aurez besoin.

Sain-Doux.

Quand vous voudrez faire du sain-doux, ayez de la panne bien blanche; la plus épaisse est celle que vous devez préférer; supprimez-en les peaux; battez-la bien avec un morceau de bois, mettez-la dans une marmite ou une casserole, avec un peu d'eau; faites-la aller à petit feu et bouillir long-temps pour qu'elle soit bien cuite et que le sain-doux se conserve: vous serez assuré qu'elle est bien cuite, lorsque les cortons se briseront facilement; laissez-la refroidir; lorsqu'elle ne sera plus que tiède, passez-la au travers d'un tamis, et, si vous voulez la conserver, mettez-la dans un endroit frais.

Manière de faire le Jambon.

Selon la quantité de jambon que vous voulez avoir, faites une saumure plus ou moins considérable; mettez dans le vaisseau où vous voulez mariner vos jambons, toutes sortes d'herbes odoriférantes, comme sauge, basilic, thym, laurier, baume et grains de genièvre, du sel en suffisante quantité, et un peu de salpêtre; ajoutez à ces ingrédiens de la lie de vin, la meilleure possible; mettez autant d'eau que de lie, et laissez le tout infuser plusieurs jours; passez au clair votre saumure; exprimez bien les herbes; jetez un peu d'eau sur votre marc, afin de finir de fondre votre sel; exprimez vos herbes une seconde fois; arrangez vos jambons dans votre vase, ainsi que les épaules; versez dessus votre saumure; laissez-les ainsi pendant trois semaines ou un mois; ensuite retirez-les, égouttez-les, mettez-les fumer; lorsqu'ils seront bien secs et bien fumés, vous les conserverez en les frottant avec moitié vin et moitié vinaigre; vous les laisserez sécher, afin que les mouches ne les gâtent pas, et vous vous en servirez au besoin.

Langues de Porcs fumées et fourrées.

Prenez des langues de porcs; ôtez-en une partie du cornet, échaudez-les pour leur ôter la première peau; mettez-les dans un vase, serrez-les bien l'une contre l'autre, en les salant avec sel et un peu de salpêtre; joignez-y du basilic, du laurier, du thym, du genièvre, et, si vous le voulez, quelques échalotes; posez dessus quelque chose de lourd pour les presser l'une contre l'autre; couvrez le pot comme il est indiqué au petit lard; mettez-le de même dans un endroit frais pendant huit jours: au bout de ce temps retirez-les de la saumure; faites-les égoutter; emballez-les dans des boyaux de cochon, de bœuf ou de veau; nouez-en les deux bouts, faites-les fumer, et, lorsque vous voudrez vous en servir, vous les mettrez cuire dans de l'eau avec un peu de vin, un bouquet de persil et ciboules, quelques oignons, thym, laurier et basilic; laissez-les refroidir, et servez-les.

Cochon de Lait.

En choisissant un cochon de lait, vous devez vous attacher à le prendre court, gras et jeune, c'est-à-dire qu'il n'ait pris pour nourriture que le lait de sa mère, et alors il doit être bon; préférez les tonquins aux autres espèces, ils sont beaucoup plus délicats; lorsque vous voudrez le tuer, prenez-lui le corps entre vos genoux, en lui serrant le groin dans la main gauche, et vous lui enfoncerez le couteau au bas de la gorge, ce qu'on appelle le petit cœur: il est nécessaire que le couteau soit étroit de lame et fort pointu; dirigez-le bien droit, afin d'atteindre le cœur de l'animal: prenez garde de l'épauler, car alors il serait difficile à échauder, et, comme il saignerait peu, les chairs en seraient noires et moins délicates: vous aurez fait chauffer une chaudronnée d'eau un peu plus que tiède, vous aurez eu la précaution d'avoir un peu de poix-résine. Avant de tremper votre cochon dans l'eau, ayez soin de lui casser les défenses, de crainte qu'elles ne vous blessent en l'échaudant; trempez-lui la tête dans cette eau; si le poil des oreilles commence à quitter, retirez votre eau du feu et trempez en entier votre cochon; mettez-le sur la table, et la résine près de vous; posez votre main à plat sur cette résine (ce qui vous donnera l'aisance de bien approprier votre cochon); frottez-le, trempez-le plusieurs fois dans l'eau, et frottez-le enfin jusqu'à ce qu'il n'y reste aucun poil; déchaussez-le, c'est-à-dire, ôtez-lui les sabots; videz-le et prenez garde de faire l'ouverture trop grande; ôtez-lui tout ce qu'il a dans le corps, hors les rognons; passez votre doigt entre le quasi, pour lui faire sortir le gros intestin, supprimez-le; ciselez-lui le chignon du cou; faites-lui quatre incisions sur la croupe, pour lui retrousser la queue entre la peau et les chairs; passez-lui trois brochettes, une dans les cuisses, pour lui assujettir les pieds de derrière, comme ceux d'un lapin au gîte; une autre à travers la poitrine pour lui trousser les pieds de devant, et une autre près des rognons pour l'empêcher de faire le dos de chameau: cela fait, mettez-le dégorger dans de l'eau fraîche; égouttez-le, laissez-le se ressuyer et mettez-le à la broche; s'il lui restait quelques poils, flambez-le avec un bouchon de papier; lorsqu'il aura fait trois ou quatre tours de broche, frottez-le d'huile avec un pinceau de plumes, pour que la peau soit plus croquante; faites cette opération plusieurs fois pendant le temps de la cuisson; quand il sera cuit, débrochez-le; faites-lui une incision autour du cou, afin que la peau reste croquante, et servez-le.

Cochon de Lait à l'Anglaise.

Vous procéderez en tout pour celui-ci comme pour le précédent, avec cette différence que vous le remplirez de la farce ci-après indiquée.

Prenez le foie du cochon, ôtez-en l'amer, hachez-le, pilez-le; ajoutez autant de mie de pain desséchée dans la crême, ou du bouillon, que vous avez de foie, et autant de beurre et de tetine que vous avez de mie; pilez le tout ensemble avec un peu de fines herbes passées dans du beurre, sel, poivre, fines épices en suffisante quantité, et une pincée de petite sauge bien hachée; ajoutez-y deux œufs entiers et trois jaunes; mêlez bien le tout; remplissez-en le corps de votre cochon; mettez-le à la broche; arrosez-le d'huile, comme pour l'autre. Il est inutile de faire observer qu'il faut plus de cuisson, puisqu'il y a une farce de plus qu'au précédent; retirez-le, et servez-le avec une sauce poivrade dessous. (Voyez l'article *Sauce Poivrade*.)

Cochon de Lait en Galantine.

Echaudez votre cochon, comme il est indiqué à l'article *Cochon de Lait rôti*; faites-le dégorger; égouttez-le, désossez-le, à la réserve des quatre pieds; prenez garde de faire aucun trou à sa peau; faites une farce cuite, de volaille ou de veau (voyez l'article *Farce cuite* [Tome II]); étendez la peau de votre cochon sur un linge blanc; mettez-y de cette farce l'épaisseur d'un doigt; garnissez-la de grands lardons de lard, et entre ces lardons placez des filets de truffes dans toute la longueur, des filets d'omelettes de jaunes d'œufs, des filets de pistaches, des filets d'amandes douces et des filets de noix de jambon cuit; couvrez le tout d'une même épaisseur de farce, et continuez ainsi jusqu'à ce que la peau soit pleine, sans être trop tendue: surtout donnez à la tête de votre cochon, ainsi qu'au corps, sa première forme; cousez-le avec une grosse aiguille et du fil de Bretagne; fixez les quatre pieds comme pour le mettre à la broche; frottez-le de citron, couvrez-le de bardes de lard, emballez-le dans une étamine neuve, que vous coudrez; attachez les deux bouts, marquez une braise avec les os et les débris de votre cochon, quelques lames de jambon cru, un jarret de veau partagé en deux, deux gousses d'ail, deux feuilles de laurier, du sel, carottes, oignons et un bouquet de persil et ciboules: posez dessus votre cochon; mouillez-le avec du bon bouillon et une bouteille de vin de Grave; faites-le partir, retirez-le sur le bord du fourneau, faites-le aller doucement pendant trois heures; retirez-le, laissez-le refroidir, ensuite déballez-le; ôtez les bardes de lard; dressez-le sur le plat. Vous aurez passé le fond de votre braise au travers d'un tamis de soie: si ce fond n'est pas assez ambré, mettez-y un peu de jus; faites-le réduire et clarifier comme il est indiqué à l'aspic (voyez l'article *Aspic*); faites un cordon de cette gelée autour de votre cochon, soit en diamans ou de toute autre manière, et servez.

Boudin ordinaire.

Ayez douze oignons épluchés; faites-les cuire dans du bouillon ou du consommé avec un bouquet de persil et ciboules, du thym, du basilic et une feuille de laurier; vos oignons cuits, hachez-les très-fin; ayez une pinte de sang de cochon; observez que ce sang, pour en ôter les fibres, doit être bien manié en sortant de la gorge de l'animal, et qu'il faut y mettre un filet de vinaigre, afin de l'empêcher de se cailler; coupez une livre et demie de panne en dés, mettez-la dans le sang avec une chopine de crême double, des fines herbes hachées, des épices fines, sel et poivre en suffisante quantité, et mêlez bien le tout; ayez des boyaux de cochon ou de mouton, que vous ratissez et lavez bien, remplissez-les de votre appareil; servez-vous à cet effet d'un entonnoir propre à cet usage; ne remplissez pas trop vos boyaux, dans la crainte que vos boudins ne crèvent pendant la cuisson; ficelez-les aux deux extrémités et d'espace en espace, suivant la longueur dont vous voulez vos boudins; mettez-les dans un chaudron d'eau tiède et menez-les à petit feu, afin qu'ils ne crèvent pas; retournez-les doucement avec une écumoire: vous jugerez s'ils sont cuits, si, en les piquant avec une épingle, la graisse vient au lieu de sang; leur cuisson faite, retirez-les sur un linge blanc et laissez-les refroidir; lorsque vous voudrez les servir, ciselez-les, mettez-les sur le gril et faites-les cuire.

Boudin à la façon de Nanterre.

Épluchez une suffisante quantité d'oignons pour le sang que vous aurez à employer; mettez-les dans une sebile de bois, et avec un couteau semblable à celui des bourreliers, hachez-les; ensuite mettez-les dans une casserole avec de la panne, passez-la sur le feu jusqu'à ce que les oignons soient bien cuits sans être roux; laissez-les refroidir à moitié, mettez-y votre sang, mêlez bien le tout, assaisonnez-le de sel fin, fines herbes, épices fines; mettez-y de la crême, et finissez votre boudin comme il est indiqué à l'article précédent.

Boudin blanc.

Faites cuire une douzaine d'oignons dans du bouillon ou du consommé, avec deux clous de girofle, du basilic, du thym et du laurier, un bouquet de persil et ciboules, du sel et du poivre; leur cuisson faite, hachez-les très-fin; faites une panade à la crême, bien desséchée; mettez les oignons et cette panade dans un mortier, ajoutez-y quelques amandes douces, que vous aurez pilées et passées à l'étamine; mêlez le tout ensemble avec le pilon; ajoutez-y quelques jaunes d'œufs crus, de la panne coupée en dés, des blancs de volailles rôties, hachez très-fin; pilez le tout ensemble et délayez-le avec de la crême double et chaude, assaisonnez-le de sel et d'épices fines; goûtez si votre appareil est d'un bon goût et entonnez-le comme vous avez fait précédemment dans des boyaux: ce boudin demande moins de temps pour sa cuisson que le noir, et, pour le faire cuire, employez du lait au lieu d'eau; laissez-le refroidir, piquez-le au lieu de le ciseler avant de le mettre sur le gril: la meilleure manière de le faire cuire est de le mettre dans une caisse de papier blanc.

Boudin d'Écrevisses.

Ayez un demi-cent d'écrevisses; faites-les cuire, après les avoir lavées, avec du bouillon ou de l'eau; leur cuisson faite, laissez-les refroidir, épluchez-les, c'est-à-dire, ôtez-en la chair des queues et les petites pattes, et supprimez le dedans du corps; faites-en sécher toutes les coquilles, pilez-les, faites-en un beurre (voyez *Beurre d'Écrevisses*, à son article); coupez les queues en dés, mettez-les dans une casserole avec les œufs que vous aurez retirés de vos écrevisses en les épluchant; ajoutez des blancs de volailles bien hachés, une panade à la crême très-desséchée, quelques oignons cuits sous la cendre, quelques foies gras coupés en dés, de la panne *idem*; mêlez-y votre beurre d'écrevisses, quelques cuillerées de consommé, des épices fines et du sel en suffisante quantité; mêlez bien le tout ensemble, entonnez-les dans les boyaux; liez-les de même que les précédens, et faites-les cuire comme les boudins blancs.

Boudin de Lapereau.

Faites cuire un lapereau de garenne à la broche, levez-en les chairs, supprimez-en la peau et les nerfs; hachez ces chairs très-fin, joignez-y le foie, ayant eu soin d'en ôter l'amer; concassez les carcasses, mettez-les dans une casserole, mouillez-les avec un peu de consommé; faites-les bouillir pour en tirer le fumet, avec lequel vous ferez une panade; pilez vos chairs et votre panade ensemble, ajoutez un tiers de beurre en sus, c'est-à-dire que le tout soit par tiers; mettez-y des oignons cuits dans du consommé et hachés très-menu, six jaunes d'œufs crus, de la crême réduite et froide (ce qu'il en faut pour mettre cet appareil à consistance de boudin), des épices fines, un peu de muscade, du sel; et procédez, pour finir ces boudins, comme il est énoncé aux articles précédens.

Boudin de Faisan.

Faites cuire un faisan à la broche, levez-en les chairs, supprimez-en la peau et les nerfs; hachez ces chairs très-menu; concassez les os, dont vous ferez le même usage que ci-dessus; faites cuire six oignons dans du bouillon, assaisonnez-les de sel, de poivre, de deux clous de girofle, d'un peu de basilic et d'un bouquet de persil et ciboules: ces oignons cuits jusqu'à parfaite réduction de leur mouillement, hachez-les très fin, incorporez-y vos chairs hachées, mêlez-y votre mie de pain desséchée; pilez le tout, délayez-le avec de la crême double; joignez-y six jaunes d'œufs frais et crus, et trois quarterons de panne blanche, coupée en petits dés, du sel fin et des épices fines; mettez cet appareil dans des boyaux, ainsi qu'il est indiqué ci-dessus; faites cuire de même, et servez.

Boudin de Foies gras.

Ayez deux beaux foies gras de Strasbourg; hachez-les; faites cuire six oignons, comme il est dit article *Boudin de Faisan*; leur cuisson faite, hachez-les très-fin et mêlez-les avec vos foies gras; ajoutez une demi-livre de panne blanchie, coupée en petits dés, un demi-setier de crême double, une chopine de sang de veau, que vous aurez soin de manier comme il est dit au boudin noir; assaisonnez le tout de sel fin, d'épices fines, et posez-le sur un feu doux pour le faire tiédir, en le remuant toujours, afin que le sang ne s'attache point au fond: cela fait, entonnez-le dans les boyaux; faites cuire ces boudins dans du bouillon, et procédez, pour les mettre en état d'être servis, comme il est dit aux articles précédens.

Cervelas fumés.

Selon la quantité de cervelas que vous voulez faire, hachez de la chair de porc frais, entrelardée, avec un quart de lard en sus; assaisonnez-les de sel fin et d'épices fines; mettez cet appareil dans des boyaux de cochon bien lavés, et, selon la grosseur que vous voulez donner à vos cervelas, ficelez-en les deux bouts et pendez-les à la cheminée pour les faire fumer trois jours; après faites-les cuire dans le bouillon pendant trois heures, avec un peu de sel, une gousse d'ail, du thym, du laurier, du basilic et un bouquet de persil et ciboules; laissez-les refroidir, et servez-les sur une serviette.

Saucisses.

Prenez de la chair de porc frais, beaucoup plus grasse que maigre (la meilleure partie est celle qui est entre la poitrine et le lard au-dessus du tendon); lorsque vous aurez haché cette chair bien fin, assaisonnez-la de sel fin et d'épices fines; entonnez-la dans des boyaux que vous ficelerez des deux bouts, et faites-les griller à un feu doux.

Saucisses plates.

Hachez, comme ci-dessus, de la chair de porc frais ce qu'il vous en faut; assaisonnez-la de même, et, au lieu de l'entonner dans des boyaux, mettez-la par parties sur des morceaux de crépine, que vous aurez coupés en raison de la grandeur qu'il vous plaira de donner à vos saucisses, et faites-les cuire sur un feu doux.

Andouilles de Cochon.

Ayez des boyaux de cochon propres à faire des andouilles; coupez-les de la grandeur et de la grosseur de celles que vous voulez faire; nettoyez-les bien pour leur ôter le goût de charcuterie; faites-les tremper dans un peu de vin blanc, pendant cinq à six heures, avec thym, basilic et deux gousses d'ail; ensuite coupez en filet du porc frais, de la panne et des boyaux; mêlez le tout, assaisonnez-le de sel fin, d'épices fines, d'un peu d'anis pilés; remplissez-en vos boyaux; prenez garde qu'ils ne le soient trop (ce qui les ferait crever); ficelez-les et mettez-les cuire dans un vase juste à leur longueur, avec moitié lait et moitié eau, un bouquet de persil et ciboules, une gousse d'ail, thym, basilic, laurier, sel, poivre, panne: vos andouilles cuites, laissez-les refroidir dans leur assaisonnement; retirez-les, essuyez-les bien, ciselez un peu, faites-les griller et servez-les.

Andouilles de Couenne.

Coupez en filets de la couenne d'un jeune cochon, des boyaux et de la panne; mêlez le tout, et procédez, pour assaisonner et finir vos andouilles, comme il est énoncé à l'article des *Andouilles de Cochon*.

Andouilles à la Béchamelle.

Mettez un morceau de beurre dans une casserole avec une tranche de jambon, trois échalotes, du persil et de la ciboule, une gousse d'ail, thym, basilic et laurier: posez votre casserole sur un feu doux, et laissez suer pendant environ un quart d'heure; mouillez-la avec une chopine de lait; faites-la bouillir et réduire à moitié; passez-la au tamis; mettez-y une bonne poignée de mie de pain, et faites-la bouillir de nouveau, jusqu'à ce que le pain ait bu le lait; ensuite coupez en filets de la poitrine de porc frais, de la panne, du petit lard et une fraise de veau; mêlez ces filets avec votre mie de pain et six jaunes d'œufs crus, des épices et du sel; remplissez des boyaux de cette composition; et, ayant fermé vos andouilles, faites-les cuire avec moitié lait et moitié bouillon gras, du sel, du poivre, un bouquet de persil et ciboules; et, pour les servir, procédez comme il est dit aux andouilles de cochon.

Andouilles de Bœuf.

Prenez chez le charcutier des robes d'andouilles; faites-leur passer le goût de boyaux, comme il est expliqué pour celles de cochon; faites cuire aux trois quarts dans de l'eau du gras-double et des palais de bœufs; ensuite coupez-les en filets, ainsi que de la tetine de veau et du petit lard; joignez à ces filets de l'oignon coupé de même, et que vous aurez fait presque cuire dans du beurre ou du lard; mêlez le tout ensemble, en y ajoutant quatre jaunes d'œufs crus, des épices fines et du sel; entonnez cet appareil dans vos boyaux; ficelez-en les deux bouts; et vos andouilles faites, mettez-les cuire dans du bouillon gras où vous aurez mis une chopine de vin blanc, un bouquet de persil et ciboules, une gousse d'ail, du laurier, du thym, du basilic, trois clous de girofle, sel, poivre, carottes et oignons; vos andouilles cuites, laissez-les refroidir dans leur assaisonnement; et, pour les servir, procédez comme il est dit pour les andouilles de cochon.

Vous pouvez vous servir de langues en place de palais de bœufs.

Andouilles de Veau.

Ayez une fraise et une tetine de veau; faites-les blanchir un grand quart d'heure, et coupez-les en filets; joignez-y une livre de petit lard coupé de même; maniez le tout dans une terrine, avec sel, épices fines, quelques échalotes hachées, quatre cuillerées à dégraisser de crême double et quatre jaunes d'œufs: procédez ensuite, en employant des boyaux de cochon pour faire vos andouilles, comme il est énoncé à l'article *Andouilles de Cochon*; faites-les cuire avec du bouillon, une chopine de vin blanc, une gousse d'ail, du thym, du basilic, du laurier et un bouquet de persil et ciboules; laissez-les refroidir dans leur assaisonnement, retirez-les, essuyez-les, et, après les avoir un peu ciselées, faites les griller, et servez.

Andouilles de Fraise de Veau.

Prenez une fraise de veau; faites-la blanchir et cuire; ensuite laissez-la refroidir; ayez une tetine ou deux, selon leur grosseur; faites-les cuire comme la fraise; émincez le tout; mettez-le dans une terrine; hachez des champignons, des échalotes, du persil et des truffes, si c'est la saison; mettez ces fines herbes dans une casserole avec un morceau de beurre; passez-les et mouillez-les avec un verre de vin de Malvoisie ou de Madère: lorsque cela sera réduit à moitié, mettez-y quatre ou cinq cuillerées d'espagnole; faites-le réduire de nouveau, comme pour une sauce aux échalotes: de là mettez-y votre fraise de veau, votre tetine et six jaunes d'œufs; le tout assaisonné de sel, poivre et épices fines; assurez-vous si cet appareil est de bon goût; dans ce cas, mettez-le dans les boyaux que vous avez préparés à cet effet, ayant toujours soin qu'ils ne soient pas trop pleins; liez-les par les deux bouts; mettez-les deux minutes dans de l'eau bouillante, pour leur faire prendre leur forme; retirez-les; ensuite laissez-les refroidir; mettez dans une casserole des lames de veau et de jambon, carottes et oignons; arrangez dessus vos andouilles; couvrez-les de bardes de lard; mouillez-les avec du vin blanc et un peu de bouillon; faites-les cuire une heure, et doucement, pour qu'elles ne crèvent pas; laissez-les refroidir dans leur assaisonnement pour qu'elles prennent du goût; après retirez-les, parez-les et faites-les griller comme les andouilles ordinaires.

SANGLIER.

Le sanglier est un cochon sauvage, tel qu'il existe en état de nature: le cochon domestique sort de cette race; il n'en diffère que par suite de la nourriture que l'homme lui donne.

Il faut choisir, pour l'employer, un sanglier de l'âge d'un à trois ans: s'il est plus vieux, la chair en est sèche et lourde. Il faut, sitôt qu'il est tué, en supprimer les testicules; car (en les lui laissant) elles donneraient un fort mauvais goût à la chair, au point qu'elle ne serait pas mangeable.

Hure de Sanglier.

Procédez en tout, pour préparer et servir cette hure, comme pour celle *dite* de cochon. (Voyez *Hure de Cochon*, à son article.)

Filets de Sanglier.

Levez ces filets comme vous lèveriez ceux de bœuf ou de veau; piquez-les; mettez-les dans une marinade à cru, ainsi préparée:

Coupez des oignons en tranches; joignez-y des échalotes, quelques gousses d'ail, clous de girofle, feuilles de laurier, petite sauge, genièvre en grains, basilic, thym et sel en suffisante quantité; mettez-y moitié vinaigre et moitié eau, si le vinaigre est fort; laissez mariner vos filets, ou toute autre partie du sanglier, quatre ou cinq jours; ôtez-les; égouttez-les; mettez de l'huile dans une casserole, faites-y revenir vos filets des deux côtés: cela fait, mettez feu dessus et dessous, et laissez-les cuire (on ne peut déterminer le temps de la cuisson que par l'âge et la grosseur de l'animal); égouttez ces filets sur un linge, et servez-les avec une sauce poivrade dessous.

Vous pouvez faire cuire ces filets à la broche et les servir de même avec une poivrade.

Côtelettes de Sanglier.

Parez et piquez ces côtelettes, et procédez ensuite comme il est indiqué pour les filets, à l'article précédent.

Jambon de Sanglier.

Ce jambon se prépare comme celui de porc. (Voyez *Manière de préparer le Jambon*, à son article.)

Moyens de donner au Cochon domestique le goût et l'apparence du Sanglier.

Levez vos chairs de cochon, comme côtelettes, filets, etc.; mettez-les dans la marinade indiquée à l'article *Filets de Sanglier*; ajoutez à cette marinade du mélilot, quelques branches de baume ou de menthe et du brou de noix (au sujet du brou, ayez-en dans la saison, mettez-le dans un pot de terre, salez-le, couvrez-le bien et servez-vous-en au besoin); laissez le tout mariner huit jours: votre cochon prendra la couleur et le goût du sanglier. Pour bien réussir en cela, il faut choisir un jeune animal, qui ne soit pas trop gras. Vous pourrez vous assurer qu'il est jeune et tendre, en pinçant et tirant sa couenne, si elle se déchire facilement.

CHEVREUIL.

Le chevreuil est beaucoup plus petit que le cerf: il lui ressemble plus que tout autre animal par la conformation des parties extérieures et intérieures. On distingue l'âge du chevreuil par le nombre des andouillers qui sont à son bois: il en porte jusqu'à dix: alors il est *dix-cors* et n'est plus propre à la cuisine: il faut donc le prendre de l'âge de dix-huit mois à trois ans, pour qu'il soit tendre et savoureux. Sa chair est très-bonne; mais cependant sa qualité dépend beaucoup du pays qu'il habite: ceux des pays élevés et en colline sont les plus délicats; ceux dont le pelage est brun ont la chair plus fine que les roux; les mâles qui ont passé deux à trois ans, qu'on appelle en terme de chasse *vieux brocards*, sont de mauvais goût dans certains temps de l'année; par exemple, à l'époque du *rut* ou peu après; les femelles du même âge, appelées chevrettes, ont la chair plus tendre; celle des faons ou jeunes chevreuils est mollasse; mais, lorsqu'ils atteignent un an ou dix-huit mois, elle est excellente.

Manière de dépecer le Chevreuil.

Lorsque vous avez un chevreuil, dépouillez-le avec soin: vous n'avez presque pas besoin de vous servir de couteau pour cela; aussitôt que vous vous êtes fait jour entre la chair et la peau, introduisez dans l'ouverture votre poing, ainsi que le fait un boucher en dépouillant un mouton: cela fait, ôtez bien tous les poils qui ont pu se détacher de la peau, et qui se colleraient sur les chairs: fendez-le en deux, comme si c'était un mouton. Pour y réussir parfaitement, accrochez-le par une jambe de derrière, fendez l'os du quasi au milieu de la moelle alongée; introduisez dans la naissance de cette moelle un hatelet de fer qui vous servira de régulateur, ayant soin de l'enfoncer au fur et à mesure que vous partagez votre pièce, jusqu'au cou: séparez le cou du corps; après coupez vos quartiers de derrière jusqu'à la première côte, c'est-à-dire que tout le filet reste sur le quartier: levez ensuite les épaules comme celles de mouton, et séparez la poitrine des carrés.

Quartier de derrière de Chevreuil à la Broche.

Levez la première peau du filet, ainsi que celle du dehors de la cuisse; piquez-le de lard fin, soit d'un bout à bout ou d'une deuxième: cela fait, mettez-le dans une marinade crue, comme il est indiqué pour le sanglier (voyez cet article), de laquelle vous mitigerez la force, selon le plus ou le moins de temps que vous voudrez conserver votre chevreuil: au bout de huit jours de marinade vous pouvez le retirer: dans ce cas laissez-le s'égoutter; mettez-le à la broche; enveloppez-le de papier beurré; faites-le cuire, et servez dessous une bonne sauce au pauvre homme, ou poivrade (voyez ces deux articles); vous pouvez conserver du chevreuil deux, trois et même six mois, en le changeant de marinade; et lorsque vous voudrez vous en servir, vous mettrez, un ou deux jours avant, une quantité suffisante d'eau pour en alléger la marinade, et conséquemment ôter en grande partie à la chair la force du vinaigre.

Côtelettes de Chevreuil.

Levez ces côtelettes comme celles de mouton; parez-les de même; aplatissez-les légérement; piquez-les, si vous le voulez; mettez-les dans la marinade crue, comme il est indiqué à l'article précédent: un jour suffit; ensuite mettez un peu de bonne huile dans une casserole; faites-y revenir à grand feu vos côtelettes des deux côtés; lorsqu'elles seront cuites et d'une belle couleur, égouttez-les, dressez-les et servez-les avec une bonne sauce poivrade ou toute autre sauce, telle que celle de tomate, etc.

Épaules de Chevreuil.

Levez les chairs de ces épaules par petits filets; ôtez-en la peau et les nerfs, piquez ces petits filets, faites-les mariner comme les côtelettes ci-dessus, faites-les cuire de même et servez-les avec une sauce poivrade ou autre.

Civet de Chevreuil.

Prenez les poitrines d'un chevreuil; coupez-les par morceaux, ainsi que le collet (comme il est indiqué à l'article *Haricot de Mouton*); passez du petit lard dans un morceau de beurre; ensuite égouttez-le, et faites un roux léger avec ce même beurre; passez vos chairs avec le petit lard jusqu'à ce qu'elles soient bien roidies; alors mouillez-les avec une bonne bouteille de vin rouge et à-peu-près une chopine d'eau; assaisonnez ce civet d'un bouquet de persil et ciboules, de deux gousses d'ail, thym, laurier, sel et poivre; remuez-le souvent pour qu'il ne s'attache pas; mettez-y des petits oignons crus ou passés dans le beurre; joignez-y des champignons; faites-le cuire et dégraissez-le: sa cuisson faite, si sa sauce est trop longue, faites-la réduire à son degré: qu'il soit d'un bon goût, et servez.

Cervelle de Chevreuil en Marinade.

Levez votre cervelle de chevreuil comme on lève celle de veau ou de mouton; épluchez-la, faites-la cuire dans une marinade, égouttez-la et faites-la frire, comme il est indiqué aux cervelles *dites* de veau (voyez cet article.)

DAIM.

Le daim et le cerf ont entre eux beaucoup de ressemblance, quoique le premier soit plus petit, et tienne le milieu entre le chevreuil et le cerf. On ne fait pas un grand cas de sa chair en ce pays-ci; pour moi je soutiens que c'est à tort, et qu'un jeune daim bien gras ne le cède pas au chevreuil pour la qualité; les Anglais en font un grand cas, et estiment peu le chevreuil; enfin je conseille d'employer le daim; et je crois qu'on perdra ici l'opinion qu'il est moins bon que le chevreuil, dès qu'il sera apprêté de même, excepté néanmoins pendant le temps du rut. La femelle et sa chevrette sont plus délicates que le daim et le chevreuil: la manière de procéder à leur égard et pour le daim, relativement au service, étant la même que celle énoncée à l'article du chevreuil, j'indiquerai seulement comment le daim se prépare en Angleterre.

Hanche de Venaison, ou Quartier de derrière du Daim.

Lorsque vous aurez un quartier de daim bien gras, c'est-à-dire couvert de graisse, tel que peut l'être un gigot de mouton; désossez-en le quasi; battez-le bien; saupoudrez le dessus d'un peu de sel fin; faites une pâte avec trois litrons de farine, dans laquelle vous mettrez une demi-once de sel, six œufs entiers et un peu d'eau seulement, pour que votre pâte soit extrêmement ferme; enveloppez-la dans un linge blanc et humide; laissez-la reposer une heure; après abaissez-la bien également, en lui donnant l'épaisseur d'une pièce de six livres; embrochez votre venaison; enveloppez-la entièrement de votre abaisse de pâte, pour cela elle doit être d'un seul morceau; soudez-la en mouillant les bords et les joignant l'un sur l'autre; cela fait, enveloppez le tout de fort papier beurré (le papier d'une seule feuille); cette hanche ainsi préparée, faites-la cuire à un feu bien égal environ trois heures; la cuisson faite, ôtez-en le papier; faites prendre une belle couleur à la pâte; après l'avoir débrochée, servez-la en joignant une saucière de gelée de groseilles, qu'on appelle en anglais Corinthe gelée.

LIÈVRE.

Gâteau de Lièvre.

Ayez un lièvre; dépouillez-le, videz-le; conservez-en le sang, ainsi que le foie; levez-en toutes les chairs; ôtez-en les nerfs et les peaux; hachez ces chairs; ayez autant de foie de veau, que vous hacherez de même, après en avoir supprimé la peau et les nerfs; joignez-y le foie de votre lièvre; ayez de la noix de jambon cuit autant que vous avez de chair de lièvre; hachez bien ce jambon, mettez-le dans le mortier, et pilez-le jusqu'à consistance d'une pâte; ajoutez-y votre chair de lièvre, son foie et celui du veau; pilez bien le tout ensemble, et joignez-y du lard râpé, le tiers du volume de vos viandes; pilez de nouveau le tout, au point qu'on ne sente sous le doigt aucun grumeau; assaisonnez-le de sel fin, d'épices fines, de fines herbes cuites, telles que persil, ciboules et de la muscade râpée; joignez à tout cela un demi-verre de bonne eau-de-vie, six ou huit œufs entiers, l'un après l'autre, le sang de votre lièvre et un jus d'ail (lequel se fait en écrasant deux gousses d'ail qu'on met avec un peu d'eau dans une cuiller et dont on exprime le jus); mêlez bien le tout ensemble; cela fait, foncez une casserole de bardes de lard bien *loses*; mettez-y de votre appareil l'épaisseur de deux doigts; ayez de grands lardons; rangez-les sur cet appareil, de distance en distance, et mettez alternativement dans chacune de ces distances une rangée de pistaches ou de truffes coupées comme un lardon; recouvrez ce fond de votre appareil toujours de l'épaisseur de deux doigts, et continuez ainsi jusqu'à ce que votre casserole soit pleine; couvrez cet appareil de bardes de lard et d'un rond de papier; mettez un couvercle sur votre casserole; posez-la sur une tourtière, et faites cuire au four votre gâteau trois heures, ou moins, selon la grosseur; ensuite retirez-le; laissez-le refroidir; échauffez légérement la casserole, pour le retourner; retournez-le; ôtez-en les bardes; faites-y une remarque qui indique à l'entamer, de sorte que les lardons qui y sont posés en long se trouvent coupés en travers; et servez-le sur une assiette, comme moyenne ou grosse pièce d'entremets.

Levraut à la Broche.

Ayez un levraut jeune et tendre (vous vous assurerez s'il l'est, en lui tâtant une des pattes de devant; s'il est jeune, vous devez sentir au dehors une ou deux protubérances ou grosseurs; plus elles sont sensibles, plus elles indiquent la jeunesse de l'animal); coupez les deux pattes de devant près du coude; dépouillez le, videz-le; passez votre doigt entre ses quasis, pour qu'il n'y reste aucune malpropreté; crevez le diaphragme; retirez les poumons et le foie de votre levraut; mettez son sang dans un vase; coupez à moitié les pattes de derrière, passez une d'elle dans le jarret de l'autre; rompez les cuisses vers le milieu; refaites votre lièvre sur le feu; essuyez-le; frottez-le entièrement de son sang avec votre main; piquez-le, ou bardez-le; mettez-le à la broche; faites-le cuire une demi-heure ou trois quarts d'heures; retirez-le, et servez-le avec une sauce poivrade que vous lierez avec son sang; ayez soin de ne la pas laisser bouillir. (Voyez l'article *Sauce Poivrade*.)

Levraut à l'Anglaise.

Ayez un levraut tendre, comme il est dit à l'article précédent; dépouillez-le, sans lui couper les pattes; au contraire, dépouillez-les toutes les quatre le mieux possible; laissez-lui ses ongles; et pour qu'il reste dans son entier, échaudez-lui les oreilles comme on échaude celles d'un cochon de lait (voyez *Cochon de Lait*, à son article): faites-lui, pour le vider, une petite ouverture; retirez-lui les poumons et le sang, comme il est dit précédemment: passez votre doigt entre les quasis, de même que ci-dessus; prenez le foie, ôtez-en l'amer, hachez-le très-menu; faites une panade un peu desséchée avec de la crême, pilez-la avec votre foie; mettez autant de beurre qu'il y a de panade, quatre jaunes d'œufs crus, sel, poivre et fines épices; coupez un gros oignon en très-petits dés, passez-le dans du beurre; faites-le cuire à blanc; ôtez votre pilon et joignez cet oignon à votre farce, en le mettant avec une cuiller; ajoutez-y une pincée de petite sauge, que vous aurez passée au tamis: mêlez le tout et incorporez-y le sang de votre levraut; faites l'essai de cette farce; goûtez si elle est d'un bon goût; remplissez-en le corps de votre levraut, cousez-le; cassez-lui les os des cuisses, et ramenez-lui les pattes de derrière sous le ventre où vous les fixerez; donnez l'attitude aux pattes de devant, ainsi qu'à la tête de votre lièvre, comme s'il était au gîte; mettez-le à la broche, en lui conservant cette position: bardez-le, enveloppez-le de papier; faites-le cuire environ cinq quarts d'heure; avant de le retirer du feu, ôtez-lui le papier: si c'est pour servir à des Anglais, supprimez-en le lard, et servez-le avec une saucière remplie de gelée de groseilles.

Civet de Lièvre.

Ce civet se fait comme celui du chevreuil, mais on le finit, en le liant avec le sang qu'on a réservé du lièvre (voy. l'art. *Civet de Chevreuil*).

Escalopes de Levraut au sang.

Ayez un ou deux levrauts, selon leur grosseur; dépouillez-les, videz-les, conservez-en le sang; levez-en les filets, ainsi que les mignons et les noix des cuisses; supprimez les nerfs de vos filets, en les posant sur la table et faisant glisser votre couteau, comme si vous leviez une barde de lard; ôtez les nerfs et les peaux de vos noix; coupez le tout de l'épaisseur et de la grandeur d'un écu; battez-les l'un après l'autre avec le manche du couteau, que vous tremperez dans l'eau; arrondissez vos escalopes, arrangez-les l'une après l'autre, ainsi que les rognons partagés en deux, dans une sauteuse ou un plat d'argent creux, où vous aurez fait fondre du beurre; saupoudrez ces escalopes d'un peu de sel et de gros poivre; couvrez-les de beurre fondu et d'un rond de papier blanc, et laissez-les jusqu'à l'instant de vous en servir: concassez les os, la tête et tous les débris de vos levrauts; mettez-les dans une petite marmite, avec quelques lames de jambon, un morceau de rouelle de veau, deux oignons, un piqué de deux clous de girofle, deux ou trois carottes tournées, un bouquet de persil et de ciboules, une feuille de laurier et la moitié d'une gousse d'ail; mouillez le tout avec du bon bouillon et un verre de vin de Bourgogne rouge; faites cuire ce fumet une heure ou davantage: sa cuisson faite, dégraissez-le, passez-le au travers d'une serviette, mettez-le sur le feu de nouveau; faites-le réduire plus qu'à moitié; ajoutez-y trois cuillerées à dégraisser d'espagnole; faites-le réduire de nouveau à consistance de demi-glace: à l'instant de servir, mettez vos escalopes sur un feu ardent; lorsqu'elles seront roides d'un côté, faites-les roidir de l'autre; cela fait, égouttez-en le beurre sans perdre le jus de vos filets; mettez le tout dans votre fumet, sautez-le, liez-le avec le sang de vos levrauts; ajoutez-y un pain de beurre, un jus de citron; goûtez s'il est d'un bon goût, et servez.

Si vous n'aviez point d'espagnole, faites un petit roux (voyez *Roux*, à son article); liez-en votre fumet avant de le passer, et, pour en obtenir à-peu-près le même résultat que ci-dessus, faites-le réduire au même degré.

Filets de Levrauts à la Provençale.

Levez les filets d'un ou deux levrauts; parez-les, ôtez-en les nerfs; piquez-les de filets d'anchois dessalés et de lard; versez de l'huile dans une casserole; mettez-y une demi-gousse d'ail, un peu d'échalotes hachées, un peu de sel et de gros poivre; posez vos filets dans cette casserole et passez-les sur le feu: lorsqu'ils seront cuits, égouttez-les chaudement; mettez dans votre casserole deux cuillerées de coulis, autant de consommé, la moitié d'une cuillerée à bouche de vinaigre à l'estragon; faites réduire votre sauce, dégraissez-la, passez-la à l'étamine; remettez-la au feu, dégraissez-la de nouveau: goûtez si elle est d'un bon goût; versez-la dans le fond du plat et servez vos filets dessus.

Filets de Levrauts en Serpent.

Prenez les gros filets de trois ou quatre forts levrauts; parez-les comme il est dit précédemment (article des *Escalopes*); formez avec le gros bout du filet une espèce de tête de serpent; piquez le reste d'une deuxième; foncez une casserole de bardes de lard; arrangez-y vos filets, en les faisant serpenter; assaisonnez-les d'un bouquet de persil et ciboules, d'une carotte, d'un oignon, d'un demi-verre de vin blanc; mouillez le tout avec un peu de consommé; couvrez vos filets d'un papier beurré; faites-les partir et de suite cuire un quart d'heure, avec feu dessus et dessous: leur cuisson faite, égouttez-les sur un couvercle, glacez-les et servez-les sur un bon *fumet*, tel que celui dont il est mention à l'article des *Escalopes de Levrauts*. Vous pouvez vous servir des cuisses et des épaules, soit pour faire un civet, soit de la manière suivante.

Cuisses de Levrauts en Papillotes.

Prenez six cuisses de levrauts, désossez-les jusqu'aux genoux; passez-les dans des fines herbes hachées; faites-les cuire près d'une demi-heure, et du reste préparez-les comme les côtelettes de veau en papillotes (voyez cet article).

Boudin de Lièvre.

Prenez un lièvre ou des cuisses de levrauts dont vous aurez levé les filets; supprimez-en les nerfs et les peaux; pilez ces chairs; joignez-y le foie dont vous aurez ôté l'amer; passez-les à travers le tamis à quenelles; ramassez-les; ayez autant de panade desséchée, dans du consommé ou du bouillon, que vous avez de ces chairs; pilez le tout ensemble; ajoutez-y autant de beurre fin que vous avez employé de panade, c'est-à-dire que le tout soit par tiers; joignez à cela le sang de votre lièvre; assaisonnez votre farce de sel fin, d'épices fines, d'un peu de muscade râpée et de fines herbes hachées, passées dans du beurre; mettez-y trois ou quatre jaunes d'œufs l'un après l'autre, et finissez-la avec deux blancs d'œufs fouettés que vous y mêlerez légérement: faites-en l'essai; goûtez si elle est d'un bon goût; saupoudrez votre table d'un peu de farine; mettez votre farce dessus; roulez-la de la grosseur d'un moyen cervelas; formez vos boudins, posez-les sur un couvercle que vous aurez saupoudré aussi d'un peu de farine: faites bouillir au grand bouillon, pochez-les dedans; après retirez-les, laissez-les refroidir; trempez-les dans du beurre fondu; panez-les, posez-les sur un gril; faites-les griller d'une belle couleur; et servez-les avec un bon fumet comme celui énoncé plus haut.

Côtelettes de Levraut.

Prenez les filets de trois gros levrauts; supprimez-en les nerfs et les peaux; coupez-les par morceaux de l'épaisseur d'une petite côtelette de mouton; aplatissez vos morceaux, parez-les, en leur donnant la forme d'une côtelette; ôtez les côtes de la carcasse de votre lièvre, faites-les bouillir, jusqu'à ce que les chairs s'en détachent facilement; nettoyez ces os, coupez-les convenablement pour en former vos côtelettes, en enfonçant un d'eux dans chacun de ces morceaux (ce qui formera vos côtelettes de levraut); ayez une casserole dans le cas de contenir vos côtelettes; vous passerez dans du beurre et du lard râpé des fines herbes hachées, telles que persil, ciboules, échalotes et champignons; assaisonnez-les de sel, d'un peu de poivre et d'un demi-verre de vin blanc; arrangez ces côtelettes sur ces fines herbes, faites-les-y cuire durant six ou sept minutes; dressez-les en cordon sur votre plat, tenez-les chaudement; dégraissez vos fines herbes; mettez-y une cuillerée d'espagnole réduite et le jus d'un fort citron; mêlez bien le tout ensemble, et servez avec cette sauce mise dans le puits de vos côtelettes.

LAPEREAU.

Sauté ou Escalopes de Lapereaux.

Prenez deux bons lapereaux; dépouillez-les, levez-en les filets; prenez la chair des cuisses, ôtez les filets mignons et les rognons; supprimez les nerfs et les peaux de ces chairs; coupez-les en petits morceaux d'égale grosseur; aplatissez-les avec le manche de votre couteau, que vous tremperez dans de l'eau; parez-les; faites fondre du beurre dans une sauteuse, arrangez-y vos escalopes, les unes après les autres; saupoudrez-les légérement d'un peu de sel et de gros poivre; mettez dessus un peu de beurre fondu; couvrez-les d'un rond de papier, et laissez-les ainsi jusqu'au moment de servir; coupez vos carcasses de lapereaux par morceaux, mettez-les dans une petite marmite, avec une carotte, deux oignons, dont un piqué d'un clou de girofle, un bouquet de persil et ciboules, une feuille de laurier, une lame de jambon et quelques débris de veau; mouillez tout cela avec du consommé, faites-le bouillir, écumez-le, et laissez-le cuire environ une heure; dégraissez ce consommé, et passez au tamis; faites-le réduire aux trois quarts; ajoutez-y deux cuillerées à dégraisser d'espagnole réduite; faites réduire de nouveau votre sauce, en la travaillant, à consistance d'une demi-glace; au moment de servir, sautez vos escalopes; faites-les roidir des deux côtés; égouttez-en le beurre, en conservant leur jus; mettez-les dans votre sauce, sautez-les; mettez-y un pain de beurre; dressez-les dans un plat auquel vous aurez fait un bord, et servez. (Voyez l'article *Bords de Plat*.)

Vous pouvez, dans la saison, couper des truffes en liards, les passer dans du beurre, les égoutter, et au moment de servir les sauter avec vos escalopes; de plus vous pouvez employer des concombres. (Voyez l'article *Garnitures*.)

Filets de Lapereaux Piqués et Glacés.

Ayez six lapereaux; levez-en les filets, parez-les, supprimez-en la peau et les nerfs; piquez-en six des plus gros de menu lard; aux six autres, faites-leur avec le tranchant de votre couteau, en l'insinuant un peu, des incisions, de distance en distance; prenez plusieurs truffes, arrondissez-les, cannelez-les, c'est-à-dire, donnez-leur la forme d'une petite crête; coupez-les de l'épaisseur d'une pièce de trente sous, arrangez-les dans toutes les incisions de vos filets; rangez ces filets dans une sauteuse, dans laquelle vous aurez fait fondre un peu de beurre; donnez-leur la forme que vous jugerez à propos; saupoudrez-les d'un peu de sel, arrosez-les d'un peu de beurre fondu, et au moment de servir faites-les cuire avec feu dessus et dessous; tâtez-les; s'ils résistent sous le doigt, c'est qu'ils sont cuits; saucez-les avec un fumet réduit, et servez. (Voyez *Fumet de Lapin*, article précédent.)

Filets de Lapereaux à la Purée de Champignons.

Prenez six lapereaux, piquez-en les filets de même lard; faites-les cuire comme ci-dessus, et servez-les sur une purée de champignons. (Voyez l'article *Sauce* ou *Purée de Champignons*.)

Vous pouvez servir ces filets sur des concombres, des petits pois, de la chicorée, etc.

Cuisses de Lapereaux à la Dauphine.

Prenez huit cuisses de lapereaux; supprimez-en l'os du quasi; piquez-les, marquez-les dans une casserole comme des fricandeaux (voyez l'article *Grenadins de Veau*); donnez-leur une demi-heure de cuisson; glacez-les et servez-les dessus une bonne chicorée réduite à la béchamelle.

Hachis de Lapereaux à la Portugaise.

Ayez trois lapereaux; faites-les cuire à la broche; levez-en les chairs; ôtez-en les peaux et les nerfs; hachez ces chairs; mettez-les dans un vase jusqu'au moment de vous en servir; prenez vos carcasses de lapereaux, concassez-les; mettez-les dans une casserole avec cinq cuillerées à dégraisser d'espagnole, deux de consommé et un verre de vin blanc de Champagne; faites cuire le tout: la cuisson faite, passez votre farce à travers une étamine, faites-la réduire à consistance de demi-glace; mettez-y vos chairs avec un peu de gros poivre et un pain de beurre; liez bien le tout sans le laisser bouillir, et dressez votre hachis sur un plat auquel vous aurez fait une bordure avec des petits croûtons (voyez l'article *Bordures de Plats*); mettez sur votre hachis huit ou neuf œufs pochés et glacés. Ce hachis doit être entre les œufs, avec un peu de votre essence que vous avez dû réserver à ce sujet. Vous pouvez mettre des filets mignons entre vos œufs en sautoir, décorés de truffes ou piqués.

Filets de Lapereaux à la Vopallière.

Levez les filets de trois bons lapereaux bien tendres; coupez-les à-peu-près de la grosseur du pouce; faites-les mariner dans de la bonne huile, des truffes fraîches et hachées, quelques échalotes, persil et ciboules, hachés très-fin; assaisonnez-les de sel et de gros poivre; laissez-les mariner une couple d'heure; enfilez ces morceaux de filets dans des hatelets avec leur assaisonnement; enveloppez-les de bardes de lard; couvrez-les de papier, mettez-les à la broche, faites-les cuire environ un quart d'heure; déballez-les, ôtez-en le lard, et servez-les avec une bonne italienne rousse, forcée de citron.

Lapereaux en fricassée de Poulet.

Ayez deux lapereaux bien tendres; coupez-les proprement en morceaux; essuyez-en le sang; mettez-les dans une casserole avec de l'eau, quelques tranches d'oignons, une feuille de laurier, du persil en branche, quelques ciboules et un peu de sel; faites-leur jeter un bouillon; égouttez-les, essuyez-les et parez-les de nouveau; mettez-les dans une autre casserole avec un morceau de beurre; sautez-les, singez-les légérement de farine; mouillez-les avec l'eau dans laquelle ils ont blanchis, ayant soin de les remuer, pour que la farine ne fasse point de grumeaux; faites-les bouillir; mettez-y des champignons, des mousserons ou des morilles, et, si vous le voulez, des trois ensemble: laissez cuire, faites réduire la sauce convenablement; votre ragoût cuit, liez-le avec quatre jaunes d'œufs délayés, soit avec un peu de lait, soit avec de la crême, ou un peu de votre sauce refroidie, et finissez-les, soit en y mettant un jus de citron, soit un filet de verjus, ou, faute de ces deux objets, un filet de vinaigre blanc; goûtez si votre sauce est d'un bon goût et servez.

Gibelotte de Lapereaux.

Ayez une demi-livre de petit lard; coupez-le en gros dés, que vous passerez dans du beurre; lorsqu'ils seront d'un beau blond, égouttez-les; mettez une pincée de farine dans votre beurre et faites un petit roux; vous aurez coupé deux lapereaux en morceaux, et lorsque votre roux sera d'un beau blond, mettez-y vos lapereaux; faites les revenir; ensuite joignez-y votre petit lard; mouillez le tout avec la moitié d'une bouteille de vin blanc, et achevez de le mouiller avec du bouillon; faute de bouillon, employez de l'eau; assaisonnez votre gibelotte de sel, d'un peu de gros poivre, d'un bouquet de persil et ciboules, dans lequel vous aurez mis un clou de girofle, une feuille de laurier et une gousse d'ail; faites cuire, et durant la cuisson mettez des champignons; dégraissez votre sauce et ôtez le bouquet: si elle se trouvait trop longue, retirez-en; faites-la réduire; goûtez si elle est d'un bon goût et servez.

Gibelotte de Lapereau et d'Anguille.

Procédez pour cette gibelotte comme il est énoncé pour la précédente: ajoutez-y une anguille que vous couperez par tronçons, et que vous ferez cuire avec votre lapereau; ou, si vous l'aimez mieux, faites-la cuire séparément dans l'assaisonnement. (Pour cette cuisson, voyez *Anguille à la Broche*, article POISSON [Tome II].)

Lapereaux aux petits Pois.

Faites un petit roux; coupez vos lapereaux par membres; votre roux étant bien blond, passez-les dedans; ajoutez-y quelques dés de jambon, et mouillez le tout avec du bouillon; faites que votre roux soit bien délayé; mettez-y un bouquet de persil et ciboules, garni d'un clou de girofle, d'une feuille de laurier et d'une demi-gousse d'ail, si vous voulez; lorsque votre lapereau sera en train de bouillir, mettez-y un litre de petits pois, et faites cuire le tout, que vous assaisonnerez de sel en suffisante quantité; quand votre ragoût sera bien réduit, supprimez-en le bouquet et servez.

Timbale de Lapereaux.

Ayez deux lapereaux; préparez-les comme il est dit ci-dessus; passez-les dans une casserole, avec du beurre, du sel, du poivre et des fines herbes hachées, telles que persil, échalotes, ciboules, champignons et truffes; mettez des épices fines, une feuille de laurier, et mouillez le tout avec un verre de vin blanc et deux cuillerées à dégraisser d'espagnole; faites-les mijoter, et lorsque vos lapereaux seront cuits, laissez-les refroidir, et ôtez-en la feuille de laurier: de là prenez gros de beurre comme une noix, beurrez-en une casserole d'une grandeur convenable, et foncez-la de petites bandes de pâte roulées (voyez l'article *Pâte à Pâté* [Tome II]); commencez par le milieu du fond de cette casserole, en tournant votre pâte en forme de limaçon, jusqu'à ce que vous arriviez au rebord de la casserole; ayez soin, et que ces bandes portent bien les unes sur les autres, et de les souder, en sorte qu'on ne puisse s'apercevoir de leur jonction: cela fait, moulez un morceau de pâte qui vous servira à faire un double fond; abaissez-la, mettez-la de l'épaisseur d'un écu de six francs, pliez-la en quatre, présentez-la dans votre casserole pour vous assurer si ce fond est assez grand; il faut qu'il dépasse la casserole d'un bon pouce; vous en serez convaincu en pliant votre pâte en quatre et lorsque sa pointe touchera le point central du fond; après mouillez un peu les bandes avec un doroir; posez dessus votre double fond, appuyez-le légérement pour qu'il ne reste aucun vide entre les bandes et votre abaisse; ensuite roulez du godiveau, avec un peu de farine; formez-en des petites quenelles; garnissez-en le fond de votre timbale, mettez-en tout autour, presque jusqu'au bord; remplissez-en le vide des membres de vos lapereaux; joignez-y quelques champignons tournés, et passez dans du beurre; faites une seconde abaisse pour couvrir votre timbale, mouillez-en les bords; posez dessus votre couvercle de pâte, soudez-le et videz-le; mettez-la au four environ une heure et demie: lorsqu'elle sera cuite d'une belle couleur et que vous serez prêt à servir, renversez-la sur le plat; levez-en un couvercle de la grandeur que vous voudrez; mettez dans votre timbale une bonne espagnole réduite, et servez.

Si vous n'avez pas le temps de faire ces bandes, beurrez votre casserole, saupoudrez-la de vermicelle; mettez votre abaisse dessus, et procédez pour le reste, comme il est énoncé plus haut.

Mayonnaise de Lapereaux.

Faites cuire deux lapereaux à la broche; laissez-les refroidir; coupez-les par membres; parez-les proprement, mettez-les et sautez-les dans une mayonnaise (voyez *Sauce Mayonnaise*, à son article); dressez-les et servez.

Lapereaux aux fines Herbes.

Ayez deux lapereaux; videz-les, coupez-les en morceaux; parez-les, mettez-les dans une casserole, avec un morceau de beurre, du sel et du poivre; joignez-y persil, ciboules, échalotes hachées, et des champignons, si vous en avez: passez le tout; laissez-le suer environ un quart d'heure; lorsque vos lapereaux seront cuits, ajoutez-y le jus d'un fort citron, et servez-les.

Lapereaux en Papillotes.

Préparez vos lapereaux comme il est énoncé à l'article précédent: cela fait, mettez-les en papillotes (voyez l'article *Cuisses de Levrauts en papillotes*.).

Marinade de Lapereaux.

Ayez deux lapereaux cuits à la broche, comme je l'ai dit à l'article de la *Mayonnaise*; coupez-les par membres; faites-les mariner (voyez l'article *Marinade*); lorsqu'ils le seront suffisamment, égouttez-les, mettez-les dans une pâte à frire; faites-les frire; qu'ils soient d'une belle couleur, et servez.

Salade de Lapereaux.

Faites cuire un ou deux lapereaux à la broche; après coupez-les par membres; parez-les, dressez-les sur un plat; décorez-les avec des filets d'anchois, des œufs durs, coupés par quartiers; des betteraves, si c'est la saison; des cœurs de laitues, des câpres, des petits oignons cuits, de la fourniture hachée, et servez avec un huilier.

Terrine de Lapereaux.

Apprêtez deux lapereaux; coupez-les par membres, mettez-les dans une petite marmite, avec deux ou trois oignons, dont un piqué de deux clous de girofle, une ou deux carottes, une feuille de laurier, un bouquet de persil et ciboules, et une demi-gousse d'ail; mouillez le tout avec du bon bouillon; vous aurez auparavant fait blanchir une demi-livre ou trois quarterons de lard coupés en gros dés, sans être détachés de la couenne, et que vous ajouterez à vos lapereaux: faites cuire le tout; sa cuisson faite, égouttez-le, mettez-le dans le fond de votre terrine, et masquez-le d'une purée de lentilles ou de pois. (Voyez les articles *Purée de Lentilles* et *Purée de Pois*.)

Lapereaux en Caisse.

Ayez deux ou trois jeunes lapereaux; préparez-les; refaites-les; posez-les à un feu nu pour les roidir; faites une caisse de la grandeur de vos lapereaux; frottez-la d'huile; posez-la sur le gril, et rangez-y ces lapereaux; passez dans du beurre des fines herbes hachées, telles que persil, ciboules et champignons, que vous mettrez dans un linge blanc, et que vous tordrez pour en supprimer le jus qui pourrait ramollir votre caisse: assaisonnez ces fines herbes de sel, de gros poivre, de fines épices, et versez-les dans votre caisse; mettez-la sur un feu doux; ayez soin d'y tourner vos lapereaux, et leur cuisson faite, servez-les.

Accolade de Lapereaux à la Broche.

Ayez deux jeunes lapereaux; coupez-leur les jambes de devant, tout-à-fait près du corps; la moitié des pieds de derrière, et passez-leur un de ces pieds dans le jarret de l'autre; habillez-les, posez-les sur la table; battez-leur le dos avec le manche de votre couteau; refaites-les; bardez l'un et piquez l'autre: pour le piquer, vous ferez une lapinière qui est une espèce de latte où il y a des trous et dont le bout est pointu; vous enfoncerez cette pointe dans la mâchoire de l'animal, et vous lui fixerez les pieds sur la lapinière avec une petite cheville: cela fait, mettez vos lapereaux à la broche; faites-les cuire en les arrosant: leur cuisson faite, servez-les, en mettant à côté une poivrade dans une saucière.

FAISAN.

Le faisan est jeune et tendre, lorsque la maîtresse penne de l'aile marque encore, c'est-à-dire qu'elle forme la pointe, et que de la jambe du coq l'éperon est arrondi: au contraire, s'il est pointu et long, c'est une preuve que c'est un vieux coq, et dès-lors nullement convenable pour le rut; mais on peut l'employer pour toute autre chose, comme il sera désigné ci-après. Remarquez qu'il faut toujours le choisir gras et bien en chair; et que ceux qui viennent de la Bohême sont préférables à ceux de ces pays-ci; mais il n'en vient que dans l'hiver.

Faisan à la Broche.

Ayez un faisan jeune, tendre et gras; plumez-le par tout le corps, excepté à la queue et à la tête, en prenant garde de le déchirer: l'ayant vidé, flambé et épluché, bridez-le; bardez-le ou piquez-le; enveloppez-lui la tête et la queue de papier; retroussez-lui la queue le long des reins, embrochez-le, enveloppez-le entièrement de papier, faites-le cuire, et déballez-le, ainsi que sa tête et sa queue, et servez-le.

S'il est pour des Anglais, servez-le avec une brède-sauce. (Voyez cet article.)

Faisan aux Truffes ou à la Périgueux.

Plumez un jeune faisan, comme pour la broche; videz-le par la poche: à cet effet, cassez-lui l'os du brichet ou de la poitrine, en lui sortant les intestins: prenez garde de crever l'amer; flambez-le légérement, épluchez-le; ayez une livre et demie de bonnes truffes; brossez-les, épluchez-les; pilez trois quarterons de lard; mettez ce lard dans une casserole avec vos truffes, dont vous aurez haché les plus petites; mettez-les cuire sur un feu doux, avec sel, poivre et un peu d'épices fines: leur cuisson faite, laissez-les presque refroidir, et remplissez-en le corps de votre faisan; cousez-en la poche; bardez-le; laissez-le se parfumer ainsi deux ou trois jours et plus, si vous le voulez: de là embrochez-le, emballez-le de papier; faites-le cuire environ une heure, et servez-le.

Filets de Faisans à la Vopallière.

Prenez trois jeunes faisans; levez-en les filets; ôtez-en les mignons; levez la peau de vos gros filets, et cela en les posant sur la table, et faisant couler votre couteau, comme si vous leviez une barde de lard; prenez garde d'en endommager les chairs; battez-les légérement avec le manche de votre couteau, et parez-les: faites fondre du beurre dans une sauteuse; trempez-y vos filets les uns après les autres, et rangez-les, de manière qu'ils ne se touchent pas; saupoudrez-les d'un peu de sel fin, d'un peu de gros poivre, et couvrez-les d'un rond de papier: préparez vos six petits filets; piquez-en trois de même lard; les trois autres, décorez-les de petites crêtes de truffes; mettez-les sur une tourtière, avec un peu de beurre fondu et un grain de sel; donnez-leur la forme d'un demi-cercle, et couvrez-les d'un rond de papier: vous aurez levé les cuisses de vos faisans et les aurez fait cuire à la broche ou dans une casserole, avec un peu de beurre, sans mouillement: lorsqu'elles seront froides, vous en supprimerez les peaux et les nerfs; vous hacherez vos chairs fort menu, et les mettrez dans une casserole que vous couvrirez: vous aurez fait un fumet de vos carcasses, comme il est indiqué au fumet de lapereaux (voyez l'article *Escalopes de Lapereaux*); sa cuisson faite, passez-le au travers d'une serviette; faites-le réduire; ajoutez-y trois cuillerées à dégraisser d'espagnole travaillée; faites réduire le tout à consistance de demi-glace, et réservez-en une partie pour glacer votre entrée; sautez vos filets, retournez-les; assurez-vous s'ils sont cuits; dressez-les en couronne; mettez votre hachis et vos truffes dans votre sauce, avec gros comme une noix d'excellent beurre: remuez le tout; ne le laissez point bouillir; versez-le dans le puits de vos filets: vous aurez fait sauter au même instant vos petits filets dans le beurre: leur cuisson faite, glacez-les et faites-en une seconde couronne sur votre hachis, que vous aurez glacé avec ce que vous aviez conservé de votre sauce, et servez.

Escalopes de Faisans.

Levez les ailes de trois faisans; enlevez-en la petite peau, comme il est indiqué à l'article précédent; coupez-les en filets d'égale grosseur; formez-en des escalopes, comme il est dit à l'article *Escalopes de Lapereaux*; faites fondre du beurre dans une sauteuse; arrangez-y vos escalopes, les unes après les autres; saupoudrez-les d'un peu de sel et de gros poivre; arrosez-les de beurre fondu; faites un fumet du restant de vos chairs et de vos carcasses, comme il est indiqué article *Lapereau*; ajoutez-y trois cuillerées à dégraisser d'espagnole; mettez le tout à demi-glace; faites sauter vos escalopes; égouttez-en le beurre; conservez leur jus; mettez-les, ainsi que ce jus, dans votre réduction; sautez-les et finissez-les avec un pain de beurre; goûtez si elles sont d'un bon goût, dressez-les et servez: joignez-y des truffes coupées en liards, si c'est la saison et si tel est votre goût.

Salmi de Faisans.

Faites cuire un ou deux faisans à la broche; laissez-les refroidir, dépecez-les, parez-les proprement, supprimez-en les peaux; arrangez-les dans une casserole, mouillez-les avec un peu de consommé pour les faire chauffer sur une cendre chaude; mettez dans une casserole un bon verre de vin, rouge ou blanc; ajoutez-y trois ou quatre échalotes hachées, un zeste de bigarade, trois cuillerées à dégraisser d'espagnole réduite, gros comme une muscade de glace ou de réduction de veau; faites réduire le tout; pilez les peaux et les parures de vos faisans; mettez-les dans votre réduction, délayez-les sans les faire bouillir, passez-les à l'étamine comme une purée; mettez cette espèce de purée ou sauce de salmi dans une casserole, et tenez-la chaudement au bain-marie: au moment de servir, égouttez vos membres de faisans; dressez-les sur le plat, en mettant les inférieurs les premiers, conséquemment vos ailes et vos cuisses tout autour, le tout entremêlé de croûtons en cœur, soit de mie ou de croûte de pain, passés dans du beurre: exprimez dans votre salmi le jus d'une ou deux bigarades, saucez et servez.

Soufflé de Faisans.

Pour procéder à ce sujet, voyez *Soufflé de Perdreaux*, à son article.

Faisan à la Chou-croûte.

Ayez un gros faisan, plumez-le, videz-le, flambez-le; lardez-le de gros lardons, assaisonnés de sel, poivre, fines épices, persil, ciboules, un peu d'aromates pilés: lavez et pressez de la chou-croûte en suffisante quantité pour en former un bon plat; mettez-la cuire avec un morceau de petit lard et un cervelas; nourrissez-la avec quelques fonds ou dessus de braises; faites-la cuire trois ou quatre heures sur un feu doux; après mettez-y au milieu votre faisan; faites-le cuire environ une heure, et lorsqu'il le sera, dressez-le sur le plat: prenez votre chou-croûte pour l'égoutter avec une cuiller percée; garnissez-en votre faisan; coupez votre cervelas en tranches; ôtez-en la peau; faites-en une bordure autour de la chou-croûte, en l'entremêlant de petit lard coupé en lames et de quelques saucisses, puis servez.

Croquettes de Faisans.

S'il vous reste un faisan de desserte, ou des membres de faisans, vous pouvez en faire des croquettes. (Voyez *Croquettes de Lapereaux*, article FARCES [Tome II].)

Mayonnaise de Faisan.

Pour procéder à l'égard de cette mayonnaise, voyez *Mayonnaise de Lapereaux*, à son article.

Boudin de Faisan à la Richelieu.

Levez les chairs d'un faisan; pilez-les, passez-les au tamis à quenelles; faites cuire dans la cendre douze grosses pommes de terre, épluchez-les, et faites attention qu'il n'y reste ni cendre ni gravier; pilez-les à force de bras; ramassez-les dans votre mortier; formez des pelotes et de vos chairs et de ces pommes, ainsi que de beurre, c'est-à-dire, que le tout soit par tiers d'égale proportion; pilez ensemble vos chairs et vos pommes de terre; lorsqu'elles le seront bien, ajoutez-y votre beurre; pilez le tout de nouveau, jusqu'à ce qu'il soit bien incorporé; assaisonnez-le de sel, d'un peu d'épices fines et de muscade râpée, et faites en sorte que rien ne domine; humectez vos quenelles avec cinq ou six jaunes d'œufs, les uns après les autres; ces jaunes bien incorporés à votre farce, faites-en l'essai; si elle est d'un bon goût et à son degré de perfection, retirez votre pilon; fouettez trois blancs d'œufs, joignez-les à votre farce en les y mêlant bien, et retirez-la; saupoudrez votre table de farine; mettez dessus, par parties, votre farce; roulez-la, en sorte d'en former de gros boudins; posez-les sur un couvercle, pochez-les comme le boudin de lapereau; laissez-les refroidir, panez-les à l'anglaise, c'est-à-dire avec un jaune d'œuf mêlé d'un peu de beurre fondu et une pincée de sel; au moment de servir, faites-les griller et servez-les avec un fumet fait avec la carcasse de votre faisan. (Voyez *Fumet de Gibier*, article LAPEREAU[3].)

PERDRIX ROUGES.

On en distingue de deux espèces; l'une est la bortavelle, et l'autre celle d'Europe; la dernière a douze pouces de longueur, le bec et l'iris des pieds rouges, le fond d'un gris-brun, et la tête d'un beau roux, barrée de taches noires obliques sur les plumes de l'occiput; la gorge d'un blanc pur, encadré de noir; une bande blanche au-dessus des yeux; le dessus du col et les côtés cendrés, avec deux taches noires au-dessus du dos. Le mâle se distingue de la femelle par un tubercule sur chaque pied; on connaît les jeunes à la forme pointue de la première penne de l'aile, et à une petite pointe blanche qui se trouve à l'extrémité.

Perdreaux Rouges à la Périgueux.

Ayez trois de ces perdreaux; plumez-les, videz-les par la poche, flambez-les légérement et sans en roidir la peau; ne leur refaites point les pattes, et coupez-leur le bout des ergots; râpez une demi-livre de lard; lavez, brossez, épluchez une livre de truffes; si elles sont grosses, coupez-les en deux ou en quatre; arrondissez-les en forme de petites truffes, et hachez-en les parures; passez-les dans votre lard râpé, comme il est dit à l'article du *Faisan à la Périgueux*; remplissez-en le corps de vos perdreaux; cousez la poche, retroussez-leur les pattes en dehors avec une aiguille à brider; donnez-leur une belle forme; que l'estomac soit comme un peu aplati; foncez une casserole, qui puisse contenir vos perdreaux sans les gêner, avec des bardes de lard, une ou deux lames de jambon, un peu de rouelle de veau, une carotte, un oignon, un bouquet assaisonné, un demi-verre de vin blanc, une cuillerée de consommé et un peu de sel; posez sur ce fond vos perdreaux, mettez-leur sur l'estomac quelques tranches de citron, dont vous aurez supprimé la peau et les pépins; couvrez-les de bardes de lard, et faites-les partir; mettez-les cuire sur la paillasse, avec feu dessous et dessus environ trois quarts d'heure; égouttez-les, dressez-les, saucez-les avec la sauce à la Périgueux, et servez. (Voyez l'article *Sauce aux Truffes ou à la Périgueux*.)

Perdreaux Rouges ou Gris à l'Espagnole.

Ayez trois perdreaux; plumez-les, videz-les, flambez-les; faites-les revenir dans une casserole sur un feu doux, avec un morceau de beurre, et sans leur donner de couleur; mouillez-les d'un verre de vin blanc, deux cuillerées à dégraisser de consommé et quatre d'espagnole réduite; laissez-les cuire et mijoter à-peu-près trois quarts d'heure; retirez la majeure partie de la sauce, faites-la réduire, dégraissez-la; au moment de servir, dressez vos perdreaux sur le plat, mettez un pain de beurre dans votre sauce, passez-la et vannez-la; saucez vos perdreaux et servez.

Si vous n'avez point d'espagnole, mouillez vos perdreaux avec du consommé et un verre de vin blanc; ajoutez à cela deux lames de jambon, une ou deux tranches de veau, un bouquet de persil et ciboules, un oignon piqué d'un clou de girofle, une carotte coupée en quatre, et la moitié d'une feuille de laurier; durant la cuisson de vos perdreaux faites un petit roux; leur cuisson presqu'achevée, passez la majeure partie de leur fond au travers d'un tamis de soie, délayez-en votre roux; faites cuire votre sauce, dégraissez-la, faites-la réduire, tordez-la dans une étamine; achevez la cuisson de vos perdreaux dans cette sauce, et finissez-la comme la précédente.

Perdreaux ou Entrée de Broche.

Prenez trois perdreaux; videz-les, flambez-les sans les roidir; bridez-les, embrochez-les sur un hatelet; couvrez-leur l'estomac de tranches de citrons, desquels vous aurez ôté les pépins et la peau; couvrez-les de bardes de lard, enveloppez-les de papier; fixez les bouts de votre papier sur l'hatelet avec de la ficelle attachée sur la broche; faites cuire trois quarts d'heure vos perdreaux, déballez-les; au moment de servir, égouttez-les, dressez-les en chevrette sur votre plat; saucez-les avec un jus clair, dans lequel vous aurez mis une pincée de gros poivre; exprimez le jus d'une ou deux bigarades, et servez.

Perdreaux Grillés.

Ayez deux ou trois perdreaux; plumez-les, videz-les, flambez-les, épluchez-les, retroussez les pattes en poule, fendez-les en deux par les reins, aplatissez-les légérement sur la table; mettez dans une casserole un morceau de beurre avec vos perdreaux; assaisonnez-les de sel, de gros poivre et faites-les revenir des deux côtés; posez-les sur le gril, et faites-les cuire à un feu doux; leur cuisson faite, dressez-les, et servez-les avec une sauce au pauvre homme. (Voy. *Sauce au Pauvre homme*, article SAUCES.)

Perdreaux à l'Anglaise.

Faites une farce avec les foies de trois perdreaux, un peu de beurre, du gros poivre et du sel en suffisante quantité; farcissez-en vos perdreaux; mettez-les à la broche sans les barder; enveloppez-les de papier et faites-les cuire aux trois quarts; ensuite mettez-les dans une casserole, après leur avoir lavé les membres, sans les séparer du corps, et mettez-leur entre chaque membre un peu de beurre manié avec de la mie de pain, de l'échalote, du persil, de la ciboule hachée, du sel, du gros poivre et un peu de muscade; mouillez vos perdreaux avec un bon verre de vin de Champagne et deux cuillerées à dégraisser de consommé; faites-les bouillir doucement jusqu'à parfaite cuisson, sans les couvrir, afin que la sauce puisse se réduire; finissez avec le jus d'une ou deux bigarades, un peu de leur zeste râpé, et servez.

Salmi de Perdreaux.

Préparez trois perdreaux; bardez-les et faites-les cuire à la broche (il faut qu'ils soient un peu verts cuits): laissez-les refroidir, levez-en les membres, ôtez-en la peau, parez-les, rangez-les dans une casserole, avec un peu de consommé, posez-les sur une cendre chaude, faites qu'ils ne bouillent point de suite; coupez six échalotes, un peu de zeste de citron, mettez-les dans une casserole avec un peu de vin de Champagne et faites bouillir; concassez vos carcasses de perdreaux; mettez-les dans votre casserole; ajoutez-y quatre cuillerées à dégraisser d'espagnole réduite; faites réduire le tout à moitié; passez cette sauce à l'étamine; égouttez vos membres de perdreaux, dressez-les, mettez entre ces membres des croûtons de pain passés dans du beurre; saucez vos perdreaux, en ajoutant à leur sauce un jus de citron, si vous le voulez, et servez.

Salmi chaud ou froid.

Préparez votre salmi comme il est indiqué à l'article précédent; finissez-le un quart d'heure avant de servir; mettez les membres de vos perdreaux à part; ajoutez à votre sauce une bonne cuillerée à dégraisser de gelée ou d'aspic; posez votre casserole sur la glace ou sur de l'eau sortant du puits; remuez bien cette sauce jusqu'à ce qu'elle prenne: une fois à son degré, trempez-y ces membres de perdreaux, les uns après les autres; dressez-les sur votre plat de service; couvrez-les du restant de la sauce; garnissez votre entrée de croûtons passés dans du beurre; décorez-la tout autour de gelée taillée en diamans, et servez.

Perdreaux à la Vopallière.

A l'égard de ces perdreaux, procédez comme pour les faisans de ce nom. (Voyez l'article *Faisans à la Vopallière*.)

Salmi de Chasseur.

Faites cuire deux ou trois perdreaux à la broche, et coupez-les par membres; vous aurez mis dans une casserole trois cuillerées à bouche d'huile, un demi-verre de vin rouge, un peu de sel fin, du gros poivre, un jus de citron et un peu de zeste; sautez vos membres de perdreaux dans cette sauce; dressez-les, saucez-les et servez.

Perdreaux à la Monglat ou Salpicon en Cuvette.

Retroussez trois perdreaux en poule; bardez-les, faites-les cuire à la broche, laissez-les refroidir, levez-en les estomacs, de manière à en former une cuvette; coupez-les en petits dés; faites chauffer vos perdreaux dans un peu de consommé, et tenez-les chauds jusqu'au moment de servir; mettez dans une casserole un morceau de beurre; coupez six ou huit truffes crues comme le sont vos estomacs, et autant de champignons; passez-les dans ce beurre, en y joignant un peu de persil, de ciboules et d'échalotes hachées;

mouillez le tout d'un bon verre de vin de Champagne et de six cuillerées à dégraisser d'espagnole travaillée; faites cuire et réduire votre sauce, ayant soin de la dégraisser; coupez deux ou trois foies gras ainsi que vos chairs; mettez-les dans votre sauce, avec sel et gros poivre; faites-lui jeter deux ou trois bouillons, joignez-y ces chairs énoncées; faites chauffer le tout sans qu'il bouille; dressez vos perdreaux sur le plat, remplissez-les de votre salpicon et dessous un fumet, et servez. (Voyez *Fumet*, article LAPEREAU[3].)

3 Note de transcription: Article introuvable. On trouvera des indications dans les articles *Sauce au fumet de Gibier* et *Sauté ou Escalopes de Lapereaux*.

Perdrix aux Choux.

Ayez trois vieilles perdrix; après les avoir appropriées, troussez-les en poule; lardez-les de gros lardons, assaisonnés de sel, poivre, épices fines, aromates pilés et passés au tamis, persil et ciboules hachés; foncez une casserole de quelques débris de veau, deux carottes, deux oignons et une demi-gousse d'ail; posez vos perdrix dessus, couvrez-les de bardes de lard; mouillez-les avec quelques bons fonds, ou avec du bouillon et du consommé; posez votre casserole sur le feu, faites-la partir; couvrez-la d'un rond de papier beurré, ainsi que de son couvercle; déposez-la sur la paillasse, avec feu dessous et cendre chaude dessus; laissez cuire une heure ou cinq quarts d'heure; de suite préparez des choux, comme il est énoncé à l'article de *la Pièce de Bœuf aux Choux*, dans lesquels vous ferez cuire un cervelas et un morceau de petit lard; tournez trente carottes rouges, autant de navets; donnez-leur le diamètre d'une pièce d'un franc (il faut que leur longueur soit de la hauteur du moule dont je vais parler); faites blanchir ces légumes; égouttez-les et faites-les cuire dans du consommé, avec une pincée de sucre pour en ôter l'âcreté; ayant fait refroidir votre cervelas et votre petit lard, ayez un moule; beurrez-le; mettez dans le fond un rond de papier blanc et une bande de papier autour de votre moule en dedans et de sa hauteur; coupez votre cervelas en liards et votre petit lard par tranches, de l'épaisseur de votre cervelas; posez au centre de ce moule un morceau de cervelas; rangez autour des tranches de votre petit lard, et garnissez ainsi le fond de votre moule de cercles de petit lard et de vos morceaux de cervelas; dressez autour de votre moule vos bâtons de carottes et de navets, en les entremêlant et les serrant les uns contre les autres; pressez vos choux, garnissez-en le fond de votre moule, et continuez d'en garnir les bords comme une espèce de contre-mur, si je puis m'exprimer ainsi; laissez un vide au milieu pour y placer vos perdrix; posez-leur l'estomac sur le fond; remplissez votre moule de choux, en coupant tout ce qui pourrait le déborder, et pressez-les, de manière à leur donner une assez ferme consistance, pour qu'en renversant vos perdrix, votre décor ne se dérange point; mettez un couvercle sur ce moule, et tenez vos perdrix chaudement au bain-marie; passez leur fond à travers un tamis de soie; joignez-y trois cuillerées à dégraisser d'espagnole travaillée, comme il est énoncé ci-après; laissez cuire votre sauce, dégraissez-la, faites-la réduire à consistance de demi-glace; retournez votre chartreuse sur votre plat, enlevez-en le papier, égouttez-la avec attention, épongez-en le mouillement, le mieux possible, avec le coin d'un linge blanc; saucez-la avec votre réduction, et servez.

Autre manière de dresser les Perdrix aux Choux.

Posez vos perdrix sur le plat; pressez vos choux dans un linge; coupez-les en bâtons; dressez-les debout autour de vos perdrix; garnissez-les de cervelas coupés en rond, de petit lard en tranches, de saucisses à la chipolata; saucez-les avec la réduction énoncée ci-dessus, et servez.

Mayonnaise de Perdreaux.

Faites cuire trois perdreaux à la broche; laissez-les refroidir; coupez-les par membres; parez-les; mettez-les dans un vase avec quatre échalotes, un peu d'estragon et de pimprenelle hachés, quatre cuillerées d'huile, trois cuillerées à dégraisser de gelée concassée, un peu de gros poivre, une pincée de sel fin et une cuillerée à dégraisser de vinaigre à l'estragon; sautez bien le tout ensemble; dressez sur votre plat vos perdreaux, en mettant au fond les estomacs et les reins, et rangeant vos membres autour; masquez le tout avec votre mayonnaise, et servez.

Vous pouvez décorer le bord de votre plat avec quelques festons de gelée.

Perdreaux à la Cussy.

Ayez trois perdreaux rouges, bien frais; habillez-les, désossez-les entièrement par les reins, excepté le dernier os de la cuisse; laissez-leur les pattes; étendez-les sur un linge blanc; couvrez les chairs d'une légère couche de farce cuite, faite de perdreaux. Vous aurez fait et laissé refroidir un salpicon, composé de gorges de ris de veau, de truffes, de champignons et de crêtes de coqs, le tout coupé en petits dés et par proportion égale, c'est-à-dire, ayant employé autant de l'un que de l'autre (voyez *Manière de faire le Salpicon*, à son article); remplissez le corps de vos perdreaux de ce salpicon, pour les faire bien dodus; cousez-les et donnez-leur alors leur première forme; bridez-leur les pattes en dehors; mettez-les dans une casserole, et faites-en roidir l'estomac dans un peu de beurre; laissez-les se refroidir, et piquez-leur l'estomac d'une deuxième; concassez leurs débris; mettez-les dans une casserole avec une lame de jambon, deux petits oignons, une carotte coupée en quatre, un bouquet de persil et ciboules assaisonné d'une demi-feuille de laurier et un peu de massif; joignez à cela un demi-verre de vin blanc, un petit bacha de consommé et un peu de lard râpé; posez vos perdreaux dans une casserole et couvrez-les d'un double rond de papier beurré; une demi-heure avant de servir, faites-les partir; couvrez-les, faites-les cuire avec feu dessous et dessus; ayez soin que leurs estomacs prennent couleur, comme si vous les faisiez cuire à la broche; égouttez-les, glacez-les légérement, dressez-les, saucez-les d'un fumet de gibier. (Voyez *Fumet de Gibier*, article *Sauté de Lapereaux*[3].)

Si vous n'avez point de foncé, passez le fond de vos perdreaux à travers un tamis de soie; faites-le réduire avec deux cuillerées à dégraisser d'espagnole à consistance de demi-glace, et saucez-les.

Sauté de Filets de Perdreaux.

Dépouillez quatre perdreaux, levez-en les filets, supprimez-en les peaux nerveuses, comme il est dit article *Faisans à la Vopallière*; mettez un quarteron de bon beurre dans une sauteuse; faites-le fondre, trempez-y vos filets, et arrangez-les l'un après l'autre dans votre sauteuse; saupoudrez-les d'un peu de sel; couvrez-les d'un rond de papier: vous aurez fait un fumet avec leurs carcasses (voyez *Fumet*, article *Sauté de Lapereaux*[3]); ajoutez à votre fumet réduit quatre cuillerées à dégraisser d'espagnole; faites-le réduire, dégraissez-le au moment de servir; sautez vos filets, retournez-les: vous jugerez qu'ils sont cuits s'ils résistent au toucher; égouttez-les; dressez-les en couronne autour de votre plat, en mettant entre chaque un croûton de pain en cœur, passé dans du beurre, et glacé; finissez votre sauce avec un pain de beurre de Vembre; arrosez-en ces croûtons; saucez vos filets, et servez: vous pouvez les servir aux truffes.

Purée de Perdreaux.

(Voyez *Purée de Gibier*).

Soufflé de Perdreaux.

Prenez deux perdreaux cuits à la broche; levez-en les chairs; supprimez-en les peaux et les nerfs; hachez ces chairs; pilez-les, en y joignant les foies que vous aurez fait blanchir, et desquels vous aurez ôté l'amer; retirez le tout du mortier, mettez-le dans une casserole, avec environ quatre cuillerées à dégraisser d'espagnole réduite; chauffez le tout sans le faire bouillir; passez-le à l'étamine à force de bras; ramassez avec le dos de votre couteau ce qui peut être resté au dehors de cette étamine; déposez-le dans un vase; mettez dans une casserole quatre cuillerées à dégraisser d'espagnole et deux de consommé; concassez vos carcasses; joignez-les à votre espagnole; faites-les cuire, dégraissez-les, passez-en la sauce à l'étamine, faites-la réduire; mettez-y gros comme le pouce de glace ou de réduction de veau; faites-la réduire de nouveau plus qu'à demi-glace; retirez du feu votre casserole; mettez votre purée, mêlez le tout; ajoutez-y gros comme un œuf d'excellent beurre, un peu de muscade râpée, et incorporez-y quatre jaunes d'œufs frais, desquels vous aurez mis les blancs à part; fouettez ces blancs comme pour un biscuit;

incorporez-les petit à petit dans votre purée, quoique chaude, le tout bien mêlé; versez-le dans une casserole d'argent ou une caisse de papier, ronde ou carrée; mettez-le dans un four ou sous un four de campagne, avec un feu doux dessous et dessus: lorsque votre soufflé sera bien monté, vous appuierez légérement les doigts dessus; s'il résiste moyennement au toucher, c'est qu'il est à son degré: servez-le aussitôt, de crainte qu'il ne retombe.

Perdrix à la Purée, en Terrine ou Entrée.

Ayez trois perdrix; lardez-les de gros lardons; assaisonnez comme il est dit à l'article *Perdrix aux Choux*; faites-les cuire dans le même assaisonnement; servez-les avec la purée qu'il vous plaira, telle que de pois, lentilles dites provençales, etc.; garnissez-les de saucisses et de petit lard, ainsi que de petits croûtons en liards, passés au beurre.

Hachis de Perdreaux.

Ayez deux ou trois perdreaux cuits à la broche; levez-en les chairs; supprimez-en les peaux et les nerfs; hachez ces chairs très-fin; concassez tous les débris de vos perdreaux; mettez-les dans une casserole avec quatre cuillerées à dégraisser d'espagnole, et deux de consommé; faites cuire ce fumet; passez cette sauce à l'étamine; faites-la réduire; dégraissez-la; réduite à demi-glace, retirez votre casserole du feu (mettez à part un peu de votre sauce, qui vous servira à glacer votre hachis à l'instant de servir); mettez dans cette sauce vos chairs, avec une pincée de mignonnette, un peu de muscade râpée et deux petits pains de beurre; mêlez bien votre hachis; dressez-le sur le plat; garnissez-le autour de croûtons passés dans du beurre; mettez dessus des œufs pochés, et servez-le.

Vous pouvez garnir avec des filets en sautoir, entre chaque œuf ou langue à l'écarlate en crête.

Salmi de Perdreaux à la d'Artois.

Ayez trois perdreaux cuits à la broche, sans avoir été piqués; levez-en les membres, parez-les; supprimez les peaux; arrangez ces membres dans une petite casserole, et mettez-les chauffer sans bouillir, avec un peu de consommé; mettez les reins et les parures de ces perdreaux dans un mortier; pilez-les, versez dans une casserole un bon verre de vin de Madère; mettez-y trois échalotes coupées, trois branches de persil, et un peu de zeste de bigarade; faites jeter un bouillon, et joignez à cela cinq cuillerées à dégraisser d'espagnole; laissez bouillir le tout dix minutes sur un bon feu; retirez la casserole du fourneau; mêlez à votre sauce vos carcasses pilées, délayez-les, passez-les à l'étamine; ramassez bien tout ce qui est au dehors de l'étamine; mettez cette purée ou salmi dans une petite casserole; faites-la chauffer au bain-marie; égouttez vos membres de perdreaux, dressez-les sur votre plat, en les entremêlant de quelques croûtons passés au beurre: vous aurez fait un bord à votre plat avec des petits croûtons passés à l'huile; retirez votre sauce du bain-marie, ajoutez-y le jus d'une ou deux bigarades, un peu de mignonnette et la moitié d'un pain de beurre; passez-la bien et saucez votre salmi.

Sauté de Perdreaux aux Truffes.

Levez les filets de quatre perdreaux, parez-les; mettez fondre du beurre dans une sauteuse, posez-y vos filets; faites-les roidir des deux côtés, égouttez-les, posez-les sur votre table; coupez-les en huître, par petits morceaux d'égale grandeur; parez-les; donnez-leur une forme ronde; faites un fumet de carcasses, comme il est indiqué à l'article *Sauté de Lapereaux*; passez-le; faites-le réduire; ajoutez-y trois cuillerées d'espagnole travaillée; faites réduire à consistance de demi-glace; mettez-y vos filets, ne les faites point bouillir; joignez-y une demi-livre de truffes coupées en liards, tels que sont vos filets, et que vous aurez fait cuire dans le beurre où vous aurez sauté ces filets: mêlez bien le tout ensemble; que votre sauce ne soit pas trop longue; finissez-la avec un petit pain de beurre; dressez votre ragoût, en rocher, sur un plat, où vous aurez un bord de petits croûtons soudés, et servez.

Semelles de Perdreaux à la Chingara.

Levez les filets de trois perdreaux, parez-les; faites fondre du beurre dans une sauteuse; mettez et retournez vos filets dans ce beurre; couvrez-les d'un rond de papier; ayez une belle langue de veau à l'écarlate, qui ne soit pas trop salée, et dont vous aurez coupé six morceaux; donnez-leur la grandeur et la forme de vos filets; mettez-les chauffer dans une casserole, avec un peu de consommé; prenez les parures et le tendre, excepté les peaux, de cette langue; hachez-les bien fin; ayant fait une sauce, comme il est indiqué à l'article ci-dessus, sautez vos filets; dressez-les en couronne, avec un morceau de langue entre chaque; saucez-les avec une partie de votre sauce; mettez votre hachis dans le reste de cette sauce; incorporez bien le tout; goûtez-le; s'il se trouvait salé, adoucissez-le avec un morceau d'excellent beurre; mettez ce hachis dans le puits de vos filets, et servez.

Côtelettes de Perdreaux.

Prenez six perdreaux, levez-en les filets; supprimez-en les peaux nerveuses; battez-les légérement avec le manche de votre couteau; prenez l'os le plus faible des ailerons de vos perdreaux; ratissez-le; enfoncez-le suffisamment dans la pointe de chaque filet, afin qu'il y tienne; faites fondre du beurre dans une sauteuse, en suffisante quantité; posez-y vos filets; saupoudrez-les d'un peu de sel fin; faites-les roidir légérement; égouttez-les; laissez refroidir un peu leur beurre; lorsqu'il sera tiède, mettez-y deux jaunes d'œufs, pour le lier; trempez-y vos côtelettes; panez-les; posez-les sur un gril propre; mettez-les sur une cendre rouge; faites-leur prendre une belle couleur des deux côtés, dressez-les en couronne; servez dessus un fumet clair et réduit (voyez *Fumet*, article SAUTE) que vous aurez fait avec leurs carcasses; mettez-y une pincée de gros poivre, le jus d'une ou de deux oranges, et servez.

Perdreaux, Entrée de broche à l'Italienne.

Appropriez trois ou quatre perdreaux; flambez-les légérement, et videz-les par la poche; maniez du beurre avec un grain de sel fin; remplissez-en le corps de vos perdreaux; laissez-leur les pattes en dehors; bridez-les; embrochez-les avec un hatelet entre l'aile et la cuisse; enveloppez-les de bardes de lard et de deux feuilles de papier; attachez cet hatelet des deux bouts sur une broche; faites cuire ces perdreaux une demi-heure ou trois quarts d'heure, ce qui suffit pour leur cuisson; déballez-les, laissez-les égoutter sur votre papier; dressez-les; saucez-les avec une bonne italienne rousse réduite (voyez *Sauce Italienne*, à son article): si vous voulez, ajoutez-y des truffes hachées, ce qui vous fera une fausse Périgueux.

Pâtés froids de Perdreaux.

(Voyez article *Pâtés* [Tome II]).

Remarque. Je n'ai point fait mention des perdreaux gris, en parlant des rouges, parce que les procédés en fait de cuisine sont les mêmes pour les deux espèces.

BÉCASSES, BÉCASSINES, BÉCASSEAUX,
Et parti qu'on peut tirer de ces trois espèces de Gibier dans l'Économie domestique.

La bécasse, étant un oiseau de passage, ne commence à paraître que vers la fin de septembre, lorsque la neige, venant à couvrir les montagnes, la chasse dans nos climats; et elle s'en va au mois de février: ce n'est que par hasard qu'on en trouve alors. C'est une excellente pièce de gibier, surtout lorsqu'elle est grasse. La bécassine ne diffère de la bécasse que parce qu'elle est moitié moins grosse; c'est le même plumage et le même bec. Le bécasseau ne diffère aussi de la bécassine que parce qu'il est moitié plus petit: observez que ces trois espèces de gibier se préparent de même et ne se vident point.

Bécasses, Bécassines et Bécasseaux à la Broche.

Plumez et flambez trois bécasses; épluchez-les; supprimez la peau de la tête, en la laissant adhérente au corps; retroussez-leur les pattes, et servez-vous de leur bec comme d'une brochette, pour les retrousser; prenez la moins grasse des trois, piquez-la; bardez les deux autres, passez-leur un hatelet entre les cuisses; fixez-le des deux bouts: faites cuire vos bécasses environ une demi-heure, et arrosez-les, ayant mis dessous trois rôties de pain pour recevoir leur graisse et ce qui peut leur tomber du corps; au moment de servir ces bécasses, retirez vos rôties, parez-les, mettez-les sur le plat, et servez vos bécasses dessus.

Autre manière de les servir à la Broche.

Videz vos bécasses par le dos; retirez-en tous les intestins; supprimez-en le gosier; hachez-les; mêlez-y du lard râpé, à-peu-près moitié du volume des intestins, un peu de persil, de ciboules et d'échalotes hachées, ainsi que du sel et un peu de gros poivre; farcissez de cela vos bécasses; recousez-les, bardez-les, et finissez comme il est indiqué ci-dessus. Si c'est pour des Anglais, servez-les avec une brède-sauce. (Voyez article *Brède-Sauce*.)

Salmi de Bécasses et de Bécassines.

Faites cuire trois bécasses à la broche; laissez-les refroidir; levez-en les membres, et procédez pour ce salmi, comme pour celui de perdreaux (voy. cet article), excepté que vous joindrez les intestins de vos bécasses à leurs débris.

Soufflé de Bécasses.

Voyez à ce sujet le *Soufflé de Perdreaux*, à son article, le procédé en général étant le même.

Bécasses en entrée de Broche.

Procédez à l'égard de ces bécasses, comme pour les perdreaux en entrée de broche, avec la seule différence que vous leur retirez les intestins et les assaisonnez comme pour les bécasses à la broche. (Voyez l'article *Perdreaux à la Broche*.)

Salmi de Bécasses de Chasseur.

Procédez, pour ce salmi, comme il est indiqué à l'article *Salmi de Perdreaux*, dit *de Chasseur*.

Autre Salmi de Bécasses.

Ayez trois bécasses, faites-les cuire à la broche; mettez des rôties dessous pour recevoir la graisse et ce qui peut tomber de ces bécasses en cuisant: lorsqu'elles le seront, retirez-les; fendez les têtes en deux; prenez les intestins de vos bécasses; étendez-les sur vos rôties que vous couperez en cœur, et que vous entremêlerez avec vos membres en les dressant sur le plat; préparez, durant leur cuisson, votre sauce, comme il est indiqué à l'article *Salmi de Perdreaux*, et servez.

Bécasses aux Truffes.

Prenez des bécasses; flambez-les; épluchez-les; videz-les par le dos; ôtez-en les intestins: vous aurez épluché des truffes selon la quantité que vous aurez de bécasses: ayant fait cuire ces truffes dans du lard râpé, avec sel, poivre, fines épices, ciboules, échalotes et persil hachés, laissez-les refroidir aux trois quarts; hachez bien ces intestins; mêlez-les avec vos truffes; remplissez avec cet appareil les corps de vos bécasses; cousez-leur le dos; retroussez-les; bardez-les; mettez-les à la broche, comme il est indiqué à l'article *Bécasses et Bécassines à la Broche*; ou marquez-les dans une casserole; et faites-les cuire avec feu dessous et dessus.

Hachis de Bécasses en Croustades.

Faites cuire trois bécasses à la broche; lorsqu'elles seront froides, levez-en les chairs, hachez-les le plus fin possible; après avoir supprimé les peaux, ôtez le gésier du corps de vos bécasses; pilez-en les débris, ainsi que les intestins; versez dans une casserole un bon verre de vin de Champagne, avec trois ou quatre échalotes coupées: lorsque ce vin aura jeté un bouillon ou deux, mettez-y quatre cuillerées à dégraisser pleines d'espagnole réduite; faites bouillir; retirez vos carcasses du mortier; mettez-les dans votre sauce; délayez-les sans les faire bouillir; passez à l'étamine à force de bras; ramassez le tout; mettez dans une casserole votre purée, et tenez-la chaudement au bain-marie; faites d'égale grosseur et longueur sept ou neuf croûtons en cœur et en rond, le tout de l'épaisseur de trois travers de doigt; faites-les frire dans du beurre; qu'ils soient d'une belle couleur: vous leur aurez fait, du côté que vous voulez les servir, une petite incision convenable à leur forme; videz-les comme vous feriez d'un pâté chaud; mettez votre hachis dans votre sauce; incorporez bien le tout ensemble; ajoutez-y un pain de beurre; goûtez si ce hachis est d'un bon goût; remplissez-en vos croustades; dressez-les, la pointe en dedans, le rond sur les pointes; mettez sur chaque un œuf frais poché, et servez.

PLUVIER.

Le pluvier doré se met communément à la broche et comme les bécasses: il ne se vide point; cependant on en fait différentes entrées, telles que les suivantes.

Pluviers au Gratin.

Videz, flambez, épluchez quatre pluviers; faites une farce de leurs intestins, comme celle indiquée aux *Bécasses* (article *Autre Manière*); remplissez-en leur corps; mettez au fond d'un plat d'entrée l'épaisseur d'un travers de doigt de gratin (voyez *Gratin*, article FARCES [Tome II]); arrangez, dessus vos quatre pluviers; remplissez de ce gratin les vides qui peuvent se trouver entre eux; relevez-en la farce autour, ayant soin de n'en point garnir les estomacs, que vous couvrirez de bardes de lard; mettez-les cuire dans un four, ou sous un four de campagne, avec feu modéré dessous et un peu plus ardent dessus; leur cuisson faite, égouttez-les, et saucez-les avec une italienne rousse. (Voy. l'article *Sauce Italienne rousse*.)

Pluviers à la Périgueux.

Ayez quatre pluviers; videz-les, flambez-les, épluchez-les; mettez-les dans une casserole avec une douzaine de belles truffes entières, dont vous aurez ôté la peau, un bouquet de persil et ciboules, un clou de girofle, une demi-feuille de laurier, un peu de basilic, sel et gros poivre; faites revenir le tout dans du beurre, et mouillez-le avec un verre de vin de Champagne et six cuillerées à dégraisser d'espagnole; faites cuire ainsi vos pluviers et dégraissez-les; leur cuisson faite, mettez-les, ainsi que les truffes, dans une autre casserole; passez leur sauce à l'étamine; dressez vos pluviers sur votre plat, avec une truffe entre chacun d'eux, et mettez dessus en rocher le reste de vos truffes; faites réduire votre sauce; ajoutez-y un jus de citron, et servez.

Pluviers en Entrée de Broche.

Flambez quatre pluviers; videz-les par le dos; faites une farce de leurs intestins, comme il est indiqué aux BECASSES, article *Autre Manière*: remplissez-les de cette farce; cousez-leur le dos; embrochez-les avec un hatelet; enveloppez-les de bardes de lard; couvrez-les de papier; fixez votre hatelet sur la broche; faites-les cuire; leur cuisson faite, déballez-les, dressez-les sur votre plat; masquez-les d'un ragoût de truffes (voyez *Ragoût de Truffes*), et servez.

GRIVES.

Grives à la Broche.

(Voyez l'article *Bécasses à la Broche*).

Grives à la Flamande.

Épluchez et retroussez ces grives, sans les vider; mettez-les dans une casserole avec un morceau de beurre et une pincée de graine de genièvre; saupoudrez-les d'un peu de sel; sautez-les; faites-leur prendre couleur; couvrez votre casserole; mettez un peu de feu dessous et dessus; faites-les cuire un peu vertes, et servez-les avec leur assaisonnement.

Grives à l'Anglaise.

Épluchez et retroussez vos grives sans les vider; embrochez-les avec un hatelet, posez cet hatelet sur une broche et fixez-la des deux bouts; enveloppez vos grives de papier; faites-les cuire à moitié; ôtez leur papier; mettez un morceau de lard au bout d'un hatelet; faites prendre le feu à votre lard, et durant qu'il brûle faites-le dégoutter sur vos grives; saupoudrez-les d'un peu de sel fin et de mie de pain; donnez-leur une belle couleur; dressez-les, et servez à côté une sauce au pauvre homme, liée avec un morceau de beurre. (Voyez l'article *Sauce au pauvre Homme.*)

CAILLES.

Cailles à la Broche.

Plumez, videz, épluchez six ou huit cailles bien grasses; flambez-les, retroussez-les, enveloppez-les d'une feuille de vigne, d'une barde de lard, c'est-à-dire qu'il n'y ait que la moitié des pattes à découvert; embrochez-les dans un hatelet, posez-les sur la broche; faites-les cuire et servez.

Cailles au Laurier.

Ayez sept cailles, épluchez-les, videz-les et flambez-les; faites une petite farce avec leurs foies et quelques foies de volailles, du lard râpé, une feuille de laurier hachée très-fin et un peu de ciboules hachées; assaisonnez de sel et de gros poivre; farcissez vos cailles; embrochez-les sur un hatelet, en les enveloppant de bardes de lard et de papier; faites-les cuire à la broche, et servez-les avec une sauce ainsi composée:

Coupez deux ou trois lames de jambon, faites-les suer; lorsqu'elles commenceront à s'attacher, mouillez-les avec un verre de bon vin blanc, deux cuillerées à dégraisser pleines de consommé et autant d'espagnole réduite: mettez-y une demi-gousse d'ail et deux feuilles de laurier: faites bouillir et réduire le tout à consistance de sauce, et passez cette sauce à l'étamine. Durant la cuisson de vos cailles faites blanchir sept grandes feuilles de laurier; la cuisson de vos cailles étant achevée, supprimez-en le lard; dressez-les; mettez entre chacune d'elles une de ces feuilles de laurier: ajoutez à votre sauce le jus d'un citron, du gros poivre et un peu de beurre; passez-la, vannez-la, saucez et servez.

Cailles aux petits Pois.

Videz, flambez et retroussez sept ou huit cailles; foncez une casserole d'une lame de veau et de jambon; joignez-y une carotte, un oignon et un bouquet assaisonné; couvrez-les de bardes de lard et d'un rond de papier; ensuite faites-les partir et cuire, avec feu dessus et dessous: leur cuisson faite, égouttez-les, dressez-les, et masquez-les d'un ragoût de pois au lard ou au jambon. (Voyez l'article *Ragoût de Pois au lard ou au jambon*.)

Cailles au Gratin.

Flambez et désossez neuf cailles; faites un bouchon de la mie d'un pain du diamètre d'environ trois pouces et demi et de deux et demi de hauteur; entourez-le d'une barde de lard; posez-le au milieu de votre plat; garnissez le tour de ce bouchon de pain, d'un gratin que vous tiendrez en talus (voyez l'article *Gratin* [Tome II]), c'est-à-dire que ce gratin soit presque de la hauteur du pain vers le milieu du plat, et qu'il aille en diminuant vers les bords de ce plat, à-peu-près de l'épaisseur d'un demi-pouce: remplissez vos cailles de ce même gratin; donnez-leur la forme primitive: dressez-les sur votre gratin, les pattes en dehors; que ces pattes ne débordent pas le pain; remplissez de gratin les intervalles de vos cailles, de manière qu'on en voie l'estomac; unissez bien votre gratin sans couvrir les estomacs de vos cailles, que vous couvrirez de bardes de lard; mettez-les dans un four, avec un petit âtre dessous, ou sous un four de campagne, avec feu modéré dessus et dessous; faites qu'elles aient une belle couleur: leur cuisson faite, ôtez toutes les bardes de lard, ainsi que la mie de pain; égouttez-les; versez au milieu une bonne italienne rousse: glacez les estomacs de vos cailles, si vous le voulez; ajoutez des croûtons coupés en forme de crêtes et passés au beurre entre chaque caille, et servez.

Cailles aux Laitues.

Flambez et retroussez huit cailles; foncez une casserole de bardes de lard et d'une lame de jambon; rangez vos cailles dans cette casserole, versez dessus une poêle, sinon coupez un morceau de rouelle de veau en dés; ajoutez-y un oignon piqué d'un clou de girofle, une demi-feuille de laurier, une carotte tournée et un petit bouquet de persil et de ciboules: mouillez cela d'un verre de consommé et d'un demi-verre de vin blanc; couvrez ces cailles de bardes de lard et d'un rond de papier; une demi-heure avant de servir, faites-les partir et cuire; leur cuisson faite, égouttez-les; dressez-les en les entremêlant de laitues (voyez *Laitues*, article des GARNITURES). Si vous le voulez, ajoutez entre vos cailles et vos laitues des croûtes de pain passées dans du beurre, qui doivent être d'une belle couleur. Avant de placer ces crêtes, saucez vos cailles et vos laitues avec une bonne espagnole réduite, dans laquelle vous aurez mis gros de glace comme le pouce, et servez.

Si vous n'aviez point d'espagnole, faites cuire vos cailles un peu plus tôt; ayez un petit roux; mouillez-le avec le fond de ces cailles; faites cuire cette sauce; dégraissez-la, tordez-la dans une étamine, travaillez-la de nouveau, et servez-vous-en pour saucer vos cailles.

Cailles en Croustades.

Prenez six ou sept cailles, désossez-les, remplissez-les d'un gratin fait avec leurs foies et quelques-uns de volailles (voyez *Gratin*, article FARCES [Tome II]); cousez vos cailles, marquez-les comme il est dit à l'article précédent, et procédez de même pour leur cuisson: faites autant de croustades que vous avez de cailles, et à cet égard (voyez *Hachis de Bécasses en Croustades*, à son article): vos cailles cuites, égouttez-les, ôtez-en les fils, mettez les cailles dans vos croustades, dressez-les, saucez-les avec une bonne italienne, dans laquelle vous aurez mis des truffes hachées et passées au beurre; de là servez.

Cailles à l'Anglaise.

Ayez huit cailles, retroussez-les en poule, flambez-les, marquez-les dans une casserole entre quelques bardes de lard, avec une cervelle de veau séparée en deux, une douzaine de saucisses à la Chipolata, un bouquet de persil et ciboules, du sel et du poivre; mouillez le tout avec un bon verre de vin de Champagne et autant de bouillon; couvrez vos cailles de bardes de lard et d'un rond de papier, et faites-les cuire: leur cuisson achevée, égouttez-les ainsi que la cervelle; ôtez la peau de vos saucisses; rangez-les au milieu du plat; mettez vos cailles autour; posez vos cervelles sur vos saucisses: marquez le tout d'une financière au blanc (voyez l'article *Ragoût mêlé à la Financière*[4]), et servez.

4 Note de transcription: Sans doute l'article *Ragoût de Crêtes et de Rognons de Coqs en Financière*.

Cailles aux Truffes.

Videz par la poche neuf cailles, flambez-les légérement; épluchez neuf belles truffes, coupez-les en dés, et donnez-leur la forme de petites truffes; hachez toutes leurs parures très-fin, ainsi que les foies des cailles; assaisonnez-les de sel et de mignonnette; mettez-y un morceau de beurre; faites cuire le tout légérement; laissez-le refroidir et remplissez-en vos cailles: de suite marquez-les dans une casserole, comme celles aux laitues (voy. cet article): leur cuisson faite, égouttez-les, dressez-les, et servez-les avec une sauce à la Périgueux. (Voyez l'article *Sauce aux Truffes ou à la Périgueux*.)

MAUVIETTES OU ALOUETTES.

Mauviettes à la Broche.

Plumez vingt-quatre mauviettes, flambez-les sans les vider; ayez autant de morceaux de lard que vous avez de mauviettes, et dans le cas de les envelopper les unes après les autres; embrochez-les l'une après l'autre avec un hatelet menu: passez une double ficelle dans la longueur de l'hatelet d'un bout à l'autre, dans le cas de contenir le lard qui enveloppe vos mauviettes; fixez des deux bouts votre hatelet sur une broche; faites cuire à un feu clair et vif; mettez, durant leur cuisson, des rôties dessous pour en recevoir la graisse, et servez-les dessus les rôties, que vous parerez proprement.

Mauviettes au Gratin.

Prenez quinze mauviettes; fendez-les par le dos, désossez-les, remplissez-les de gratin (voyez *Gratin*, article FARCES [Tome II]); mettez de ce gratin l'épaisseur d'un travers de doigt dans le fond d'un plat; posez dessus vos mauviettes en couronne, afin de leur conserver un puits au milieu, tel que je l'ai indiqué à l'article *Cailles au Gratin*; garnissez ces mauviettes de gratin, en ne leur laissant d'apparent que les estomacs, que vous couvrirez de bardes de lard; faites-les cuire dans un grand four ou sous un four de campagne, avec feu dessus et dessous; donnez à votre gratin une belle couleur: la cuisson achevée, ôtez les bardes de lard et le pain, saucez avec une italienne rousse, et servez.

Sauté de Mauviettes aux Truffes.

Ayez quatre douzaines de mauviettes, levez-en les filets, faites fondre du beurre dans une sauteuse, rangez-y ces filets comme des escalopes, et mettez dessus des truffes coupées en liards; mettez dans une casserole quatre cuillerées d'espagnole et deux de consommé; ajoutez-y les carcasses de vos mauviettes (desquelles vous aurez supprimé les gésiers) avec un demi-verre de vin de Champagne; laissez cuire cette sauce une demi-heure, dégraissez-la, passez-la à l'étamine; faites-la réduire à demi-glace: ayant fait cuire vos filets et vos truffes, égouttez-en le beurre, et conservez le jus: mettez ces filets et ces truffes dans votre fumet sans laisser bouillir; sautez bien le tout, finissez avec la moitié d'un pain de beurre, et servez.

Pâté chaud et Pâté froid de Mauviettes.

(Voyez l'article PATISSERIE [Tome II]).

ROUGES-GORGES, ORTOLANS, MURIERS ET BEC-FIGUES.

Ils se préparent comme les mauviettes, et le plus souvent à la broche. (Voyez précédemment les articles *Mauviettes*.)

PIGEONS.

Des Pigeons en général.

Le ramier est un pigeon sauvage, qui diffère des autres par la couleur et le goût de sa chair; il diffère aussi en ce qu'il se perche sur les arbres (ce que ne fait point le pigeon domestique): les jeunes se nomment ramereaux, et sont les meilleurs; il est facile de les distinguer à leurs ongles, qu'ils ont plus courts que les vieux: on les mange assez généralement à la broche; néanmoins on peut en employer en entrée. Les vieux ne sont propres qu'à mettre dans la marmite.

Ramereaux en Marinade.

Videz et flambez trois ramereaux; coupez-les en deux ou en quatre; faites-les cuire dans une légère marinade (voyez l'article *Marinade*); un peu avant de servir, égouttez-les sur un linge blanc, trempez-les dans une pâte à frire (voyez l'article *Pâte à Frire*); faites-les frire, qu'ils soient d'une belle couleur; égouttez-les, et servez-les comme les autres marinades.

Ramereaux poêlés.

Videz et flambez légérement trois ou quatre ramereaux; retroussez-leur les pattes en dedans; foncez une casserole de bardes de lard, mettez-y une lame de jambon, un bouquet de persil et ciboules, une branche de basilic, une demi-feuille de laurier, deux oignons, dont un piqué d'un clou de girofle, une carotte coupée en quatre, un petit verre de vin, rouge ou blanc, et un verre de consommé; posez vos ramereaux sur ce fond, couvrez-les de bardes de lard; faites-les partir, mettez-les sur la paillasse, avec un feu modéré dessous et dessus; faites-les cuire environ trois quarts d'heure; leur cuisson faite, égouttez-les, dégraissez-les, et servez dessous une sauce poivrade légérement acidulée. (Voyez l'article *Sauce Poivrade*.)

Ramereaux à l'Étouffade.

Videz et flambez trois ramereaux; préparez des moyens lardons, assaisonnez-les de sel, de poivre, de persil et ciboules hachées, d'épices fines et d'aromates pilés et passés au tamis (il faut que le basilic y domine un peu); lardez vos ramereaux, marquez-les dans une casserole, comme il est énoncé dans l'article précédent; faites-les bien cuire; leur cuisson achevée, dressez-les sur votre plat, passez leur fond au tamis, saucez-les et servez-les.

Des Tourtereaux.

Les tourtereaux sont de la famille des pigeons: leur chair est plus estimée que celle de ces derniers, quoique plus sèche; les sauvages sont d'un meilleur goût que ceux des volières. On distingue le mâle par un collier noir qu'il a au cou. Les tourtereaux et les tourterelles s'emploient, comme le pigeon, le plus ordinairement à la broche.

VOLAILLE.

Poulets.

Il y en a de quatre sortes: 1°. le poulet commun, qui s'emploie généralement en fricassée, et dont on lève les chairs pour faire des farces de diverses sortes.

2°. Le poulet demi-gras, dont on se sert pour les marinades à cru, les karis et différentes entrées qui n'exigent pas de très-gros poulets.

3°. Le poulet à la reine, qui est le plus délicat, et qui sert aussi pour entrée et pour rôt.

4°. Le gros poulet gras, dont on fait plus communément usage pour la broche que pour toute autre chose.

C'est vers la fin d'avril que l'on commence à avoir les poulets nouveaux; on les reconnaît facilement à la blancheur de leur peau; ils sont ordinairement couverts de petits tuyaux, comme s'ils étaient mal épluchés; leurs pattes sont plus unies que celles des vieux, plus douces au toucher, et d'un bleu tirant sur l'ardoise. Les vieilles poules et les vieux coqs ne sont bons qu'à corser les bouillons ou les consommés; les chairs en sont dures et sèches, et d'un mauvais manger.

Après les poulets viennent les poulardes et les chapons.

Fricassée de Poulets.

Ayez deux poulets, flambez-les; refaites les pattes, épluchez-les, coupez les ongles; videz ces poulets et ôtez-en la poche (soit dit une fois pour toutes); dépecez-les, en commençant par lever les cuisses; séparez les pattes des cuisses; cassez l'os de la cuisse, à-peu-près vers le milieu; supprimez la moitié de cet os; coupez le petit bout du moignon; séparez les ailerons des ailes; coupez-en la pointe, ce qu'on appelle le fouet; levez vos ailes dans la jointure; ménagez l'estomac, séparez-le des reins; parez-le des deux bouts et des deux côtés; coupez le rein en deux; parez le croupion, coupez-en la petite pointe; supprimez le boyau adhérent au croupion; parez ce rein et ôtez-en les poumons; mettez dans une casserole une chopine d'eau, un oignon coupé en tranches, quatre branches de persil, un peu de sel, et vos morceaux de poulets; faites-les blanchir, c'est-à-dire, faites jeter un bouillon à cette eau; retirez-les, égouttez-les sur un linge blanc; parez-les, essuyez-les; passez votre eau à travers un tamis de soie; mettez dans une casserole un quarteron et demi de beurre; joignez-y vos poulets, faites-les revenir légérement; singez-les avec une pincée de farine de froment; sautez-les pour bien mêler votre farine; mouillez-les peu à peu, en les délayant avec votre eau de poulet; ajoutez-y un bouquet de persil et ciboules, garni d'une demi-feuille de laurier, d'un clou de girofle et de champignons tournés (voyez l'article GARNITURES); faites cuire votre fricassée, dégraissez-la: sa cuisson faite, si la sauce se trouve être trop longue, versez-en une partie ou le tout dans une autre casserole, et faites-la réduire à consistance de sauce; remettez-la sur vos membres de poulets; faites une liaison de trois jaunes d'œufs, avec un peu de crême ou de lait; faites bouillir votre fricassée; retirez-la du feu, liez-la; remettez-la sur le feu, sans la faire bouillir, pour achever de la lier; sachez si elle est d'un bon goût; finissez-la avec un demi-pain de beurre, un jus de citron ou un filet de verjus; dressez-la, en commençant par mettre les pattes au fond du plat, les reins dessus, ainsi que les estomacs; et rangez par-dessus, en les entremêlant, les cuisses et les ailes; saucez et servez.

Vous pouvez faire la fricassée de poulets à chaud et à froid, de la même manière qu'il est énoncé à l'article *Salmi de Perdreaux chaud ou froid*, lorsque vous aurez lié votre fricassée de poulets, qu'elle sera un peu froide, ajoutez de la gelée à la sauce; faites-la prendre de la même manière qu'il est expliqué pour les perdreaux: n'employez point de croûtons.

Fricassée de Poulets à la Chevalière.

Préparez deux beaux poulets gras, et faites-les cuire de la même manière qu'il a été expliqué, excepté qu'il faut mettre de côté les ailes, que vous piquez avec du menu lard; supprimez la peau; ôtez la chair du bout de l'os, et grattez-le; si c'est la saison, vous piquerez deux de ces ailes avec des truffes; faites fondre du beurre dans une tourtière; arrangez-y vos quatre ailes, saupoudrez-les d'un peu de sel fin, couvrez-les d'un papier beurré; mettez-les cuire dans un four ou sous un four de campagne; votre fricassée étant finie, comme il est dit à la précédente, dressez-la, saucez-la, décorez-la de ces quatre ailes, mises en croix, que vous aurez glacées, avec lesquelles vous mêlerez quatre belles écrevisses; vous mettrez une grosse truffe au-dessus, comme pour couronner votre entrée et vous servirez.

Kari.

Dépecez deux poulets, comme il est indiqué à l'article *Fricassée de Poulets*; mettez dans une casserole un quarteron de beurre, une même quantité de petit lard et les membres de vos poulets; passez le tout; singez-le avec une cuiller à bouché, pleine de farine de froment; sautez ce kari, mouillez-le peu à peu avec du bouillon; assaisonnez-le d'un bouquet de persil et ciboules, d'une poignée de champignons, de sel et d'une cuillerée à café de poudre de kari (voyez l'article *Poudre de Kari*); laissez cuire votre kari; sa cuisson faite, dressez-le dans un vase creux; servez-le avec du riz, que vous préparerez ainsi:

Faites blanchir et crever votre riz avec un peu de sel et presque sans mouillement; beurrez un vase et remplissez-le de ce riz qui doit être bien entier, de façon à en former un pain; tenez-le chaudement sur une cendre rouge; à l'instant de servir, retournez-le sur un plat; si la poudre de kari n'avait pas donné assez de couleur à votre ragoût, faites infuser dans un peu d'eau une pincée de safran du Gâtinais; exprimez-le sur votre kari, mêlez-le bien; goûtez s'il est d'un bon goût, s'il est assez pimenté. Vous pouvez faire, si vous le voulez, procédant de la manière énoncée, un kari de lapereaux, de veau, de pigeons, etc.

Poulets en Entrée de Broche.

Ayez deux poulets gras, bien blancs, d'égale grosseur et sans taches: après en avoir plumé les ailerons, flambez-les légérement; prenez garde d'en roidir la peau: épluchez-les, rompez-leur le brichet, videz-les par la poche; ayez soin d'en extraire tous les intestins; servez-vous, pour cela, du crochet d'une cuiller à dégraisser, et prenez garde de crever l'amer; mettez dans une casserole environ trois quarterons de beurre, un peu de sel, un jus de citron et un peu de muscade râpée: mêlez le tout à froid avec une cuiller de bois; remplissez-en vos poulets également; retroussez-les en poulets d'entrée, c'est-à-dire, les pattes en dehors; passez-leur une ficelle dans les ailes, et qui fixe la peau de la poche le long du rein; pelez jusqu'au vif un citron, coupez-le en deux, frottez-en l'estomac de vos poulets et le dessus, afin qu'ils soient très-blancs; exprimez le jus de votre citron; foncez une casserole de bardes de lard; posez-y vos poulets; joignez-y une carotte, un oignon piqué de deux clous de girofle, un bouquet de persil et ciboules, une demi-feuille de laurier, la moitié d'une gousse d'ail, une lame de jambon, et quelques petits morceaux de veau: levez la peau d'un citron, coupez-le en tranches, ôtez-en les pepins, et mettez ces tranches sur l'estomac de vos poulets; couvrez-les de bardes de lard; mouillez-les avec une cuiller à pot de bouillon ou d'une poêle, et, faute de cette dernière, mettez avec le bouillon un demi-verre de vin blanc; couvrez-les d'un rond de papier et d'un couvercle; faites-les partir; posez-les sur une paillasse, avec feu modéré dessus et dessous: leur cuisson achevée, égouttez-les, débridez-les, faites-en sortir le beurre; dressez-les et servez dessous, soit une sauce aux truffes, une espagnole très-corsée, une sauce tomate, une sauce à l'estragon, un aspic, un ragoût de champignons ou un ragoût mêlé, etc.

Poulets à l'Ivoire.

Préparez et poêlez deux poulets, comme il est dit ci-dessus, excepté qu'il en faut supprimer les pattes; coupez les bouts des moignons; grattez-en les os: leur cuisson faite, égouttez-les, dressez-les et saucez-les avec une sauce à l'ivoire. (Voyez cet article.)

Poulets, Sauce aux Huîtres.

Préparez deux poulets comme ceux en entrée de broche; faites-les cuire de même, égouttez-les et dressez-les; prenez six douzaines d'huîtres, ôtez-les de leurs coquilles, mettez-les dans une casserole, sans autre mouillement que leur eau; faites-les roidir; mettez dans une casserole quatre cuillerées à dégraisser de velouté réduit; égouttez vos huîtres et jetez-les dans ce velouté; faites-leur jeter un bouillon; ajoutez-y une pincée de persil haché et blanchi, un pain de beurre et une pincée de gros poivre: au moment de servir, exprimez dans cette sauce le jus d'un citron; sachez si elle est d'un bon goût, versez-la dessus vos poulets, et servez.

Poulets, Sauce aux Truffes.

Ayez deux poulets, préparez-les comme ci-dessus, et poêlez-les de même: leur cuisson achevée, égouttez-les, dressez-les, et mettez dessus une sauce aux truffes. (Voyez cet article.)

Poulets à la Sauce Tomate.

Préparez deux poulets de la même manière que ci-dessus, et poêlez-les: leur cuisson faite, après les avoir égouttés, dressez-les et servez-les avec une sauce tomate. (Voyez cet article.)

Poulets à l'Estragon.

Préparez deux poulets, comme il est indiqué ci-dessus; poêlez-les de même, et leur cuisson faite, égouttez-les, dressez-les, et saucez-les avec une sauce à l'estragon. (Voyez cet article.)

Poulets bouillis à l'Anglaise.

Flambez et troussez deux poulets, comme ceux d'entrées de broche: mettez de l'eau dans une casserole assez grande, pour qu'ils y soient à l'aise; faites-la bouillir; ajoutez-y une pincée de sel; mettez-y vos poulets; faites qu'ils bouillent toujours, sans aller trop vite: leur cuisson achevée, égouttez-les, dressez-les, saucez, et masquez-les avec une sauce à l'anglaise. (Voyez cet article.)

Poulets en Lézard.

Videz et flambez deux beaux poulets; supprimez-en les pattes ainsi que les ailerons, et conservez-en la peau jusqu'à la tête; ouvrez-les par le dos, jusqu'au croupion; désossez-les entièrement, étendez-les sur un linge blanc, garnissez-les en dedans d'une farce cuite de volaille, coulez-les, et donnez-leur la forme d'un lézard, en procédant ainsi: de la peau du cou farcie formez-en la queue du lézard, des cuisses faites-en les jambes de derrière, et des deux bouts des ailes les jambes de devant; de l'estomac le dos, et pour en faire la tête, prenez une truffe, à laquelle vous donnerez la forme de celle du lézard: si vous n'avez pas de truffe, servez-vous d'un navet, que vous introduirez dans le corps de cette espèce de lézard; relâchez un peu de farce cuite, avec un peu de velouté; étendez-en une légère couche sur le dos de vos lézards; décorez-les de diverses couleurs avec des petites omelettes, coloriées de blanc, de vert, de rouge et de jaune; enfin imitez en tout la richesse de la peau du lézard (voyez l'article *Petites Omelettes* [Tome II]): cela fait, foncez une casserole ovale de bardes de lard; posez-y vos lézards; ayez soin qu'ils conservent leur forme; poêlez-les comme les poulets en entrée de broche; couvrez-les d'un fort papier et d'un couvercle; faites-les partir; mettez-les cuire avec peu de feu dessus, pour ne pas altérer leur décoration: la cuisson faite, égouttez-les, dressez-les, et servez dessous une ravigote ou une hollandaise verte. (Voyez l'article SAUCES.)

Poulets aux Pois.

Prenez une demi-livre de lard de poitrine; coupez-le en gros dés; supprimez-en la couenne, faites-le blanchir, égouttez-le; mettez dans une casserole un quarteron de beurre; faites un petit roux (voyez l'article *Roux*); passez-y votre lard, et faites-le roussir légérement: lorsqu'il sera d'un beau blond, joignez-y deux jeunes poulets dépecés, comme pour la fricassée; mouillez-les avec une cuiller à pot de bouillon; délayez bien le tout, que vous assaisonnerez d'un bouquet de persil et ciboules, et où vous aurez mis une demi-feuille de laurier et un clou de girofle; faites bouillir votre fricassée; mettez-y un litron de pois très-fins; faites aller à grand feu, sans la couvrir; dégraissez-la: sa cuisson faite, dressez vos membres de poulets, faites-en réduire la sauce, si elle est trop longue; goûtez si elle est d'un bon goût, masquez-en ces membres, et servez.

Autre Façon de fricasser des Poulets aux Pois et au Blanc.

Ayez deux jeunes poulets, flambez-les, dépecez-les, comme pour la fricassée; mettez un morceau de beurre dans une casserole; jetez-y vos poulets avec un bouquet de persil et ciboules; assaisonnez d'un peu de sel fin et de deux moyens oignons; sautez le tout; faites revenir vos poulets, couvrez-les et laissez-les cuire doucement, avec feu dessus et dessous; à moitié de leur cuisson, mettez-y un litron de pois fins, que vous aurez manié dans de l'eau et du beurre, gros comme une noix; égouttez-les dans une passoire; laissez suer et cuire le tout, en le sautant de temps en temps: la cuisson achevée, ôtez les oignons et le bouquet; liez votre fricassée avec une cuillerée à dégraisser pleine de bon velouté réduit: si vous n'avez pas de velouté, maniez un pain de beurre avec un peu de farine de froment, et servez-vous-en pour opérer cette liaison: dressez votre fricassée comme la précédente, et servez.

Poulets au Beurre d'Écrevisses.

Préparez et faites cuire ces poulets, comme il est indiqué aux poulets en entrée de broche (voyez cet article); égouttez-les; mettez dans une casserole quatre cuillerées à dégraisser de velouté réduit et du beurre d'écrevisses gros comme un œuf (voyez l'article *Beurre d'Écrevisses*); passez le tout, travaillez bien votre sauce, mettez-la dans le fond de votre plat, et dressez vos poulets dessus.

Poulets à la Broche pour Rôt.

Ayez deux beaux poulets gras, ou trois petits à la reine; préparez-les comme la poularde (voyez cet article); piquez-en un des deux, s'ils sont gras, et un ou deux, s'ils sont à la reine; bardez-les, embrochez-les, enveloppez-les de papier et faites-les cuire: aux trois quarts de leur cuisson, déballez-les pour achever de les cuire et faire sécher le lard: laissez-les prendre une belle couleur dorée; si vous avez de la glace, mettez-en légérement avec un pinceau sur le lard de vos poulets, dressez-les sur un lit de cresson, assaisonné convenablement d'un peu de sel et de vinaigre, et servez.

Poulets à la Hollandaise.

Apprêtez et faites cuire deux poulets, comme pour entrée de broche (voyez l'article *Poulets en Entrée de Broche*); égouttez-les; mettez dans une casserole quatre cuillerées à dégraisser pleines de velouté réduit, de la glace gros comme le pouce, ou de la réduction de veau, du vert d'épinards gros comme une noix; sautez et vannez votre sauce: au moment de servir, exprimez le jus d'un citron, en supprimant les pepins: mettez-la dans le fond de votre plat; dressez dessus vos poulets; faites en sorte qu'ils soient très-blancs, et servez.

Poulets à la Tartare.

Nettoyez et préparez deux poulets; troussez-les en poule, c'est-à-dire, les pattes en dedans; fendez-en les reins et aplatissez-les; cassez les os des cuisses; mettez un morceau de beurre dans une casserole, avec sel et gros poivre; faites-y revenir et cuire ensuite vos poulets, avec feu dessous et dessus: un quart d'heure avant de servir, passez-les, mettez-les sur le gril à un feu doux; ayez soin de les retourner deux ou trois fois, pour qu'ils prennent une belle couleur, et servez dessous une sauce à la Tartare. (Voyez cette sauce.)

Poulets, Sauce au Pauvre Homme, et diverses autres.

Préparez vos poulets comme il est dit ci-dessus; supprimez-en les cous et les pattes, fendez-en les dos et aplatissez-les; faites-les cuire à moitié dans le beurre, avec sel et poivre; achevez, sans les passer, leur cuisson sur le gril, et servez dessous une sauce au pauvre homme, à l'estragon ou tomate, ou toute autre que vous voudrez. (Voyez ces Sauces.)

Poulets à la Périgueux.

Choisissez deux beaux poulets gras, bien blancs: après les avoir épluchés et vidés par la poche (voyez l'article *Poulets en Entrée de Broche*) (vous aurez brossé et lavé deux livres de truffes, desquelles vous supprimerez la peau des grosses; vous en ferez des petites aussi égales que possible); mettez une livre de lard râpé dans une casserole; ajoutez-y vos truffes et leurs parures, que vous aurez hachées; assaisonnez-les de sel, gros poivre, une pincée d'épices fines, un peu de muscade râpée et une feuille de laurier, que vous ôterez à la fin; faites-les mijoter sur un feu doux l'espace d'une demi-heure, en les remuant avec soin; retirez-les du feu; laissez-les refroidir; mettez vos poulets sur un linge blanc; remplissez-les également, par la poche, de votre appareil de truffes; retroussez-les en poulets d'entrée; embrochez-les avec un hatelet; couvrez-les de bardes de lard, de deux ou trois feuilles de papier; posez-les sur une broche, faites-les cuire environ cinq quarts d'heure; leur cuisson faite, déballez-les, égouttez-les, dressez-les, et servez dessus une sauce à la Périgueux. (Voyez cette sauce.)

Poulet à la Mayonnaise.

Prenez un poulet cuit à la broche; procédez, à l'égard de cette mayonnaise, comme pour les perdreaux. (Voyez l'article *Perdreaux à la Mayonnaise*.)

Salade de Poulets.

Prenez deux poulets rôtis et froids, ou de desserte; coupez-les, dépecez-les par membres, comme pour la mayonnaise; mettez-les dans un vase de terre; assaisonnez-les de même qu'une salade; ajoutez-y câpres entières, anchois et cornichons coupés en filets, de la fourniture hachée; sautez le tout, dressez-le sur le plat, comme une fricassée de poulets, sans y comprendre les anchois, les cornichons et les câpres; garnissez le bord du plat de laitues fraîches, coupées par quartiers, et d'œufs durs, coupés de même; décorez votre salade des filets d'anchois et des câpres; saucez-la avec son assaisonnement, et servez.

Poulets à la Crême.

Ayez deux poulets froids, cuits à la broche; levez-en les estomacs jusqu'aux cuisses, os et chairs; supprimez-en les poumons; faites une farce avec les chairs des estomacs, en procédant ainsi: levez ces chairs ou blancs de poulets; après en avoir ôté les peaux, hachez-les très-menu, et pilez-les ensuite; parez et pilez également une tetine de veau, cuite dans la grande marmite: si vous n'aviez pas de tetine, employez du lard râpé ou du beurre; prenez la mie d'un pain à potage; faites-la tremper et dessécher dans de la crême double; mettez par portions égales ces trois substances; pilez le tout ensemble; ajoutez-y cinq jaunes d'œufs, un peu de muscade râpée, et du sel ce qu'il en faut: essayez votre farce, goûtez si elle est d'un bon goût, ôtez votre pilon; incorporez légérement, au fur et à mesure, et en la remuant avec une cuiller de bois, trois blancs d'œufs fouettés; mettez-y deux échalotes hachées très-fin, lavées et passées dans un linge blanc, et, si vous le voulez, un peu de persil haché; mêlez bien le tout; retirez-le du mortier; mettez deux bardes de lard sur une tourtière; remplissez vos poulets de cette farce; unissez-la avec votre couteau trempé dans une omelette; donnez à cette farce la forme de l'estomac de vos poulets; dorez-la, et faites dessus le dessin qui vous plaira; entourez ces poulets de papier beurré, assez haut pour contenir la farce; fixez-le autour avec une ficelle; posez vos poulets sur votre tourtière; trois quarts d'heure avant de servir, mettez-les dans le four, faites-leur prendre une belle couleur: leur cuisson faite, dressez-les et servez dessous une italienne blanche, ou une sauce au suprême ou une à l'ivoire. (Voyez l'article SAUCES.)

Poulets en Friteau.

Dépecez deux poulets, comme pour en faire une fricassée; mettez-les dans un vase de terre, avec des tranches d'oignons, persil en branche, sel, gros poivre et le jus de deux ou trois citrons; laissez-les mariner une heure; égouttez-les; mettez-les dans un linge, avec une poignée de farine; sassez-les et posez-les sur un couvercle; vous aurez mis votre friture sur le feu; lorsqu'elle sera à son degré, mettez-y d'abord les cuisses de vos poulets, peu après les estomacs, ensuite les ailes, les reins, ainsi de suite pour le reste: votre friture cuite et d'une belle couleur, égouttez-la, et, après l'avoir dressée, servez-la, si vous le voulez, avec six œufs frais frits; arrangez dessus, et servez avec une sauce poivrade. (Voyez l'article *Sauce Poivrade*.)

Marinade de Poulets.

Dépecez deux poulets cuits à la broche; faites-les mariner une demi-heure avant de les servir (voyez l'article *Marinade cuite*); égouttez-les; trempez leurs membres dans une pâte à frire, légère, c'est-à-dire, dans laquelle vous aurez mis des blancs d'œufs fouettés; faites frire votre marinade, en procédant comme ci-dessus; quand elle sera cuite et d'une belle couleur, égouttez-la sur un linge blanc; dressez-la, et servez-la avec du persil frit que vous mettrez dessous, ou seulement avec une pincée dessus.

Rissoles de Volaille.

Prenez des rognures de feuilletage (voyez *Feuilletage*, article PATISSERIE [Tome II]); abaissez-les en long, de l'épaisseur d'une pièce de quarante sous, et plus mince, s'il est possible; mouillez le bord de votre abaisse avec un doroir trempé dans de l'eau; couchez de la farce cuite de volaille, par parties et d'espace en espace, de la grosseur d'un grain de verjus; repliez cette abaisse sur ces parcelles de farce; donnez-leur la forme de petits chaussons: à cet effet, coupez-les en demi-lune, avec un coupe-pâte goudronné, ou avec votre couteau; ayez soin que la jointure de vos pâtes soit bien soudée; farinez un couvercle; arrangez vos rissoles dessus; quand vous serez sur le point de servir, faites-les frire, qu'elles prennent une belle couleur; dressez-les et servez.

Poulet en Capilotade.

Dépecez un poulet cuit à la broche; mettez dans une casserole trois cuillerées à dégraisser pleines d'italienne; à défaut de laquelle vous employerez de la sauce hachée, et, à défaut de cette dernière, une sauce au pauvre homme (voyez article SAUCES): faites mijoter votre poulet dans une de ces sauces; un quart d'heure avant de servir, dressez-le; ajoutez à votre sauce quelques cornichons coupés en liards ou en filets; saucez et servez.

Poulets à la Saint-Cloud.

Préparez deux poulets comme ceux pour entrée de broche; prenez deux ou trois truffes bien noires, formez-en des petits clous; décorez-en vos poulets, ce qui consiste seulement à mettre chacun de ces clous dans les trous que vous faites, à l'estomac de vos poulets, avec une petite lardoire; il faut que ces trous soient également espacés; foncez une casserole de bardes de lard; mettez-y un oignon piqué d'un clou de girofle, une carotte tournée, un bouquet de persil et ciboules; saupoudrez l'estomac de vos poulets de sel fin; exprimez aussi dessus un jus de citron; couvrez-les de bardes de lard et d'un rond de papier; mouillez-les avec une poêle, ou employez un verre de consommé ou de bouillon; joignez-y un verre de vin blanc, une demi-feuille de laurier et une lame de jambon; trois quarts d'heure avant de servir vos poulets, faites-les partir; posez-les sur la paillasse, avec feu dessus et dessous: leur cuisson achevée, égouttez-les, dressez-les, et servez dessous une sauce aux truffes (voyez l'article *Sauce aux Truffes à la Saint-Cloud ou en petit Deuil*). Si vous n'avez point de velouté, passez-le fond de vos poulets; mettez-y un pain de beurre, manié dans une demi-cuillerée de farine; faites bouillir votre sauce; dégraissez-la, et l'ayant fait réduire, passez-la à l'étamine; ajoutez-y vos petits dés de truffes (dont il sera question à la Sauce en petit Deuil) passés dans du beurre, et finissez avec un demi-pain de beurre.

Poulets à la Ravigote.

Préparez deux poulets, comme pour entrée de broche; leur cuisson faite, égouttez-les et servez dessous une sauce à la ravigote (voyez l'article *Sauce Ravigote*).

Poulets à la Paysanne ou à la Démidoff.

Ayez deux poulets; dépecez-les comme pour une fricassée; mettez dans une casserole du beurre gros comme un œuf, quatre cuillerées à bouche d'huile d'olive; passez votre casserole sur un fourneau ardent; faites revenir vos membres de poulets; qu'ils prennent une belle couleur; assaisonnez-les de sel et gros poivre; lorsqu'ils seront à moitié cuits, joignez-y deux carottes coupées en liards, quatre oignons coupés en anneaux et une pincée de persil en branche; passez le tout ensemble; quand les racines seront colorées, mouillez votre paysanne avec six cuillerées à dégraisser pleines d'espagnole; remuez-la, couvrez votre fourneau avec de la cendre, et faites doucement mijoter dessus, environ un quart d'heure, votre paysanne; ayez soin qu'elle ne s'attache pas; dressez-la et servez.

Poulets à la Reine, sauce à la Pluche.

Préparez et poêlez trois de ces poulets: leur cuisson faite, égouttez, dressez, marquez-les avec une sauce à la pluche verte, et servez. (Voyez l'article *Sauce à la Pluche verte.*)

Poulets à la Provençale.

Prenez deux poulets que vous couperez comme pour une fricassée; ayez une douzaine d'oignons blancs; coupez-les en demi-anneaux, avec un peu de persil; mettez vos oignons dans une casserole ou sauteuse, dans laquelle vous ferez un lit de vos oignons et un des membres de votre volaille, et recouvrez le tout avec un autre lit d'oignons et de persil; ajoutez un verre d'huile, une ou deux feuilles de laurier et du sel en suffisante quantité; mettez-les au feu, et, lorsqu'ils seront partis, vous les laisserez aller doucement: leur cuisson faite, glacez-les; dressez-les, en mettant vos oignons au milieu et un peu d'espagnole pour les saucer; ensuite servez.

Chapon au Gros Sel.

Ayez un chapon; après l'avoir vidé, flambé et épluché, troussez-lui les pattes en dedans; bridez-le, bardez-le et mettez-le cuire dans la marmite, dans le consommé, ou dans une casserole, avec du bouillon; vous vous assurerez de sa cuisson, si, en lui pinçant l'aileron avec les doigts, il ne résiste pas; égouttez-le; dressez-le, et mettez-lui sur l'estomac une pincée de gros sel, et saucez-le avec un jus de bœuf réduit.

Chapon au Riz.

Préparez votre chapon comme le précédent; faites blanchir environ trois quarterons de riz; égouttez-le, mettez-le dans une marmite qui puisse aussi contenir votre chapon, que vous posez du côté de l'estomac; mouillez le tout avec deux bonnes cuillerées à pot de consommé ou de bouillon; faites partir votre marmite; couvrez-la; mettez-la mijoter sur la paillasse; ayez soin de remuer de temps en temps votre riz; sondez votre chapon, pour vous assurer s'il est cuit: sa cuisson faite, dressez-le; dégraissez votre riz; finissez-le avec un morceau de beurre, en y mettant sel, gros poivre, un peu de réduction, si vous en avez, et masquez-en votre chapon: si votre riz était trop épais, relâchez-le avec un peu de bon bouillon.

Chapon aux Truffes.

Préparez ce chapon comme le précédent; videz-le par la poche; servez-vous à cet effet du crochet d'une cuiller à dégraisser: prenez garde de crever l'amer du foie.

Vous aurez brossé et épluché environ deux livres de bonnes truffes; hachez-en quelques-unes des plus défectueuses; coupez par dés, et pilez environ une livre de lard gras; mettez-le dans une casserole, avec vos truffes, du sel, du poivre, un peu de muscade râpée et des fines épices; faites mijoter le tout à un feu très-doux, environ une demi-heure; laissez-le refroidir; remplissez-en votre chapon jusqu'à la poche, et cousez-la; bridez-le, les pattes en long; conservez-le, si vous pouvez l'attendre, deux ou trois jours; bardez-le, embrochez-le, après l'avoir enveloppé de papier; faites-le cuire à-peu-près une heure et demie; déballez-le: si vous l'employez pour relevé, supprimez la barde; servez-le à la peau de goret, et mettez dessous une sauce aux truffes. (Voyez l'article *Sauce aux Truffes*.)

Poularde en Entrée de Broche.

Plumez les ailerons et la queue de cette pièce; flambez-la, refaites-lui les pattes; prenez garde d'en rider la peau; épluchez-la, supprimez-en le brichet; videz-la par la poche, et prenez garde d'en crever l'amer; maniez dans une casserole avec une cuiller de bois un morceau de beurre; assaisonnez-le du jus d'un citron et d'un peu de sel; remplissez-en le corps de votre poularde; retroussez-lui les pattes en dehors; bridez-en les ailes; embrochez-la sur un hatelet; frottez-lui l'estomac d'un citron, saupoudrez-la d'un peu de sel; couvrez-la de tranches de citron, desquelles vous aurez ôté les pepins; enveloppez-la de bardes de lard, de plusieurs feuilles de papier, liées sur vos hatelets par les deux bouts; posez-la sur la broche, du côté du dos; faites-la cuire environ une heure, déballez-la, égouttez-la, et servez-la avec la sauce que vous jugerez convenable.

Poularde aux Truffes.

(Voyez ci-dessus, *Chapon aux Truffes*).

Poularde à la Maréchale.

Épluchez et flambez une belle poularde; videz-la par la poche; ôtez-lui le brichet; remplissez-le de beurre, manié avec du sel et le jus d'un citron; retroussez-lui les pattes en dehors; piquez-lui l'estomac de menu lard; donnez-lui le plus de largeur possible, et faites en sorte que votre poularde ait une belle forme; marquez-la dans une casserole, comme les poulets en entrée de broche (voyez cet article); excepté pourtant qu'il ne la faut couvrir qu'avec un rond de papier beurré, afin qu'elle prenne une belle couleur; faites-la partir et cuire avec feu dessous et dessus: sa cuisson faite, égouttez-la, glacez-la, et servez dessous un ragoût à la financière. (Voyez cet article[4].)

Poularde à la Saint-Cloud.

Préparez cette poularde comme celle à la maréchale, avec cette différence qu'au lieu de la piquer de lard, il faut la piquer avec des clous de truffes (voyez l'article *Poulets à la Saint-Cloud*).

Poulardes à la Bigarrure.

Prenez deux moyennes poulardes; après les avoir épluchées et flambées, levez-en les ailes, ôtez-en les filets mignons, supprimez les ailerons et les peaux nerveuses des ailes; piquez deux de ces ailes d'une deuxième, et les deux autres de petits lardons de truffes, cuits à moitié; marquez ces quatre ailes dans une casserole foncée de bardes de lard, avec une carotte, un bouquet de persil et de ciboules, et deux moyens oignons, dans l'un desquels vous aurez mis un clou de girofle; mouillez vos ailes avec un peu de consommé: ayez soin que ce mouillement n'atteigne point le lard piqué de vos poulardes, et couvrez-les d'un rond de papier; un quart d'heure avant de servir faites-les partir, avec feu dessous et dessus; désossez entièrement les quatre cuisses, et remplissez-les d'un salpicon, composé de truffes et de foies gras (voyez l'article *Salpicon*); cousez-en les peaux, et donnez aux cuisses la forme d'une figue aplatie; coupez les pattes en deux; supprimez-en le haut, et mettez le bas dans la cuisse, en sorte qu'on ne voie que la moitié de cette patte; piquez deux de ces cuisses de clous de truffes, en forme de rosettes, les deux autres devant rester blanches; frottez-les de citron; marquez ces quatre cuisses dans une casserole, entre des bardes de lard; assaisonnez-les comme les ailes; faites-les cuire à un feu doux environ trois quarts d'heure: au moment de servir, égouttez-les, ôtez-en les fils; égouttez aussi vos ailes; ôtez le nerf des filets mignons; faites-leur des entailles de distance en distance, et mettez-y des petites crêtes de truffes, de la largeur de ces filets; donnez-leur une forme cintrée; sautez-les dans du beurre fondu et un grain de sel; après égouttez-les; glacez les ailes piquées; dressez-les toutes les quatre en croix, et posez entre chacune d'elles vos cuisses de poulardes, en mettant dessus, en forme de couronne, les petits filets; saucez votre entrée avec une espagnole réduite et travaillée avec le consommé que vous aurez fait des carcasses de vos poulardes.

Poularde Sauce Tomate.

Préparez cette poularde comme il est indiqué à l'article *Poularde en Entrée de Broche*, et servez dessous une sauce tomate. (Voyez cette Sauce.)

Poularde à la Broche pour Rôt.

Videz, flambez, épluchez et refaites une belle poularde; bridez-la, en lui laissant les pattes en long; bardez-la ou piquez-la, embrochez-la, enveloppez-la de papier et faites-la cuire: sa cuisson faite aux trois quarts, déballez-la, achevez sa cuisson et faites-lui prendre une belle couleur; mettez sur votre plat un lit de cresson, assaisonné convenablement de sel et vinaigre; posez dessus votre poularde, et servez.

Poularde en Entrée de Broche, à la Hollandaise.

Procédez pour cette poularde comme pour celle en entrée de broche, et servez dessous une sauce hollandaise. (Voyez cette Sauce.)

Poularde en Entrée de Broche.

Poêlez ou mettez cette poularde à la broche, et, pour la servir, mettez une sauce au beurre d'écrevisses, ou toute autre sauce. (Voyez l'article *Sauce au Beurre d'Écrevisses*.)

Poularde en Entrée de Broche, à la Ravigote.

Procédez pour cette poularde comme il est indiqué à l'article *Poulets à la Ravigote*.

Poularde à l'Ivoire.

Préparez cette poularde comme il est énoncé à l'article *Poulets à l'Ivoire*.

Poularde aux Huîtres.

Vous préparez votre poularde ainsi qu'il est dit à l'article *Poulets aux Huîtres*.

Poularde, sauce à l'Estragon.

Préparez votre poularde comme les précédentes, poêlée ou à la broche: sa cuisson faite, égouttez-la, et servez-la avec une sauce à l'estragon, claire ou liée. (Voyez l'article *Sauce à l'Estragon*.)

Poularde bouillie à l'Anglaise.

(Voyez l'article *Poulets bouillis à l'Anglaise*).

Poularde au Beurre d'Écrevisses.

(Voyez l'article *Poulets au Beurre d'Écrevisses*).

Poularde à la Tartare.

(Voyez l'article *Poulets à la Tartare*).

Poularde, sauce au Pauvre Homme.

(Voyez l'article *Poulets, sauce au Pauvre Homme*).

Poularde à la Périgueux.

(Voyez l'article *Poulets à la Périgueux*).

Mayonnaise de Poularde.

(Voyez l'article *Mayonnaise de Poulets*).

Poularde à la Crême.

(Voyez l'article *Poulets à la Crême*).

Marinade de Poulardes.

(Voyez l'article *Marinade de Poulets*).

Filets de Poulardes au Suprême.

Levez les filets de trois moyennes poulardes, posez ces filets sur la table, et levez-en les petites peaux le plus mince possible; trempez dans l'eau le manche de votre couteau, et battez-les légérement; parez-les; faites fondre dans une sauteuse une suffisante quantité de beurre; arrangez-y vos filets, en les trempant des deux côtés; saupoudrez-les d'un peu de sel, couvrez-les d'un rond de papier; levez avec soin les six cuisses pour vous en faire une entrée, soit pour le jour ou le lendemain: vous leur conserverez la totalité de la peau, pour former de ces cuisses des petits canetons ou des ballons; faites un consommé des carcasses; faites-le réduire presque en glace, sans lui donner de couleur; ajoutez-y six cuillerées à dégraisser pleines de velouté réduit, et deux pains de beurre; salez et vannez votre sauce; sautez vos filets en les retournant; faites qu'ils soient bien blancs; assurez-vous qu'ils sont bien cuits, en appuyant le doigt dessus: s'ils résistent, c'est qu'ils le sont; vous aurez passé six croûtons de mie de pain à potage, auxquels vous aurez donné la forme et l'épaisseur de vos filets; dressez ces filets en couronne, et mettez un croûton entre chacun d'eux; travaillez votre sauce, et saucez en marquant votre entrée: si vous voulez ces filets aux truffes, coupez des truffes en liards; faites-les cuire dans du beurre et un grain de sel; mettez-les dans une partie de votre sauce au suprême, et versez-les dans le puits de vos filets.

Émincée de Filets de Poulardes aux Concombres.

Prenez l'estomac d'une ou deux poulardes rôties et froides; levez-en les chairs; supprimez-en les peaux et les nerfs; émincez ces chairs; faites un ragoût de concombres, soit au blanc, soit au roux (voyez ces Ragoûts, à leur article): votre ragoût réduit et prêt à servir, mêlez-y vos blancs de poulardes, sans les laisser bouillir: si c'est au blanc, ajoutez-y une liaison de deux jaunes d'œufs, du beurre gros comme une noix, un peu de muscade râpée, et servez.

Ailes de Poulardes à la Maréchale.

Prenez trois belles poulardes, levez-en les ailes, supprimez-en les ailerons, ne conservez que les deux moignons; levez-en la petite peau, en posant votre aile sur la table, et faisant glisser votre couteau, comme si vous leviez une barde de lard; prenez garde d'endommager les chairs; piquez vos six ailes d'une deuxième, et marquez-les dans une casserole, comme il est indiqué à l'article *Poulardes en Bigarrures*: vos ailes cuites, égouttez-les sur un couvercle; glacez-les: qu'elles soient d'un beau blond; dressez dans votre plat une bonne chicorée réduite (voyez l'article *Chicorée au Blanc*); dressez vos six ailes dessus la pointe, au centre du plat, pour former une rosette; mettez, si vous le voulez, une belle truffe au milieu, et servez.

Poularde en Galantine.

Ayez une belle poularde; après l'avoir épluchée, flambée et vidée, désossez-la par le dos, étendez-la sur un linge blanc; couvrez les chairs d'une farce cuite de volaille, à-peu-près de l'épaisseur d'un travers de doigt (voy. l'article *Farce cuite* [Tome II]); faites des gros lardons de lard, assaisonnez-les de sel, poivre, fines épices, aromates pilés et passés au tamis, persil et ciboules hachés; ayez du jambon cuit, faites-en des lardons aussi gros et aussi longs que ceux de lard; posez sur votre farce ces lardons de distance en distance; ajoutez-y, si c'est la saison, des truffes coupées en filets, de la grosseur de vos lardons, et entremêlez-les, pour que votre pièce soit bien marbrée; recouvrez ces lardons d'un autre lit de farce, et continuez de remettre ainsi farce et lardons, jusqu'à ce que votre volaille soit remplie; rapprochez les peaux, cousez-les; tâchez de donner à votre poularde sa forme première; entourez-la de bardes de lard, enveloppez-la d'un morceau d'étamine neuve; cousez cette étamine, attachez-en les deux bouts avec des ficelles: foncez une braisière avec quelques carottes, oignons, deux clous de girofle, deux feuilles de laurier, deux ou trois lames de jambon, un jarret de veau, et les carcasses de votre poularde coupées par morceaux: posez, du côté du dos, votre pièce sur ce fond; appuyez un peu la main sur son estomac, afin de l'aplatir: couvrez votre galantine de bardes de lard; mouillez-la avec du bouillon (il faut qu'elle baigne dans son assaisonnement); couvrez-la de papier, faites-la partir, après lui avoir mis son couvercle; posez-la sur la paillasse, avec feu dessous et dessus; laissez-la cuire une heure et demie ou deux heures: sa cuisson faite, retirez-la du feu, laissez-la dans son assaisonnement une demi-heure, retirez-la, pressez-la légérement, aplatissez-lui de nouveau l'estomac, autant que possible, afin d'avoir la facilité de la garnir de gelée; passez le fond de votre galantine au travers d'une serviette mouillée à cet effet: si ce fond n'était pas assez ambré, mêlez-y un peu de jus de bœuf ou de blond de veau; faites-en l'essai. Si ce fond ou plutôt cette gelée se trouvait trop délicate, faites-la réduire; cassez deux œufs entiers, jaunes, blancs et coquilles; mettez-les dans votre gelée; fouettez-la avec un fouet de buis, mettez-la sur le feu, ayez soin de la remuer: lorsqu'elle commencera à bouillir, retirez-la sur le bord du fourneau; mettez sur votre casserole un couvercle, avec quelques charbons ardens dessus; laissez ainsi votre gelée se clarifier environ une demi-heure ou trois quarts d'heure; passez-la dans une serviette, comme il est indiqué à l'article *Grand Aspic*: laissez votre gelée se refroidir; déballez votre galantine, ratissez le gras qui est autour, dressez-la sur une serviette; garnissez-la de gelée, soit coupée en lames, en diamans, ou hachée, ou les trois ensemble, et servez.

Filets de Poulardes à la Béchamelle.

Faites cuire deux poulardes à la broche, laissez-les refroidir, levez-en les blancs, et supprimez-en les peaux et les nerfs; émincez ces blancs également; mettez dans une casserole cinq cuillerées à dégraisser de béchamelle, et deux de consommé, ainsi qu'un peu de muscade râpée (voyez l'article *Sauce à la Béchamelle*); faites bouillir, et délayez bien votre sauce; prenez garde qu'elle ne s'attache: au moment de servir, jetez vos filets dedans, retournez-les légérement, de crainte de les rompre; dressez-les sur votre plat garni d'une bordure; sinon entourez votre entrée, soit de fleurons de feuilletage, soit de croûtons; ou servez-les dans un vol-au-vent. (Voyez *Vol-au-Vent*, article PATISSERIE [Tome II].)

Soufflé de Poularde.

Procédez pour ce soufflé comme il est énoncé au soufflé de Perdreaux. (Voyez cet article.)

Hachis de Poularde à la Reine.

Prenez des blancs de poulardes ou de poulets, hachez-les bien menu; mettez dans une casserole de la béchamelle ainsi que du consommé, en raison de la quantité de vos chairs; faites bouillir, et délayez votre sauce: au moment de servir, mêlez-y votre hachis sans le laisser bouillir; finissez-le avec un peu de beurre et un peu de muscade râpée; prenez garde qu'il ne soit ni trop épais ni trop clair. Ce hachis se sert aussi dans des grands ou petits vols-au-vent.

Croquettes de Poularde.

Prenez une poularde froide, de desserte ou non; levez-en les chairs, supprimez-en les peaux et les nerfs; coupez ces chairs en petits dés, quelques foies gras, ainsi que des champignons et des truffes, si c'est la saison (il faut que ces objets soient coupés de même grosseur); mettez dans une casserole du velouté en raison de votre appareil et faites-le réduire à demi-glace; sa réduction faite, tirez-le du feu, liez-le avec trois jaunes d'œufs, jetez-y vos dés, ajoutez-y un peu d'excellent beurre; mêlez bien le tout, et mettez-le sur un couvercle bien étamé; laissez ainsi refroidir votre appareil, séparez-le par portions égales, de la grosseur que vous voulez faire vos croquettes; donnez-leur la forme que vous jugerez convenable: ayez de la mie de pain, posez-la sur la table, roulez-y vos croquettes; ayez quelques œufs cassés en omelette; trempez-les dedans; repassez-les et achevez de perfectionner la forme que vous leur avez donnée d'abord. Au moment de servir, jetez-les dans de la friture un peu chaude, afin qu'elles ne se crèvent pas: aussitôt qu'elles auront une belle couleur, égouttez-les sur un linge blanc, dressez-les, mettez dessus un bouquet de persil, et servez.

Côtelettes de Poulardes ou de Poulets.

Procédez, à l'égard de ces côtelettes, comme pour celles de perdreaux, énoncées à l'article *Gibier.*

Blanquette de Poularde.

Ayez une poularde froide, ou des débris; levez-en les chairs; supprimez-en les peaux et les nerfs; émincez ces chairs; mettez dans une casserole du velouté; faites-le réduire et dégraissez-le; au moment de servir, jetez votre émincée; ne le laissez pas bouillir; faites une liaison délayée avec un peu de crême ou de lait; finissez votre blanquette avec un petit morceau de beurre et le jus d'un citron. (Il faut qu'elle ne soit ni trop liée, ni trop claire.)

Filets de Poularde à la Chingara.

Ayez trois poulardes, levez-en les filets comme il est indiqué à l'article *Filets de Poularde* au suprême: faites fondre du beurre dans une sauteuse; trempez-y vos filets en les y arrangeant; saupoudrez-les d'un peu de sel fin; couvrez-les d'un rond de papier; prenez une langue de bœuf à l'écarlate; levez-en six morceaux, de la grandeur et de l'épaisseur de vos filets, ainsi que de leur forme; mettez-les dans une casserole avec un peu de bouillon; tenez-les chaudement sans les faire bouillir; sautez vos filets comme il est dit au *Suprême*, énoncé ci-dessus. Leur cuisson faite, égouttez-les; dressez-les sur votre plat, et mettez entre chacun d'eux un morceau de langue: si vous voulez votre entrée plus forte, ajoutez-y des croûtons entremêlés de même; saucez votre entrée avec une sauce au suprême, et servez. (Voyez *Sauce au Suprême*.)

Cuisses de Poularde en Canetons ou en petits Oignons.

Quand vous aurez levé les filets de trois belles poulardes, comme à l'article précédent, en ménageant les peaux des cuisses, désossez-les jusqu'à la moitié de l'os qui tient à la patte; supprimez les trois quarts de chaque patte; étendez vos cuisses sur un linge blanc; remplissez-les d'un salpicon, composé de foies gras, de truffes et de champignons: cousez les peaux de ces cuisses, et donnez-leur une forme alongée comme le cou d'un cygne ou d'un canard; il faut que le moignon de la cuisse forme le col de votre oiseau, et que la patte forme le bec. Fixez ces pattes avec un fil, de manière à leur conserver la grâce qu'a le col d'un cygne; faites deux incisions au reste de la patte, l'une sensée derrière la tête de l'oiseau, et l'autre sur le haut du bec, pour qu'il forme la protubérance qui est sur le haut du bec du cygne: ayez six belles écrevisses, dont les pattes soient égales; faites-les cuire dans du bouillon; ôtez-leur les douze grosses pattes; formez-en les ailes de vos cygnes, en les enfonçant dans la chair par le bout qui tenait au corps de l'écrevisse; foncez une casserole de bardes de lard; rangez-y vos petits cygnes comme s'ils étaient sur l'eau; mettez sur chaque une tranche de citron, afin qu'ils soient bien blancs; mouillez-les avec une poêle (voyez article *Poêle*); couvrez-les de bardes de lard et d'un rond de papier; trois quarts d'heure avant de servir, faites-les partir et cuire doucement sur la paillasse, avec peu de feu dessus: leur cuisson faite, égouttez-les, ôtez-en les fils; dressez-les et servez dessous une sauce hollandaise verte, ou une sauce au beurre d'écrevisses. (Voyez l'article SAUCES.)

Cuisses de Poulardes en Ballon.

Désossez six ou huit cuisses de poulardes; supprimez à-peu-près les trois quarts de chaque patte; mettez ces cuisses sur un linge blanc; étalez-les, remplissez-les d'un salpicon; cousez-les comme celles des poulardes en bigarrure; marquez-les dans une casserole foncée de bardes de lard; mouillez-les avec une poêle; faites-les cuire environ trois quarts d'heure: leur cuisson faite, égouttez, dressez et saucez-les avec une bonne italienne rousse, et servez. (Voyez l'article *Sauce Italienne Rousse*.)

Cuisses de Poulardes à la Bayonnaise.

Prenez trois culottes de poulardes; partagez-en la peau en deux jusqu'au croupion; levez les cuisses avec cette peau; désossez-les entièrement, néanmoins en leur laissant le bout de l'os adhérant aux pattes: cela fait, marinez-les avec du jus de citron, sel, gros poivre et une feuille de laurier cassée en morceaux; laissez mariner ces cuisses deux ou trois heures: au moment de servir, égouttez-les, farinez-les, faites-les frire dans du lard râpé; coupez quatre oignons en anneaux; ôtez-en le cœur; faites aussi frire ces oignons; ayez soin qu'ils aient, ainsi que les cuisses, une belle couleur: dressez ces cuisses sur votre plat; mettez dessus vos anneaux frits, et servez dessous une sauce poivrade. (Voyez l'article *Sauce Poivrade*.)

Cuisses de Poulardes à la Livernois.

Levez les cuisses de trois poulardes; supprimez la moitié de l'os de la cuisse; parez-les; foncez une casserole de quelques carottes coupées en lames, de deux oignons, d'un bouquet de persil et ciboules, assaisonné de ces aromates et d'une lame de jambon; posez ces cuisses dessus; mouillez-les avec une cuillerée à pot de bouillon: couvrez-les de quelques bardes de lard et d'un rond de papier; tournez des petites carottes, soit en bâtonnets, soit en champignons; mettez-les blanchir; égouttez-les; faites-les cuire dans du bouillon et tomber à glace; mettez-y un petit morceau de sucre pour en ôter l'âcreté; versez dans une casserole quatre à cinq cuillerées à dégraisser pleines d'espagnole; ajoutez-y vos carottes tombées à glace; faites-les bouillir et dégraissez-les; égouttez les cuisses de poulardes, et dressez-les: ajoutez un demi-pain de beurre à votre ragoût; sautez-le; masquez-en votre entrée, et servez.

Cuisses de Poulardes aux Truffes.

Désossez six cuisses de poulardes, comme il est indiqué à l'article *Cuisses en Ballon*; farcissez-les d'un salpicon, composé de truffes et de foies gras: cousez ces cuisses; marquez-les dans une casserole, comme il est dit aux cuisses précédentes: faites-les cuire de même; égouttez-les; ôtez-en les fils, et servez dessous un ragoût de truffes. (Voyez l'article *Ragoût aux Truffes*.)

Quenelles de Poulardes.

Procédez, pour ces quenelles, de même qu'il est indiqué à l'article *Quenelles de Volailles* [Tome II].

Ailerons de Poulardes en Haricots Vierges.

Ayez vingt ailerons de poulardes; échaudez-les, épluchez-les; désossez-les jusqu'à la moitié de la première jointure; flambez-les, parez-les; essuyez-les avec un linge blanc; foncez une casserole de bardes de lard; rangez-les dedans; mouillez-les d'une poêle ou avec du bouillon sans couleur: si vous n'avez point de poêle, alors mettez quelques tranches de citron, dont vous aurez ôté la peau et les pepins, avec un bouquet de persil et ciboules, une carotte tournée, deux oignons, dont un piqué d'un clou de girofle et une demi-feuille de laurier; couvrez le tout de bardes de lard et d'un rond de papier; faites partir et cuire sur la paillasse, avec feu dessous et dessus: vous aurez tourné des navets en petits bâtonnets, en gousses d'ail ou en champignons; faites blanchir ces navets, égouttez-les; mettez-les dans une casserole avec du bouillon qui ne soit point coloré; ajoutez-y un petit morceau de sucre; faites cuire à petit feu; mettez dans une autre casserole quatre cuillerées à dégraisser pleines de velouté; faites-le réduire; vous aurez fait bouillir une chopine de crême, et vous la verserez petit à petit dans votre sauce, en la tournant toujours, jusqu'à ce qu'elle ait acquis la consistance d'une bouillie claire: sa réduction faite, égouttez vos navets; mettez-les dans votre sauce; ajoutez-y un peu de muscade râpée, un demi-pain de beurre, et sautez-les: égouttez vos ailerons; dressez-les sur un plat auquel vous aurez fait un bord de citron; masquez ces ailerons avec vos navets et servez.

Ailerons de Poulardes en Haricots.

Préparez ces ailerons comme il est indiqué à l'article précédent; tournez vos navets de même; faites-les roussir dans du beurre, de manière qu'ils aient une belle couleur; égouttez-les; mettez dans une casserole une cuillerée à pot d'espagnole; faites-la bouillir, jetez-y vos navets, laissez-les mijoter et cuire; dressez vos ailerons, et masquez-les avec vos navets, faute d'espagnole; quand vos navets seront passés et d'une belle couleur, égouttez-les; faites un petit roux, en mettant une cuillerée à bouche de farine dans le beurre de vos navets (voyez *Roux*, article SAUCES); mouillez ce roux avec le fond de vos ailerons; faites bouillir votre sauce; passez-la dans une casserole au travers d'une étamine; ajoutez-y vos navets; laissez-les cuire, dégraissez-les, jetez-y un petit morceau de sucre; goûtez si votre sauce est d'un bon goût, et servez-vous-en comme il est expliqué ci-dessus.

Ailerons de Poulardes à la Purée.

Marquez ces ailerons comme les précédens: leur cuisson faite, égouttez-les, dressez-les et masquez-les d'une purée à votre choix. (Voyez *Purées d'Entrées*, article SAUCES.)

Ailerons de Poulardes au Soleil.

Préparez et faites cuire quinze ailerons comme les précédens: leur cuisson faite, égouttez-les; trempez-les dans une légère pâte, faites-les frire; qu'ils soient d'une belle couleur; et servez-les avec une pincée de persil frit.

Terrine d'Ailerons de Poulardes.

Prenez une quantité d'ailerons proportionnée à la grandeur de votre terrine; préparez-les comme ci-dessus; faites cuire du petit lard en raison de la quantité de vos ailerons, et procédez en tout, pour cette terrine, ainsi qu'il est énoncé à l'article *Mouton* dit *Terrine*. (Voyez cet article.)

Ailerons de Poulardes piqués et glacés.

Ayez douze ou quinze de ces ailerons: après les avoir épluchés et flambés, désossez-les comme il est indiqué précédemment; faites-les légérement blanchir; piquez-les d'une deuxième: cela fait, foncez une casserole avec un peu de rouelle de veau, une lame ou deux de jambon, un oignon piqué d'un clou de girofle, une carotte tournée, un bouquet de persil et ciboules; rangez vos ailerons sur ce fond, de manière que le lard ne se touche point; mouillez-les avec du bon bouillon; couvrez-les d'un rond de papier beurré; faites-les partir et cuire sur la paillasse, avec un feu vif dessous et dessus, afin qu'ils prennent une belle couleur: leur cuisson faite, passez leur fond au travers d'un tamis de soie; faites-le réduire presque à glace dans une sauteuse, laquelle doit avoir assez d'étendue pour les contenir sans être les uns sur les autres: rangez-les sens dessus dessous dans cette sauteuse, c'est-à-dire que le côté piqué doit tremper dans la glace; posez cette sauteuse sur une cendre chaude; laissez mijoter ainsi vos ailerons: quand ils seront glacés, prenez-les avec une fourchette, dressez-les sur votre plat, le côté glacé en dessus; mettez dans le restant de votre glace une cuillerée à dégraisser pleine d'espagnole et une de consommé; faites bouillir le tout; détachez bien votre glace; saucez vos ailerons avec cette sauce, et servez.

Ailerons de Poulardes à la Chicorée.

Préparez vos ailerons comme les précédens, faites-les cuire de même, dressez-les sur une bonne chicorée blanche, et servez. (Voyez *Chicorée blanche*, article RAGOUTS.)

Ailerons de Poulardes à la Pluche verte.

Ayez une quinzaine d'ailerons: après les avoir préparés, comme il est indiqué ci-dessus, formez une casserole de quelques tranches de veau et de lames de jambon; joignez-y une douzaine de queues de champignons, une demi-gousse d'ail, une demi-feuille de laurier et une pincée de basilic; rangez vos ailerons sur ce fond; coupez deux carottes en lames et deux oignons en tranches, couvrez-en vos ailerons, mouillez-les avec du bouillon ou du consommé; faites-les partir; mettez-les cuire sur la paillasse, avec feu dessous et dessus: leur cuisson faite, passez votre fond dans une casserole à travers un tamis de soie; ajoutez à ce fond un petit pain de beurre, manié dans de la farine; faites lier votre fond, en la tournant; laissez-la réduire jusqu'à consistance de sauce; ajoutez-y une pincée de feuilles de persil, que vous aurez fait blanchir; dressez vos ailerons; mettez le jus d'un citron dans votre sauce, avec un peu de gros poivre; goûtez si elle est d'un bon sel, masquez-en vos ailerons, et servez.

Ailerons de Poulardes à la Villeroi.

Prenez douze ou quinze ailerons, flambez, épluchez, désossez-les jusqu'à la première jointure; remplissez-les d'une farce cuite de volailles (voyez, à l'article FARCES, celle cuite *de Volailles* [Tome II]); marquez-les dans une casserole, comme les ailerons piqués et glacés (voyez cet article), et faites-les cuire de même: leur cuisson achevée, égouttez-les, posez-les sur une tourtière, couvrez-les d'une Sainte-Menéhould (voyez l'article de cette sauce); panez-les avec moitié mie de pain et moitié fromage de Parmesan, mêlés ensemble: faites prendre une belle couleur à vos ailerons, soit au four ou sous un four de campagne, dressez-les, et servez.

Crêtes et Rognons au Velouté.

Préparez et faites cuire dans un blanc ces crêtes et rognons: leur cuisson faite, égouttez-les; mettez dans une casserole du velouté réduit en suffisante quantité; jetez-y vos crêtes et vos rognons; faites-les mijoter un demi-quart d'heure; liez votre ragoût; finissez-le avec la moitié d'un pain de beurre et un jus de citron, dressez et servez.

Grand Aspic de Crêtes et Rognons.

Prenez un moule à aspic, ou, faute de ce moule, une casserole proportionnée à la grandeur de votre plat; posez-la dans un autre vase rempli de glace pilée; coulez dans ce moule de l'aspic, de l'épaisseur d'un travers de doigt; décorez-le d'un dessin à votre fantaisie: à cet effet, servez-vous de truffes, de blancs d'œufs durs, de cornichons, de queues et d'œufs d'écrevisses, et de rognons de coqs: votre décor achevé, coulez-le légérement sur votre aspic; prenez garde de le déranger: cet aspic pris, remplissez votre moule de crêtes et rognons de coqs, en laissant un espace de deux travers de doigt tout autour; remplissez d'aspic cet intervalle, ainsi que le moule, pour que le tout ensemble ne forme qu'un pain: au moment de servir, trempez votre moule dans de l'eau tiède; renversez-le sur un couvercle; coulez votre aspic sur le plat sans ôter le moule: lorsqu'il sera bien placé, enlevez-en le moule avec dextérité; remuez la gelée qui se trouverait fondue, au moyen d'un chalumeau de paille; essuyez votre plat, et servez.

Vous pouvez vous servir du même procédé pour faire des aspics de blancs de poulardes, de filets de lapereaux et de perdreaux; et si votre moule se trouvait faire un puits, remplissez-le d'une mayonnaise ou d'une ravigote à la gelée.

Petits Aspics de Crêtes et de Rognons.

Procédez, pour ces petits aspics, comme il est énoncé ci-dessus pour le grand aspic, soit pour leur dessin, soit pour les remplir convenablement: faites-en sept ou neuf.

Foies gras à la Périgueux.

Prenez sept foies de poulardes qui soient bien gras; ôtez-en l'amer et la partie du foie qui le touche; piquez-les de clous de truffes; marquez-les dans une casserole foncée de bardes de lard; mouillez-les avec une bonne mirepoix (voyez, à l'article SAUCES, celle de *Mirepoix*): faute de mirepoix, mettez un verre de vin blanc et un de consommé, avec un peu de sel, une carotte tournée, deux moyens oignons, dont un piqué d'un clou de girofle, un bouquet de persil et ciboules, une demi-feuille de laurier et la moitié d'une gousse d'ail: couvrez alors ces foies de bardes de lard et d'un rond de papier; faites partir et cuire un quart d'heure et demi sur la paillasse, avec feu dessus et dessous; égouttez-les, dressez-les sur le plat, et saucez-les avec une sauce à la Périgueux (voyez cet article): vous pouvez servir entre vos foies des crêtes de pain passées dans le beurre, avec une belle truffe au milieu.

Foies gras au Gratin.

Prenez un plat d'argent, ou tout autre qui puisse aller au feu; mettez dans le fond l'épaisseur d'un travers de doigt de gratin (voyez *Gratin*, article FARCES [Tome II]); ayez six ou sept beaux foies de poulardes bien blancs, appropriez-les, comme il est dit à l'article précédent; arrangez-les sur votre plat, en laissant un puits au milieu (à ce sujet, voyez l'article *Mauviettes au Gratin*); remplissez tous les intervalles de vos foies, en sorte que le tout ne forme qu'un pain: ayant uni votre gratin entièrement avec votre couteau, couvrez-le d'un papier beurré, mettez-le dans le four ou sous le four de campagne: sa cuisson faite, retirez-le, ôtez-en le papier beurré, débouchez-en le puits, saucez-le avec une espagnole réduite ou une italienne rousse, et servez.

Foies gras en Matelote.

Préparez six foies gras, ainsi qu'il est expliqué ci-dessus; faites-les blanchir et cuire comme ceux à la Périgueux (voyez cet article); égouttez-les; dressez-les sur votre plat; saucez-les d'une sauce à la matelote (voyez l'article *Sauce à la Matelote*); ajoutez-y des cœurs de pain passés dans le beurre, des truffes, si vous voulez, et servez.

Foies gras en Caisse.

Faites une caisse ronde ou carrée, de la hauteur de deux pouces et demi environ; huilez-la en dehors; étendez dans le fond du gratin, de l'épaisseur d'un travers de doigt: ayant préparé six foies gras, mettez-les dans une casserole avec un morceau de beurre, du persil, ciboules, champignons hachés, sel, poivre et fines épices, le tout en suffisante quantité; passez ainsi ces foies: mettez votre caisse sur le gril; arrangez vos foies dans cette caisse, avec les fines herbes; posez sur un feu doux; laissez-les cuire, et, leur cuisson faite, dressez votre caisse sur le plat; saucez-la d'une bonne espagnole réduite, dans laquelle vous aurez exprimé le jus d'un citron; dégraissez-les en cas qu'il y surnage du beurre.

Hatelettes de Foies gras.

(Voyez l'article *Hatelettes de Ris de Veau*). Au lieu de ris de veau, vous employez ici des foies gras.

Coquilles de Foies gras.

Faites blanchir de ces foies, en raison de la quantité de coquilles que vous voulez servir; coupez-les par lames, ainsi que des truffes et des champignons: ajoutez-y persil et ciboules hachés, sel, gros poivre, un peu d'épices fines et un morceau de beurre; mettez le tout dans une casserole, et passez-le sur le feu; mouillez-le avec un peu de vin de Champagne et d'espagnole; faites réduire ce ragoût à courte sauce, mettez-le dans des coquilles (nommées communément pélerines); panez-les; faites-leur prendre une belle couleur au four ou sous un four de campagne, et servez.

DINDE.

Dinde aux Truffes et à la Broche.

Ayez une poule d'Inde grasse et blanche; épluchez-la, flambez-la, videz-la par la poche, prenez garde d'en crever l'amer et d'offenser les intestins: si cela vous arrivait, lavez-la en lui passant de l'eau dans le corps; ayez trois ou quatre livres de truffes; épluchez-les avec soin; supprimez celles musquées, et hachez une poignée des plus défectueuses; pilez une livre de lard gras; mettez-le dans une casserole avec vos truffes hachées, et celles qui sont entières, assaisonnez-les de sel, gros poivre, fines épices et une feuille de laurier; passez le tout sur un feu doux; laissez-le mijoter une demi-heure ou trois quarts d'heure; après retirez vos truffes du feu; remuez-les bien; laissez-les presque refroidir, et remplissez-en le corps de votre dinde jusqu'au jabot; cousez-en les peaux, afin d'y contenir les truffes; bridez-la, bardez-la, et laissez-la se parfumer trois ou quatre jours, si la saison vous le permet: au bout de ce temps mettez-la à la broche, enveloppez-la de fort papier, faites-la cuire environ deux heures: sa cuisson achevée, déballez-la, faites-lui prendre une belle couleur et servez-la.

Dinde en Galantine.

Procédez, à l'égard de cette dinde, comme il est indiqué à l'article *Poularde en Galantine*.

Dinde en Daube.

Prenez une vieille dinde: après l'avoir flambée et épluchée, refaites-lui les pattes; videz-la et retroussez-la en poule; coupez de gros lardons, assaisonnez-les de sel, poivre, épices fines, aromates pilés, persil et ciboules hachés; roulez bien ces lardons dans tout cela, ensuite lardez-en votre dinde en travers et en totalité; bridez-la, enveloppez-la dans un morceau d'étamine; cousez-la et ficelez-la des deux bouts; foncez une braisière, de la grandeur convenable à la grosseur de votre dinde, de quelques bardes de lard et de débris de veau, de quelques lames de jambon et du restant de vos lardons; ajoutez encore, si vous le voulez, un jarret de veau; posez votre dinde sur ce fond; assaisonnez-la de sel, d'un fort bouquet de persil et ciboules, de deux gousses d'ail et de deux feuilles de laurier, de deux ou trois carottes et de quatre ou cinq oignons, dont un piqué de trois clous de girofle; mouillez votre dinde avec du bouillon et un poisson de bonne eau-de-vie: faites en sorte qu'elle baigne dans son mouillement; couvrez-la de quelques bardes de lard et de feuilles de papier beurré; faites-la partir, et couvrez votre braisière de son couvercle; mettez-la sur la paillasse, avec feu dessous et dessus; entourez-la de cendres rouges; laissez-la mijoter ainsi pendant quatre heures: cependant à moitié de sa cuisson découvrez votre dinde; retournez-la; goûtez si elle est d'un bon sel, et ajoutez, au cas contraire, ce dont il peut avoir besoin: sa cuisson faite, retirez-le du feu; laissez-le presque se refroidir dans son assaisonnement; retirez-le sur un plat, ayant soin de le laisser égoutter; passez son fond au travers d'un tamis de soie; clarifiez-le de même que l'aspic (voyez *Grand Aspic*, article SAUCES); laissez refroidir votre gelée; déballez votre dinde; dressez-la et garnissez-la de cette gelée. (Observez qu'on peut servir cette dinde, chaude, avec partie de son fond réduit.)

Ailerons de Dindons, accommodés de toutes façons.

(Voyez à ce sujet tous les articles *Ailerons de Poulardes*).

PIGEONS.

Il y a plusieurs sortes de pigeons: les romains, les cochois et les bisets sont ceux qu'on emploie le plus communément. Il y a aussi les pigeons *dits* à la Gautier, qui sont d'une grande ressource pour la cuisine. Je ne parlerai ici que des pigeons de volière, comme étant les meilleurs, et auxquels on peut substituer le biset. Je ne m'étendrai pas non plus sur ce sujet, vu que j'en ai déjà parlé à l'article *Pigeons Ramiers*.

Pigeons aux Petits Pois.

Prenez trois ou quatre pigeons; après les avoir plumés et épluchés, videz-les et remettez-leur le foie dans le corps; retroussez-leur les pattes en dedans; laissez-leur les ailerons; flambez-les et épluchez-les; mettez un morceau de beurre dans une casserole; faites-les revenir, et retirez-les: vous aurez coupé du petit lard en gros dés et fait dessaler près d'une demi-heure; passez-le dans votre beurre; faites-lui prendre une belle couleur; égouttez-le, mettez une bonne cuillerée à bouche de farine dans votre beurre; faites un petit roux, qu'il soit bien blond; remettez-y votre petit lard et vos pigeons; retournez-les dans votre roux, mouillez-les petit à petit avec du bouillon, et mettez le tout à consistance de sauce; tournez-le jusqu'à ce qu'il bouille; assaisonnez-le de persil et ciboules, avec une demi-feuille de laurier, la moitié d'une gousse d'ail et un clou de girofle; retirez votre casserole sur le bord du fourneau pour que vos pigeons mijotent; quand ils seront à moitié de leur cuisson, mettez-y un litre de pois fins; laissez-les cuire, ayant soin de les remuer souvent: leur cuisson achevée, goûtez-les et ajoutez du sel, s'il en est besoin; dégraissez-les, retirez-les pour faire réduire leur sauce si elle est trop longue: la réduction faite, dressez vos pigeons, masquez-les de leur ragoût de pois et de petit lard, et servez.

Autre Manière.

Ayez trois pigeons de volière; préparez-les comme il est dit à l'article précédent; foncez une casserole de bardes de lard; mettez-y vos pigeons; ajoutez-y deux carottes tournées, deux oignons, dont un piqué d'un clou de girofle, quelques débris de viande de boucherie, une lame de jambon, un peu de sel, un bouquet assaisonné comme précédemment; mouillez ces pigeons d'une cuillerée à pot de bouillon; mettez dessus quelques bardes de lard; faites-les partir; couvrez-les d'un rond de papier et d'un couvercle, et laissez-les cuire: leur cuisson achevée, égouttez-les, dressez-les, masquez-les d'un ragoût de pois, et servez. (Voyez l'article *Ragoût de Pois*.)

Compote de Pigeons.

Prenez trois ou quatre pigeons de volière, et plus, si ce sont des bisets; préparez-les comme il est dit ci-dessus; mettez un quarteron de beurre dans une casserole, ainsi que du petit lard que vous aurez coupé en dés, et que vous aurez fait dessaler; faites un petit roux (voyez *Roux*, article SAUCES); faites-y revenir vos pigeons: le tout bien revenu, mouillez-le avec un verre de vin et de bouillon, ou de l'eau; mettez-y un bouquet garni d'une demi-feuille de laurier, une demi-gousse d'ail, un clou de girofle et deux bonnes poignées de champignons tournés, ainsi qu'une vingtaine de petits oignons d'égale grosseur, que vous aurez passés dans le beurre, en sorte qu'ils soient bien blonds; assaisonnez vos pigeons de sel et gros poivre en suffisante quantité; laissez-les cuire, dégraissez-les; si votre sauce est trop longue, mettez vos pigeons chaudement dans une autre casserole, et faites réduire leur sauce: lorsqu'elle sera arrivée à son degré, dressez vos pigeons, masquez-les avec votre ragoût, et servez.

Pigeons au Blanc.

Prenez la même quantité de pigeons que ci-dessus, et préparez-les de même; faites-les dégorger une demi-heure et blanchir; égouttez-les, essuyez-les avec un linge blanc; mettez-les dans une casserole avec un morceau de beurre; faites-les revenir sur un feu doux, sans que le beurre roussisse; singez-les, mouillez-les avec du bouillon; assaisonnez-les d'un bouquet comme ci-dessus, de sel et de poivre; faites-les mijoter un quart d'heure; ajoutez-y deux poignées de champignons tournés, une vingtaine de petits oignons d'égale grosseur; faites cuire le tout et dégraissez-le: si votre sauce se trouvait trop longue, transvasez-la, faites-la réduire, remettez-la sur vos pigeons; faites une liaison de trois jaunes d'œufs, délayés avec de la crême ou du lait, et un peu de muscade râpée; liez votre ragoût sans le faire bouillir; ajoutez-y, si vous le voulez, un peu de persil haché et blanchi; goûtez s'il est d'un bon goût; dressez vos pigeons sur votre plat, et masquez-les de votre ragoût.

Marinade de Pigeons au Soleil.

Si vous avez trois pigeons cuits à la broche, coupez-les en deux; faites-les mijoter environ vingt minutes dans une marinade cuite (voyez l'article *Marinade cuite*), ensuite égouttez-les: au moment de servir, trempez-les dans une pâte à frire, légère (voyez l'article *Pâte à frire*); lorsqu'ils seront frits et auront pris une belle couleur, dressez-les, couronnez-les d'un bouquet de persil frit, et servez.

Pigeons à la Crapaudine.

Prenez trois pigeons de volière; videz-les; retroussez-leur les pattes dans le corps; flambez-les, épluchez-les; levez une partie de l'estomac, en commençant du côté des cuisses, et venant jusqu'à la jointure des ailes, sans attaquer le coffre du pigeon; renversez cet estomac et aplatissez le corps avec le manche de votre couteau; prenez une casserole assez grande pour les contenir, sans qu'ils soient gênés; faites-y fondre un morceau de beurre, mettez-y sel et gros poivre en suffisante quantité; posez-y vos pigeons, du côté de l'estomac; faites-les revenir, en les retournant aux trois quarts cuits; retirez-les; passez-les; mettez-les sur le gril, faites-les griller à un feu doux; donnez-leur une belle couleur; dressez-les et servez dessous une sauce au pauvre homme. (Voyez cette Sauce.)

Pigeons à la Gautier.

Ayez six ou sept de ces petits pigeons, bien égaux, lesquels ne doivent avoir que sept ou huit jours; flambez-les très-légérement; prenez garde d'en roidir la peau; épluchez-les, coupez-leur les ongles; faites fondre, ou plutôt tiédir trois quarterons de beurre très-fin; ajoutez-y le jus de deux ou trois citrons et un peu de sel fin (le blanc est préférable); mettez vos pigeons dans ce beurre; faites-les revenir légérement, sans passer votre casserole sur le charbon, afin de ne point roidir leur peau; retirez du feu votre casserole; foncez-en une autre en totalité de bardes de lard; rangez-y vos pigeons, de manière que les pattes soient au centre de la casserole; arrosez-les de la totalité de votre beurre; mouillez-les avec une poêle (voyez *Poêle*, article SAUCES): si vous n'en avez pas, mettez en place un verre de vin blanc, une cuillerée à pot de consommé, un quarteron de lard râpé et un bouquet assaisonné; couvrez vos pigeons de bardes de lard et d'un rond de papier; un quart d'heure avant de servir faites-les partir; mettez-les cuire sur la paillasse, avec un peu de feu dessous et de la cendre chaude dessus; leur cuisson faite, égouttez, dressez-les, mettez entre chacun d'eux une belle écrevisse et une belle truffe au milieu; saucez-les, soit avec une sauce verte, soit avec un beurre d'écrevisses ou bien un aspic. (Voyez article SAUCES.)

Pigeons au Basilic.

Si vous avez des pigeons à la Gautier, de desserte, assez pour une entrée, faites une farce cuite de volaille (voyez cet article), dans laquelle vous mettrez une pincée de basilic haché, s'il est vert (s'il est sec, pilez-le et passez-le au tamis); supprimez les pattes de vos pigeons; enveloppez-les de farce cuite, en sorte qu'on ne puisse pas distinguer si ce sont des pigeons; trempez-les dans une omelette bien battue, et dans laquelle vous aurez mis une mie de pain et un grain de sel; roulez-les dans la mie de pain, c'est-à-dire, panez-les; un quart d'heure avant de servir, mettez-les dans de la friture moyennement chaude, afin qu'ils puissent être atteints; faites en sorte qu'ils aient une belle couleur; dressez-les et servez-les.

Côtelettes de Pigeons.

Prenez six pigeons; préparez-les, flambez-les légérement; levez-en les filets, posez-les sur la table et levez-en la petite peau; battez légérement ces filets avec le manche de votre couteau; parez-les; prenez des os de l'aile ou du brichet; nettoyez-les; mettez-les dans la pointe de chacun de vos filets pour en former comme une côtelette; trempez-les dans une anglaise (c'est-à-dire, deux jaunes d'œufs délayés avec du beurre); panez-les; mettez-les sur le gril; faites-les griller, ayant soin de les retourner; donnez-leur une belle couleur, et, leur cuisson achevée, dressez-les en couronne sur votre plat; saucez-les d'un jus de bœuf, ou d'un blond de veau bien corsé, dans lequel vous mettrez une pincée de gros poivre, le jus d'un ou deux citrons, et servez.

Vous pouvez faire avec les culottes de vos pigeons une entrée, telle qu'une timbale, un pâté chaud, ou des papillotes (voy. l'article *Côtelettes de Veau en Papillotes*, et procédez de même): il faut, pour cette dernière entrée, couper vos culottes en deux.

Pigeons à la Broche.

Prenez cinq pigeons de volière; plumez-les, videz-les; refaites-les légérement; épluchez-les, bridez-les; laissez-leur les pattes en long; bardez-les: si c'est en été, mettez une feuille de vigne entre le pigeon et la barde, et posez-la de manière à ce qu'elle ne déborde pas le lard. Passez vos pigeons dans un hatelet; attachez-les sur la broche; faites cuire ces pigeons, et observez qu'ils demandent à être cuits verts.

Pigeons en Ortolans pour Rôt.

Prenez six pigeons à la Gautier; préparez-les; flambez-les légérement; bardez-les en caille, de manière qu'on leur voie à peine les pattes; passez-les dans un hatelet; couchez-les sur la broche; faites-les cuire à un feu clair (il leur faut très-peu de cuisson), et servez.

OIES.

Oies sauvages.

Leur passage dure environ deux mois, à moins que l'hiver ne soit doux: les jeunes sont d'un fort bon manger, et ressemblent beaucoup à nos oies domestiques, lesquelles proviennent des sauvages. Bien que l'on en compte plusieurs espèces, telles que celles d'Astracan et de la Chine, il y en a encore d'autres que l'on a par curiosité. En général, l'oie, quoique de difficile digestion, est très-bonne à manger; il y a quantité de manières de s'en servir dans l'économie domestique: je vais essayer de les indiquer.

Oison à la Broche.

Ayez un oison gras, et dont la graisse soit blanche: pour vous assurer s'il est jeune et tendre, essayez de lui rompre la partie supérieure du bec; si elle se rompt facilement, vous pouvez le prendre; supprimez-en les ailes; épluchez-le, flambez-le; refaites-lui les pattes; coupez-en les ongles; essuyez-les avec un linge blanc; bridez votre oison; laissez-lui les pattes en long; mettez-le à la broche; faites-le cuire vert; il faut qu'en mettant le couteau dans le filet, le jus en sorte.

Oie à l'Anglaise.

Préparez une oie comme ci-dessus; hachez-en le foie; épluchez trois gros oignons; coupez-les en petits dés; passez-les dans le beurre; faites-le cuire à blond; ajoutez-y une pincée de sauge bien hachée, ainsi que votre foie, du sel et poivre fin; mêlez bien le tout ensemble; mettez cet appareil dans le corps de cette oie; cousez-la, mettez-la à la broche; faites-la cuire comme ci-dessus, et servez-la avec un jus de bœuf ou un blond de veau réduit.

Oie aux Marrons.

Ayez une oie, comme il est indiqué ci-dessus; préparez-la de même, hachez son foie; coupez un oignon en petits dés, passez le tout dans du lard râpé; préparez cinquante marrons, comme il est indiqué au potage à la purée de marrons; mettez-les mijoter dans votre farce; assaisonnez le tout de sel, poivre, fines épices (vos marrons seront cuits s'ils s'écrasent facilement dans vos doigts); rentrez le croupion de votre oie en dedans, cousez-la, remplissez-la de votre appareil, cousez la poche, mettez votre oie à la broche, donnez-lui cinq quarts d'heure de cuisson, et servez-la.

Oie à la Chipolata.

Ayez un bel oison d'une graisse bien blanche; videz-le, retroussez-lui les pattes en dedans, flambez-le légérement, épluchez-le, bridez-le, bardez-le et ficelez-le; foncez une braisière de bardes de lard; mettez dans le fond quelques débris de viande de boucherie, deux lames de jambon, les abatis de votre oison, un bouquet de persil et ciboules, trois carottes tournées, deux ou trois oignons, dont un piqué de girofle, une gousse d'ail, du thym, du laurier, un peu de basilic et du sel; posez votre oie sur ce fond, mouillez-la avec un verre de vin de Madère ou tout autre vin blanc en plus grande quantité, et du bouillon ce qu'il en faut pour que votre oison baigne; faites-le partir, mettez dessus du papier beurré; couvrez-le, mettez-le sur la paillasse, avec feu dessous et dessus; faites-le cuire environ une heure et demie; sa cuisson faite, égouttez-le, dressez-le, et masquez-le au moment de servir avec une chipolata. (Voyez *Chipolata*, article RAGOUTS.)

Cuisses et Ailes d'Oies à la façon de Baïonne.

Ayez le nombre d'oies que vous croirez nécessaire pour conserver; levez-en les ailes entières, ainsi que les cuisses, de manière à ne rien laisser sur la carcasse; désossez en partie les cuisses avec la main, frottez-les, ainsi que les ailes, de sel fin, dans lequel vous aurez mis une demi-once de salpêtre pilé, pour les membres des cinq oies; rangez toutes vos ailes et vos cuisses dans une terrine; mettez entre elles du laurier, du thym et du basilic; couvrez-les d'un linge blanc, laissez-les vingt-quatre heures dans cet assaisonnement; après retirez-les, passez-les légérement dans de l'eau, laissez-les égoutter; vous aurez ôté toute la graisse qui est dans le corps de vos oies, même celle qui est attachée aux intestins; vous l'aurez préparée comme le sain-doux (voyez *Sain-Doux*, article COCHON); mettez ces membres dans ce sain-doux, faites-les cuire à un feu extrêmement modéré; il faut que ce sain-doux ne fasse que frémir; vous serez sûr que ces membres seront cuits, lorsque vous pourrez y enfoncer une paille; alors égouttez-les, et quand ils seront bien refroidis, vous les arrangerez le plus serré que possible dans des pots; vous y coulerez votre sain-doux, aux trois quarts refroidi; laissez le tout ainsi refroidir; vingt-quatre heures après couvrez les pots bien hermétiquement de papier ou de parchemin; mettez-les dans un endroit frais, sans être humide, et servez-vous-en au besoin.

Cuisses d'Oies à la Lyonnaise.

Prenez trois ou quatre quartiers d'oies; faites-les chauffer et un peu frire dans leur sain-doux; coupez six gros oignons en anneaux, prenez une partie du sain-doux dans lequel vous aurez fait chauffer ces cuisses, faites-y frire vos oignons; quand ils seront cuits et d'une belle couleur, égouttez-les, et de même égouttez vos quartiers d'oies; dressez-les, mettez vos oignons dessus, et servez dessous une bonne poivrade ou toute autre sauce qu'il vous plaira.

Cuisses ou Quartiers d'Oies à la purée.

Faites chauffer vos cuisses comme les précédentes; égouttez-les, dressez-les et masquez-les d'une bonne purée de pois verts, que vous aurez finie avec un pain de beurre, et servez. (Voyez l'article *Sauce à la Purée de Pois*.)

Oie à la Daube ou à la Flamande.

Videz, flambez, épluchez une oie; préparez-la comme la dinde (voyez l'article *Dinde à la Daube*); marquez-la et faites-la cuire de même; la cuisson achevée, dressez-la sur le plat, garnissez-la d'oignons, de carottes tournées et servez dessous son fond, que vous aurez passé au tamis de soie et fait réduire; observez que pour l'ordinaire on ne le sert pas froid comme on sert le dindon.

CANARDS.

Des Canards en général.

Le canard est de tous les oiseaux celui qui approche le plus de l'oie; il est plus délicat et de plus facile digestion. Il en est du canard comme de l'oie, il y en a de sauvages et de domestiqués; ces derniers sont les plus gros. Nous avons des variétés dans ces espèces, telle, par exemple, que celle de Barbarie, qui est plus grosse, moins délicate, et sujette à sentir le musc; mais, si on croise cette espèce avec les autres, il en provient des mulets qui tiennent le milieu entre les deux, et ils n'ont pas le désavantage d'avoir le mauvais goût de ceux de Barbarie: c'est avec cette espèce de mulet qu'on fait les canetons de Rouen; si estimés pour leur grosseur et leur qualité. Le canard sauvage se mange communément à la broche; cependant on en fait des entrées, que je tâcherai de faire connaître.

Canard sauvage à la Broche.

Choisissez un canard (ou deux); qu'il soit gras; voyez s'il a les pattes fines, d'une belle couleur et non desséchées; pour juger s'il est vieux tué, ouvrez-lui le bec, et flairez s'il ne sent pas un mauvais goût; tâtez-lui le croupion et le ventre; s'ils sont fermes et que l'animal soit pesant, c'est une preuve qu'il est gras et frais; s'il a toutes ces qualités, prenez-le: j'ai remarqué que les femelles étaient plus délicates à manger que les mâles, quoiqu'en général les mâles se vendent plus cher; plumez deux de ces canards, ôtez-en le duvet, coupez-en les ailes bien près du corps, supprimez-en les cous, videz-les, flambez-les, épluchez-les, retroussez-leur les pattes, bridez-les et frottez-les avec leur foie; mettez-les à la broche, faites-les cuire verts; débrochez-les, dressez-les et servez-les avec deux citrons entiers.

Filets de Canards sauvages à l'Orange.

Levez les filets de trois de ces canards; conservez la peau sur les filets, ciselez-les légèrement du côté de la peau; faites-les mariner dans de l'huile, avec ciboules cassées en deux et persil en branche, sel, gros poivre et le jus d'un citron; laissez-les se mariner une heure; au moment de servir, versez deux cuillerées d'huile dans une sauteuse, mettez-y vos filets, posez-les sur un bon feu, retournez-les deux ou trois fois, égouttez-les, dressez-les en couronne, et servez dessous une sauce à l'orange (voyez l'article de cette Sauce).

Salmi de Canards sauvages.

Faites cuire deux de ces canards à la broche; lorsqu'ils seront froids, levez-les par membres, parez-les, pilez-les en parures, passez-les à l'étamine, et procédez en tout comme il est indiqué à l'article *Salmi de Perdreaux*.

Salmi de Canards sauvages au Chasseur.

Faites cuire à la broche deux de ces canards: leur cuisson faite, coupez les estomacs en aiguillettes, levez-en les cuisses, séparez la carcasse en plusieurs morceaux; mettez-y sel et gros poivre; arrosez-les de quatre cuillerées à bouche d'huile d'olive et d'un demi-verre de vin de Bordeaux; coupez deux bigarades; exprimez-en le jus dessus, remuez bien le tout ensemble, et servez.

Caneton de Rouen, sauce à l'Orange.

Ayez un beau caneton, bon de chair et de graisse, surtout qu'il soit blanc (ceci soit dit pour tous ceux que vous devez employer): videz-le, flambez-le légérement sans lui roidir la peau; refaites-lui les pattes, coupez-en les petits bouts, retroussez-les-lui en dehors, et rentrez-lui le croupion en dedans; épluchez-le; coupez-lui les ailes bien près du corps; supprimez-les, ainsi que le cou; maniez du beurre dans une casserole, ce qu'il en faut pour votre caneton; maniez ce beurre avec une cuiller de bois; mettez-y un peu de sel et un jus de citron; remplissez votre caneton de ce beurre, retroussez-le, donnez-lui une belle forme; foncez une casserole de bardes de lard; posez-le sur ce fond; couvrez-le de tranches de citron, desquelles vous aurez ôté la peau, le blanc et les pepins; couvrez-le de bardes de lard; assaisonnez-le d'une carotte tournée, d'un oignon piqué d'un clou de girofle et d'un bouquet de persil et ciboules; mouillez-le d'un peu de consommé et d'un demi-verre de vin blanc, et couvrez-le d'un rond de papier: une heure ou trois quarts d'heure avant de servir, faites-le partir, couvrez-le d'un couvercle, mettez-le sur la paillasse, avec feu dessous et de la cendre rouge dessus: sa cuisson faite, égouttez-le, débridez-le, dressez-le sur votre plat, et servez dessous une sauce à l'orange (voyez cette Sauce): au lieu d'employer du jus de bœuf, prenez un peu de sauce à l'aspic ou du consommé réduit: si ce n'est pas dans le temps des oranges, employez des citrons.

Caneton, sauce aux Olives.

Préparez et faites cuire ce caneton comme le précédent, et masquez-le d'un ragoût d'olives. (Voyez ce Ragoût.)

Caneton aux petits Pois.

Préparez et faites cuire ce caneton comme les précédens, et masquez-le d'un ragoût de petits pois. (Voyez cet article.)

Caneton aux Navets, Haricot vierge.

Apprêtez et faites cuire ce caneton comme les précédens, et masquez-le d'un haricot vierge. (Voyez *Ailerons de Poulardes en Haricot vierge*.)

Caneton aux Navets.

Procédez de la même manière que ci-dessus pour ce caneton, et masquez-le d'un ragoût de navets. (Voyez ce Ragoût.)

Caneton, sauce au Beurre d'Écrevisses.

Préparez et faites cuire ce caneton de même que les précédens, et, pour le saucer, voyez l'article *Sauce au Beurre d'Écrevisses.*

Caneton, sauce au Vert-pré.

Procédez de la même manière pour celui-ci que pour les précédens, et, pour le saucer, voyez l'article *Sauce au Vert-pré.*

Canards aux petites Racines.

Opérez également pour ceux-ci comme pour les précédens; masquez-les de petites racines. (Voyez l'article *Ragoût aux petites Racines.*)

Canards aux Concombres.

Préparez ces canards et faites-les cuire comme les précédens, et masquez-les de concombres. (Voyez l'article *Ragoût aux Concombres.*)

Canards aux petits Oignons.

Préparez ces canards comme les précédens; faites-les cuire de même, et masquez-les de petits oignons. (Voyez l'article *Ragoût aux petits Oignons.*)

Canards en Macédoine.

Préparez ces canards de même que les précédens, faites-les cuire de même, et masquez-les d'une macédoine. (Voyez l'article *Ragoût de Macédoine.*)

Canards au Verjus.

Préparez ces canards comme les précédens; faites-les cuire de même; ayez du verjus, si c'est la saison; ôtez-en les queues, faites-les blanchir et égouttez-les; mettez trois cuillerées d'espagnole réduite dans une casserole; ajoutez-y votre verjus; faites réduire votre ragoût; dégraissez-le avec un pain de beurre, goûtez s'il est d'un bon goût, masquez-en vos canards et servez.

Canards à la Purée verte.

Préparez ces canards comme les précédens; faites-les cuire de même, et masquez-les d'une purée verte. (Voyez l'article *Sauce à la Purée verte.*)

Canards aux Navets à la Bourgeoise.

Prenez un ou deux canards, videz-les, flambez-les, refaites-leur les pattes, coupez-en les bouts et les ailes bien près du corps, ainsi que le cou; épluchez-les, retroussez-les en poule, les pattes en dedans: mettez du beurre dans une casserole, faites-y revenir vos canards; ayez soin de les retourner; faites-leur prendre une belle couleur; retirez-les de la casserole: pour les garnir, vous aurez apprêté une quantité suffisante de petits navets, soit coupés au vide-pomme, soit tournés au couteau et tous égaux; faites-les roussir dans le beurre de vos canards: lorsqu'ils seront d'une belle couleur, égouttez-les, faites un petit roux (voyez *Roux*, art. SAUCES); délayez avec du bouillon, sinon, avec de l'eau: prenez garde que votre sauce ne soit grumeleuse; mettez-y sel, poivre, un bouquet de persil et ciboules, assaisonné d'une demi-gousse d'ail et d'une feuille de laurier; trempez vos canards dans cette sauce et faites-les cuire: quand ils seront à moitié de leur cuisson, joignez-y vos navets; laissez-les mijoter; ayez soin de retourner vos canards de temps en temps, sans écraser les navets: la cuisson achevée, dégraissez votre ragoût, dressez vos canards, masquez-les de ce ragoût, et servez.

Caneton de Rouen, pour Rôt.

Prenez un ou deux canetons (voyez *Caneton de Rouen*), préparez, videz, flambez, épluchez et bridez-les, les pattes en long; embrochez-les, enveloppez-les de papier, faites-les cuire environ trois quarts d'heure: la cuisson faite, dressez-les et servez-les, comme le canard sauvage au citron[5].

5 Note de transcription: Article introuvable. Voir *Caneton de Rouen, sauce à l'Orange* ou *Filets de Canards sauvages à l'Orange*.

OISEAUX DE RIVIÈRES ET SARCELLES.

Le *rouge de rivière* est plus petit que le canard sauvage, et lui ressemble beaucoup pour la forme; il est d'une chair plus délicate: après lui viennent les *pilets*, les *moiletons*, les *macreuses*, qui leur sont bien inférieurs en qualité: tous ces oiseaux s'apprêtent et s'accommodent comme le canard sauvage. La macreuse et le pilet, considérés comme chair de poisson, se servent les jours maigres, avec des sauces maigres.

MAIGRE.

Bouillon de Pois.

Prenez un litre ou deux de pois, qui soient sans pucerons; lavez-les, et, si vous en avez le temps, laissez-les tremper quelques heures; mettez-les dans une marmite avec deux oignons et deux carottes; faites-les bouillir; n'attendez pas qu'ils se mettent en purée; retirez-les du feu; passez leur bouillon dans une passoire; laissez-le reposer; tirez-le au clair, et servez-vous-en.

Bouillon pour les Potages et les Sauces.

Prenez douze carottes, autant de navets et d'oignons, une botte de poireaux, deux panais, quatre pieds de céleri et un chou coupé en quatre; faites blanchir le tout, rafraîchissez-le; égouttez-le, ficelez le chou; mettez ces légumes dans une marmite; mouillez avec le bouillon de pois; ajoutez-y quelques racines de persil et un petit paquet de macis, de gingembre, deux clous de girofle, et une gousse d'ail enveloppée dans un linge: faites cuire votre bouillon: pour lui donner une belle couleur, mettez dans une casserole un morceau de beurre avec deux ou trois carottes, autant de navets et d'oignons coupés en lames et un pied de céleri; passez le tout bien coloré; mouillez-le d'un peu de bouillon de pois; faites-le tomber à glace; et lorsqu'il sera presque attaché, mouillez-le encore un peu pour le détacher, et versez-le dans votre bouillon, que vous laisserez mijoter quatre ou cinq heures de suite; passez-le dans une serviette, et servez-vous-en pour faire vos potages et vos sauces.

Bouillon de Poisson.

Mettez du beurre dans le fond d'une casserole et dessus des oignons coupés en deux; émincez en moindre quantité des légumes, comme ci-dessus; couvrez-en vos oignons; ayez deux carpes, échardez-les, videz-les; fendez les têtes en deux, ôtez-en une pierre jaune nommée communément l'amer de la tête, et qui se trouve près des ouïes; jetez-la; coupez ces carpes par tronçons; joignez-y un brocheton ou tout autre poisson, que vous mettrez sur vos légumes; versez-y une cuillerée de bouillon maigre; laissez suer le tout: quand il formera glace, mouillez-le entièrement; mettez-y du sel, un peu de mignonnette, des queues de champignons, un bouquet assaisonné d'une gousse d'ail, d'un peu de macis, d'un peu de laurier et de deux clous de girofle; vous pouvez vous servir de ce bouillon, qui tient lieu du consommé et du blond de veau, pour vos potages, vos grandes et vos petites sauces.

Jus Maigre.

Étendez du beurre dans le fond d'une casserole; couvrez-le d'oignons coupés en deux et de racines en tranches; faites suer le tout sur un feu modéré, environ trois quarts d'heure; ensuite mettez-le sur un feu plus vif, et faites-le tomber à glace, jusqu'à ce qu'il soit d'une couleur plus foncée; alors mouillez-le avec du bouillon des potages; détachez-le doucement; ajoutez-y quelques queues de champignons, une demi-gousse d'ail, persil et ciboules, une feuille de laurier, deux clous de girofle et du sel en suffisante quantité: laissez cuire ce jus à-peu-près trois quarts d'heure; passez-le au travers d'une serviette, et servez-vous-en au besoin.

Espagnole Maigre.

Beurrez le fond d'une casserole; couvrez-la d'oignons coupés en deux, de quelques carottes tournées, d'une feuille de laurier, d'une ou deux carpes et tous autres poissons, même de l'esturgeon, si vous en avez: faites suer le tout à petit feu; ensuite poussez-le à un feu plus vif: lorsque ce suage sera tombé à glace, mouillez-le avec moitié jus et moitié bouillon, comme je l'ai indiqué pour le Potage; faites-le bouillir, pour que la glace se détache: cela fait, liez cette sauce avec un roux, comme l'espagnole grasse (voyez l'article *Espagnole*); mettez-y une demi-bouteille de vin blanc, de Champagne ou de Bourgogne, une gousse d'ail et quelques champignons: faites aller cette espagnole pendant une heure à petit feu; dégraissez-la, passez-la à l'étamine, et servez-vous-en, comme on se sert de l'espagnole, pour toutes vos petites sauces.

Potage au Pain.

Chapelez légérement un pain à potage; levez-en les croûtes; arrondissez-les; mettez-les dans une casserole; versez dessus une cuillerée à pot de votre bouillon à potage; faites-le mitonner; versez-le dans votre pot à œil, et servez dessus tel légume ou telle purée maigre qu'il vous plaira. Il n'est point nécessaire d'entrer dans aucun détail au sujet de ces purées, puisqu'elles se font comme les grasses, sinon qu'elles se mouillent avec du bouillon maigre.

Potage à la Reine en Maigre.

Ayez deux brochetons, qui ne sentent point la vase; échaudez-les, videz-les, levez-en les chairs; posez-les sur la table, du côté de la peau; levez cette peau, comme vous lèveriez une barde de lard; coupez ces chairs en gros dés; mettez-les dans une casserole, avec un morceau de beurre; faites-les cuire, sans les faire roussir; laissez-les refroidir; pilez une vingtaine d'amandes douces émondées: vous aurez fait tremper la mie d'un pain à potage dans de la crême, et vous l'aurez fait dessécher, comme il est indiqué à la *Panade*, article FARCES [Tome II]: pilez de même cette panade; retirez-la du mortier; pilez aussi vos chairs de brochets; joignez-y votre panade et vos amandes; repilez le tout; foncez une casserole de beurre; mettez dessus des oignons coupés en deux et des racines en lames, telles que carottes, navets, une demi-gousse d'ail, la moitié d'une feuille de laurier, un peu de macis, un bouquet de persil, ciboules, un clou de girofle, deux carpes coupées en tronçons, et les débris de vos brochetons: mouillez ce fond d'un peu de bouillon de pois; faites-le suer à petit feu, sans le laisser attacher: lorsque votre glace sera formée, mouillez-la avec du bouillon de pois (voyez cet article); faites cuire ce bouillon à petit feu: sa cuisson faite, passez-le dans une serviette, et servez-vous-en pour délayer votre appareil, que vous passerez à l'étamine, à force de bras, et auquel vous donnerez la consistance d'un coulis: mettez cet appareil dans une casserole, faites-le chauffer au bain-marie, jusqu'au moment de vous en servir; mettez dans votre pot à œil des petits croûtons coupés en dés et passés dans le beurre; versez dessus votre purée à la reine, et servez.

Potage au Lait d'Amandes.

Prenez une livre et demie d'amandes douces et douze amandes amères; mettez-les dans une casserole avec de l'eau fraîche et sur le feu; lorsqu'elles sont prêtes à bouillir, retirez-les; voyez si la peau se lève, pour les émonder (on se sert d'un torchon dans lequel on les frotte); ayez de l'eau froide, où vous les mettrez au fur et à mesure; égouttez-les; lorsqu'elles seront froides, mettez-les dans un mortier et pilez-les; mettez-y de temps en temps une goutte d'eau, afin qu'elles ne tournent point en huile; vous jugerez qu'elles seront bien pliées, quand vous ne sentirez plus de grumeaux sous vos doigts; mettez-les dans une casserole et dans une pinte et demie d'eau; cette eau étant bouillante, mettez-y infuser une demi-once de coriandre et le zeste d'une moitié de citron, dont vous aurez ôté le blanc; délayez vos amandes avec cette infusion, passez le tout plusieurs fois au travers d'une serviette ou d'une étamine, jusqu'à ce qu'il ressemble à du lait; salez-le et sucrez-le convenablement; ensuite mettez-le au bain-marie; ayez des tranches de mie de pain très-minces, faites-les glacer au four ou sous un four de campagne, et jetez-les dans votre lait d'amandes au moment de servir.

Autre manière.

Prenez une demi-livre d'amandes douces et cinq ou six amères; émondez-les et pilez-les comme ci-dessus; ayez une pinte et demie de lait, faites-le bouillir, et servez-vous d'une partie pour passer votre pâte d'amandes à plusieurs reprises, comme il est dit à l'article précédent; dans la partie du lait dont vous ne vous serez point servi, mettez infuser la moitié d'un bâton de vanille, que vous retirerez quand vous mélangerez le tout; assaisonnez-le de sucre et d'un peu de sel, mettez-y gros comme la moitié d'un œuf d'excellent beurre; trempez votre potage comme le précédent, et servez.

Autre manière plus prompte et plus économique.

Prenez une pinte et demie de lait, faites-le bouillir; mettez dans une casserole huit jaunes d'œufs très-frais, dont vous aurez ôté avec soin les blancs et les germes; écrasez avec le rouleau vingt-quatre massepains ou macarons, moitié amers et moitié doux; mettez du sucre suffisamment pour sucrer votre lait, un peu de sel et une cuillerée à bouche de fleur d'orange; délayez le tout avec un peu de votre lait chaud, mais non bouillant, et de manière que vos macarons se mêlent bien avec les jaunes d'œufs et votre sucre; réservez la moitié de ce lait pour lier votre potage; ayant coupé des tranches de pain, les ayant rangé sur un plafond et les ayant saupoudré de sucre très-fin, faites-les glacer au four ou sous un four de campagne; et de suite dans votre pot à œil, au moment de servir, achevez de mouiller votre appareil (le remuant avec une cuiller de bois bien neuve), en versant dessus le restant de votre lait; et afin d'achever de le lier, mettez-le sur le feu, tournez-le et ne le laissez point bouillir; goûtez s'il est d'un bon goût; versez-le sur votre pain glacé, et servez aussitôt.

Au demeurant, à défaut de macarons, employez des pralines, dont vous tirerez à-peu-près le même résultat.

Potage à la Julienne Maigre.

Voyez le potage à la Julienne gras, pour la manière de préparer vos légumes; lorsqu'ils le sont, passez-les dans une casserole avec un morceau de beurre; faites-les légèrement roussir; mouillez-les avec votre bouillon maigre, comme il est indiqué pour le gras; et, faute de bouillon maigre, servez-vous de l'eau de haricots ou de lentilles; faites mitonner votre potage; qu'il soit d'un bon sel, et servez.

Potage Maigre aux Herbes.

Ayez une bonne poignée d'oseille, deux laitues, un peu de cerfeuil et de belles-dames; épluchez, lavez à grande eau; égouttez, hachez ces herbes bien menu; mettez-les dans une casserole ou marmite, avec un morceau de beurre; passez-les, faites-les cuire à petit feu; mouillez-les ce qu'il faut pour votre potage avec votre grand bouillon, sinon, avec celui de haricots ou de lentilles; qu'il soit d'un bon sel, et servez.

Potage au Riz et au Lait.

Ayez un quarteron de riz; épluchez-le, lavez-le à plusieurs eaux; faites-le blanchir à un bouillon ou deux; égouttez-le sur un tamis, mettez-le dans une marmite avec un demi-quarteron de beurre, un peu de zeste de citron et une feuille de laurier-amande; faites-le crever à l'eau; lorsqu'il le sera presque, mouillez-le avec du bon lait; faites qu'il ne soit ni trop épais ni trop clair; mettez-y sel et sucre ce qu'il faut; supprimez le laurier, ainsi que le zeste de citron, et servez.

Potage au Vermicelle et au Lait.

Ayez environ un quarteron de vermicelle, que vous épousseterez; faites bouillir une pinte et demie de lait, et mettez-y peu à peu votre vermicelle, afin qu'il ne se pelote pas; retirez-le sur le bord du fourneau, jusqu'à ce qu'il soit cuit; assaisonnez-le de sel et de sucre; mettez-y, si vous voulez, quelques macarons et un peu de vanille, ou l'un ou l'autre; qu'il soit d'un bon goût, et servez.

FIN DU TOME PREMIER.

Table de 36 à 40 Couverts — *Premier Service.*

Description

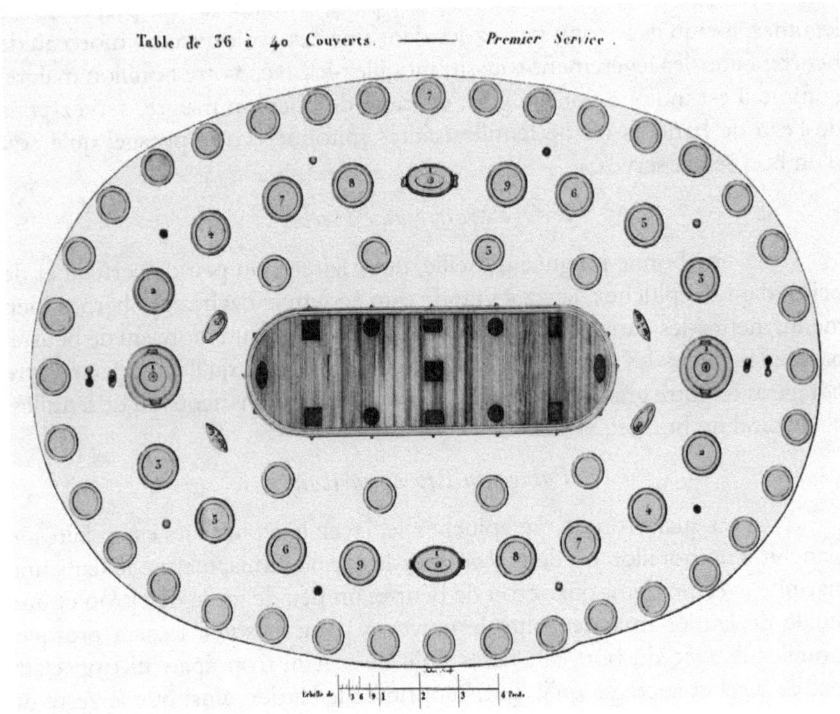

Agrandir

Table de 20 à 25 Couverts — *Premier Service.*

Description

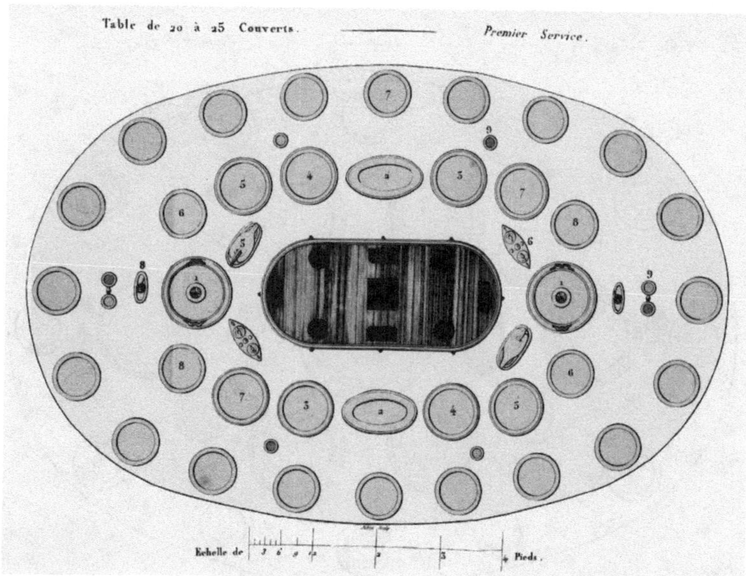

Agrandir

Table de 8 à 12 Couverts — *Premier Service.*

Description

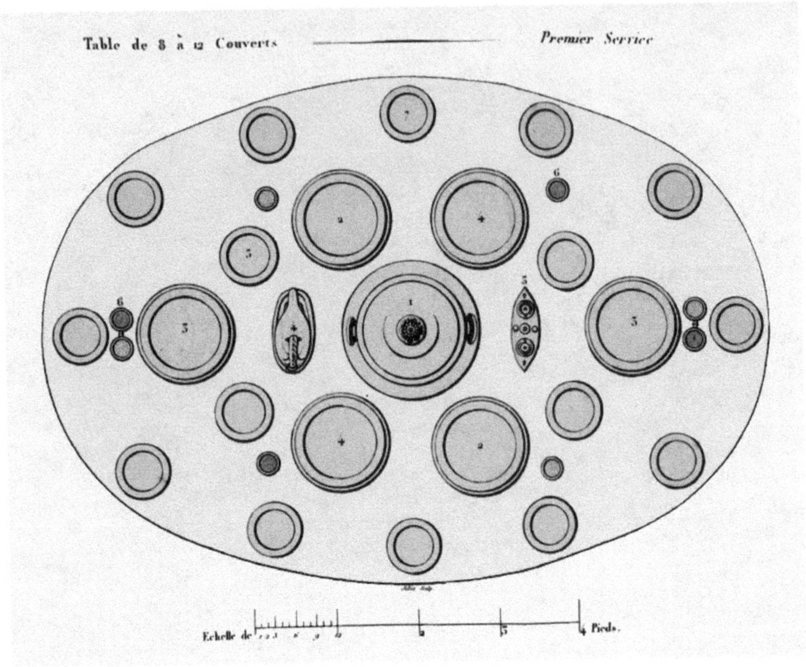

Agrandir